图的标号理论

Labeling Theory in Graphs

徐保根　著

华中科技大学出版社

中国·武汉

内 容 简 介

本书主要介绍图的标号理论,从常见的一些标号图,到不常见的一些标号图,较为系统、全面地进行了分类介绍,综述近些年来关于图的标号问题的研究动态与研究成果。主要内容包括优美图及其变形、和谐图、算术图、和图与整和图、素标号、亲切标号、魔术标号、$L(2,1)$-标号、Fractional-标号、控制标号与划分等。本书内容丰富、新颖、信息量大;结构层次分明、编排合理、系统性强;所包含的许多未解决的问题和猜想,趣味性强,可供读者探讨和研究。

本书可供图论、运筹学、组合数学、离散数学、计算机应用等专业的研究生和教师使用,尤其是对从事图的标号问题研究的科技人员,本书具有较大的理论价值。

图书在版编目(CIP)数据

图的标号理论/徐保根著. —武汉:华中科技大学出版社,2016.8
(研究生教学用书)
ISBN 978-7-5680-1735-0

Ⅰ.①图…　Ⅱ.①徐…　Ⅲ.①图论-研究生-教材　Ⅳ.①O157.5

中国版本图书馆 CIP 数据核字(2016)第 086749 号

图的标号理论　　　　　　　　　　　　　　　　　　　　　徐保根　著
Tu de Biaohao Lilun

策划编辑:王新华
责任编辑:王新华
封面设计:刘　卉
责任校对:李　琴
责任监印:周治超
出版发行:华中科技大学出版社(中国·武汉)
　　　　　武汉市东湖新技术开发区　　邮编:430223　　电话:(027)81321913
录　　排:武汉市洪山区佳年华文印部
印　　刷:武汉鑫昶文化有限公司
开　　本:710mm×1000mm　1/16
印　　张:15.75
字　　数:350 千字
版　　次:2016 年 8 月第 1 版第 1 次印刷
定　　价:39.80 元

前　　言

图论是一个既古老又年轻的数学分支。自从 1736 年 Euler 解决哥尼斯堡七桥问题以来,至今已有两百八十年的历史,这也使得 Euler 成为图论学科的主要创始人之一。同时,图论又是一门新兴学科,这主要是由于其包含的内容越来越丰富,不断地渗透到其他数学分支中,且应用越来越广泛。尤其是近二十多年来,随着计算机技术的飞速发展,信息化和数字化技术的不断进步,许多实际问题的数学模型促使人们关注离散型结构上的数字化技术,图论作为离散数学中的一个重要组成部分,自然得到了高速发展,这也使得图的标号理论(包括图的标号和染色等)成为图论中发展最快的分支之一。

近十多年来,在计算机的帮助下,图的标号方法和技术都有了很大的改进和创新,图论中一些以数字化为特征的内容(如图的标号、染色、控制等)得到了更快的发展。这也使得其内容正在不断丰富,或许正在形成理论,暂且称之为图的标号理论、染色理论和控制理论。

为了丰富和完善图的控制、染色理论的内容,笔者已先后于 2008 年、2013 年出版过《图的控制理论》和《图的控制与染色理论》两本书,其内容主要是将图的点控制概念转向图上的边控制问题,从而产生了许多新概念和新内容。近几年来,随着图的控制与染色中的一些新概念和结果不断产生,一些新的问题和猜想不断被提出,许多图论学者对图的标号产生了极大的兴趣。可以预见,在不远的将来,图的标号会更加受到人们的关注和重视,产生更加丰富的研究成果。

本书主要介绍图的标号及其相关的参数问题的研究。全书共分为 8 章。为了保证全书在内容上的完整性和可读性,第 1 章介绍图的一些基本概念和基本理论,这一章的内容在一般图论教材中都有表述,熟悉图论的读者无须阅读,但要注意本书使用的符号和术语。第 2 章介绍优美图的概念和性质,综述了优美图的研究概况,列出近些年关于优美图的研究成果。第 3 章介绍优美图的一些变化,主要包括 k-优美图、全优美图、集优美图、有向优美图以及一些特殊的优美标号。第 4 章介绍和谐图和算术图的概念和性质,综述有关和谐图和算术图的相关结果。第 5 章着重介绍和图、整和图、模和图以及关于和图的几种变化形式,并讨论了其对应的相关参数。第 6 章主要是选择几种具有代表性的图的标号概念及相关结论进行简单介绍,具体包括素标号、亲切标号、k-均衡标号和因数(倍数)标号。第 7 章主要介绍魔术标号、边魔术标号、点魔术标号和反魔术标号的概念及相关结果。第 8 章介绍图的 $L(2,1)$-标号和 Fractionl-标号,并介绍了 Fractional-控制数和控制集划分数。

　　本书在内容的编排上力求合理,并注意到各章内容和信息量相对独立和均衡,尽可能由易到难。书中有许多未给予证明的结论,均列出了对应的参考文献,这样既可满足读者的不同要求,又不影响可读性。书中还列出了一些未解决的问题和猜想,供读者思考,意在引起读者的兴趣,当然其中也有不少是著名难题。

　　对于图论专业的研究生,或者从事图的标号与染色方面研究的科研人员来说,本书或许是一本好的参考资料,至少可以为其提供一些信息和结论来源。尤其在目前国内关于图的标号方面的专著很少的情况下,本书具有较好的参考价值。

　　本书的出版是在多项基金项目的共同资助下完成的,具体包括国家自然科学基金项目(11361024,11261018,11261019,61263032)、江西省自然科学基金项目(20151BAB201002)、江西省高校科技落地计划项目(KJLD12067)。在写作过程中,得到了李春华、范自柱、王广富、左黎明、刘二根、汤鹏志、朱旭生、叶晓峰、吴跃生等多位老师的支持和帮助,也得到了在读研究生邹妍、赵丽鑫、张婷婷和魏旭颖等的大力帮助,此外,徐彤同志认真、仔细校对了全稿,在此一并深表谢意。由于作者水平有限,书中不足之处在所难免,敬请读者批评指正。

徐保根

2016 年 4 月 15 日于华东交通大学

目　　录

第1章　图的基本知识 ··· (1)

1.1　图的基本概念 ··· (1)

1.2　树 ·· (8)

1.3　图的连通度 ·· (10)

1.4　Euler 图与 Hamilton 图 ··· (11)

1.5　匹配与因子分解 ·· (13)

1.6　平面图 ··· (16)

1.7　染色 ·· (18)

1.8　Ramsey 数 ·· (25)

1.9　有向图 ··· (30)

1.10　控制及其相关参数 ··· (34)

第2章　优美图 ·· (39)

2.1　优美图的概念 ··· (39)

2.2　优美树 ··· (42)

2.3　几类特殊图的优美性 ·· (47)

2.4　非连通图的优美性 ··· (63)

2.5　几类特殊的非优美图 ·· (67)

第3章　优美图的变形 ··· (71)

3.1　图的 k-优美性 ·· (71)

3.2　几类特殊优美标号 ··· (75)

3.3　全优美图与上全优美图 ··· (84)

3.4　边优美图与线优美图 ·· (86)

3.5　集优美图 ··· (92)

3.6　有向优美图 ·· (93)

第4章　和谐图与算术图 ··· (97)

4.1　和谐图的概念与性质 ·· (97)

4.2　几类特殊和谐图 ·· (99)

4.3　算术图 ··· (110)

4.4　加性 (k,d)-序列图 ··· (117)

第 5 章　和图与整和图 ·· (123)

5.1　和图 ·· (123)

5.2　整和图 ·· (127)

5.3　模和图 ·· (135)

5.4　广义（模）和图 ··· (140)

第 6 章　几类特殊标号 ·· (147)

6.1　素标号 ·· (147)

6.2　亲切标号 ··· (156)

6.3　k-均衡标号 ·· (168)

6.4　因子标号与倍数标号 ··· (175)

第 7 章　魔术标号 ··· (178)

7.1　魔术标号 ··· (178)

7.2　边魔术（全）标号 ··· (181)

7.3　点魔术标号 ·· (190)

7.4　反魔术标号 ·· (195)

第 8 章　几类标号及其相关参数 ·································· (205)

8.1　$L(2,1)$-标号 ··· (205)

8.2　Fractional-平衡标号 ·· (211)

8.3　Fractional-控制数 ··· (219)

8.4　F-Bondage 数 ··· (226)

8.5　控制集划分数 ·· (228)

参考文献 ·· (235)

第1章 图的基本知识

为了保证本书在内容上的完整性和可读性,本章简明扼要地介绍图的一些基本概念和基本定理,其中的绝大多数定理和结论都能在图论相关教材中找到,因此不必在此证明。对于熟悉图论的读者来说,只需注意本书将要使用的符号和术语。

1.1 图的基本概念

1.1.1 什么是图?

简单地说,图是由一些点(顶点)和一些由两点连成的线(边)组成的整体。通常地,一个图 G 的全体顶点构成的集合记为 $V(G)$,图 G 的全体边构成的集合记为 $E(G)$,并记 $G=(V(G),E(G))$,或者简记为 $G=(V,E)$。如果一个图 G 的顶点数目为 n 且边数为 m,则称 G 为一个 (n,m)-图,$n=|V(G)|$ 称为图 G 的阶($n\geqslant1$)。

设 $G=(V,E)$ 为一个图,$u\in V$,则在 G 中与 u 邻接的全体顶点构成的集合记为 $N_G(u)$,称为 u 点在 G 中的邻域,而 $N_G[u]=N_G(u)\bigcup\{u\}$ 称为 u 点在 G 中的闭邻域,在不会引起混淆的情况下,$N_G(u)$ 和 $N_G[u]$ 可分别简记为 $N(u)$ 和 $N[u]$。

1.1.2 什么是简单图?

如果一条边的两个端点为同一个点(即两端点重合),则称为自环。一个图的两个点之间有两条或两条以上的边,则称为重边。没有重边和自环的图称为简单图。没有边的图称为空图,只有一个点且无边的图称为平凡图。例如,图1.1所示的图为一个8阶简单图。

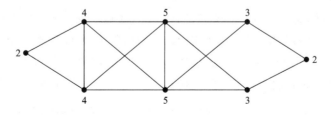

图 1.1 一个 8 阶简单图

在现实生活中,许多离散型事物之间的二元关系都可用一个图表示。例如:设有 n 个机场,每个机场作为一个顶点,若两个机场之间每天有 k 次直达航班,则其对应

的两个顶点之间用 k 条边邻接,可得到一个 n 阶图。

1.1.3　图的度序列

设 $G=(V,E)$ 为一个 n 阶图,$v \in V$,在 G 中与 v 点相邻的顶点数目,称为 v 点在 G 中的度($d_G(v)$),即 $d_G(v)=|N_G(v)|$。在不会引起混乱的情况下,$d_G(v)$ 可简记为 $d(v)$。度为 0 的点称为孤立点,度为 1 的点称为悬挂点。若一个图 G 的每个顶点的度均为 k,则称 G 为 k-正则图。

设 $V=V(G)=\{v_1,v_2,\cdots,v_n\}$,$d_i=d(v_i)(i=1,2,\cdots,n)$,则称非负整数序列 $\pi(G)=(d_1,d_2,\cdots,d_n)$ 为图 G 的度序列。通常地,图的度序列按递减顺序排列,如图 1.1 所示图的度序列为 $\pi=(5,5,4,4,3,3,2,2)$。

定理 1.1.1　若一个 (n,m)-图 G 的度序列为 $\pi(G)=(d_1,d_2,\cdots,d_n)$,则

$$\sum_{i=1}^{n} d_i = 2m。$$

反之,将一个非负偶数 $2m$ 分拆成 n 个非负整数之和,即 $2m=d_1+d_2+\cdots+d_n$,如果存在一个简单图 G,使得图 G 的度序列为 $\pi(G)=(d_1,d_2,\cdots,d_n)$,则称此序列是可图的。

定理 1.1.2　设有非负整数组 $\pi=(d_1,d_2,\cdots,d_n)$,$\sum_{i=1}^{n} d_i = 2m$ 为偶数,且满足 $n-1 \geqslant d_1 \geqslant d_2 \geqslant \cdots \geqslant d_n$,则 π 是可图的的充要条件为 $\pi'=(d_2-1,d_3-1,\cdots,d_{d_1+1}-1,d_{d_1+2},\cdots,d_n)$ 是可图的。

定理 1.1.3　设 $n-1 \geqslant d_1 \geqslant d_2 \geqslant \cdots \geqslant d_n \geqslant 0$,$\sum_{i=1}^{n} d_i = 2m$,若 $\pi=(d_1,d_2,\cdots,d_n)$ 是可图的,则对任意 $k(1 \leqslant k \leqslant n)$,均有 $\sum_{i=1}^{k} d_i \leqslant k(k-1) + \sum_{i=k+1}^{n} \min\{k,d_i\}$ 成立。

1.1.4　子图

设 $G=(V,E)$ 为一个图,图 H 满足:$V(H) \subseteq V(G)$ 并且 $E(H) \subseteq E(G)$,则称 H 为 G 的子图,记为 $H \subseteq G$。当 $H \subseteq G$ 但 $H \neq G$ 时,称 H 为 G 的真子图,记为 $H \subset G$。

设 $G_1=(V_1,E_1)$ 为 $G=(V,E)$ 的子图,如果对于 V_1 中任何两点 u 和 v,u 和 v 在 G_1 中邻接当且仅当它们在 G 中邻接,则称 G_1 为 V_1 在 G 中的导出子图,记为 $G_1=G[V_1]$,并记 $G[V \backslash V_1]=G-V_1$。特殊地,当 $V_1=\{v\}$ 时,简记 $G-\{v\}=G-v$。

设 $G_1=(V_1,E_1)$ 为 $G=(V,E)$ 的子图,如果 $V_1=V$,则称 G_1 为 G 的生成子图或支撑子图。

定理 1.1.4　任何一个有 m 条边的图 G 的生成子图数目为 2^m。

1.1.5　图的运算

设 G_1 和 G_2 为图 G 的两个子图,如果 G_1 和 G_2 没有公共顶点,则称 G_1 和 G_2 为 G 的两个点不交的子图;如果 G_1 和 G_2 没有公共边,则称 G_1 和 G_2 为 G 的两个边不交的子图。

如果 G_1 和 G_2 为两个点不交的图,则 G_1 和 G_2 的并图 $G_1 \bigcup G_2$ 定义为
$$V(G_1 \bigcup G_2) = V(G_1) \bigcup V(G_2), \quad E(G_1 \bigcup G_2) = E(G_1) \bigcup E(G_2)。$$

如果 G_1 和 G_2 为两个点不交的图,则 G_1 和 G_2 的联图 $G_1 \bigvee G_2$ 定义为
$$V(G_1 \bigvee G_2) = V(G_1) \bigcup V(G_2),$$
$$E(G_1 \bigvee G_2) = E(G_1) \bigcup E(G_2) \bigcup \{uv \mid u \in V(G_1), v \in V(G_2)\}。$$

如果 $G_1 = (V_1, E_1)$ 和 $G_2 = (G_2, E_2)$ 为两个图,则其积图 $G_1 \times G_2$ 定义为
$$V(G_1 \times G_2) = V_1 \times V_2,$$
$$E(G_1 \times G_2) = \{(u_1, v_1)(u_2, v_2) \mid u_1 = u_2 \text{ 且 } v_1 \sim v_2 \text{ 或者 } v_1 = v_2 \text{ 且 } u_1 \sim u_2\}。$$
其中 $v_1 \sim v_2$ 表示 v_1 与 v_2 在 G_2 中邻接,$u_1 \sim u_2$ 表示 u_1 与 u_2 在 G_1 中邻接。

例如,设 G_1 和 G_2 分别为 2 阶路和 3 阶路,则 G_1 与 G_2 的并图和积图如图 1.2 所示。

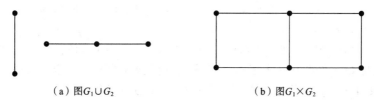

（a）图 $G_1 \bigcup G_2$　　　　　　　　　　（b）图 $G_1 \times G_2$

图 1.2　并图和积图

图 G 的补图记为 $\overline{G}$,其定义为 $V(\overline{G}) = V(G)$,并且 $E(\overline{G}) = \{uv \mid u \in V, v \in V, uv \notin E\}$。

1.1.6　常见的特殊图

设 $G = (V, E)$ 为一个图,$w = v_1 e_1 v_2 e_2 \cdots v_{n-1} e_{n-1} v_n$,其中 $v_i \in V(1 \leqslant i \leqslant n)$,$e_i = v_i v_{i+1} \in E(1 \leqslant i \leqslant n-1)$,则称 w 为一条通道,当 $v_1 = v_n$ 时称之为闭通道。

1. 路与迹

一条 n 阶路（长度为 $n-1$）记为 P_n,其定义为:$V(P_n) = \{v_1, v_2, \cdots, v_n\}$,并且 $E(P_n) = \{v_i v_{i+1} \mid 1 \leqslant i \leqslant n-1\}$。

由此可看出,一条路是一条点不交的通道,即 $v_i \neq v_j (i \neq j)$。一条 n 阶迹是一条边不交的通道,即 $w = v_1 e_1 v_2 e_2 \cdots v_{n-1} e_{n-1} v_n$,$e_i \neq e_j (i \neq j)$,但可能有 $v_i = v_j (i \neq j)$。如果 $v_1 = v_n$,则称之为闭迹。

2. 圈

一个 n 阶圈（长度为 n）记为 C_n，其定义为：$V(C_n) = \{v_1, v_2, \cdots, v_n\}$，并且 $E(C_n) = \{v_i v_{i+1} \mid 1 \leqslant i \leqslant n-1\} \bigcup \{v_1 v_n\}$。当 n 为奇数时称为奇圈，当 n 为偶数时称为偶圈。

3. 完全图

一个 n 阶完全图记为 K_n，其定义为：$V(K_n) = \{v_1, v_2, \cdots, v_n\}$，且

$$E(K_n) = \{v_i v_j \mid 1 \leqslant i \neq j \leqslant n\}。$$

不难看出，n 阶完全图 K_n 的边数为 $|E(K_n)| = \dfrac{n(n-1)}{2}$，并称 $\overline{K_n}$ 为 n 阶空图。

4. 完全二部图

设 V_1 和 V_2 为两个非空点集，图 $G = (V_1 \bigcup V_2, E)$，其中 $E = \{uv \mid u \in V_1, v \in V_2\}$，则称 G 为完全二部图（或完全偶图），且若 $m = |V_1|$，$n = |V_2|$，则记 $G = K_{m,n}$。特殊地，$K_{1,n}$ 称为 $n+1$ 阶星，或记为 S_n。不难看出，$K_{m,n} = \overline{K_m} \vee \overline{K_n}$，且 $|E(K_{m,n})| = mn$。

5. 完全 n 部图

$K(m_1, m_2, \cdots, m_n) = \overline{K_{m_1}} \vee \overline{K_{m_2}} \vee \cdots \vee \overline{K_{m_n}}$ 称为完全 n 部图。

6. 轮图和扇图

$W_n = C_n \vee K_1$ 称为 $n+1$ 阶轮图，$F_n = P_n \vee K_1$ 称为 $n+1$ 阶扇图。

7. 偶图（或称二部图）

设 $G = (V, E)$ 为一个图，如果存在一个划分 $V = V_1 \bigcup V_2$，使得 $G[V_1]$ 和 $G[V_2]$ 均为空图，则称 G 为偶图。一个图 G 为偶图当且仅当 G 为某个完全二部图的子图。

定理 1.1.5　一个图 G 为偶图当且仅当 G 中没有任何奇圈。

定理 1.1.6　设图 G 为 n 阶偶图，则其边数 $|E(G)| \leqslant \dfrac{n^2}{4}$。

8. n-方体 Q_n

可以用积图递推来定义：设 $Q_1 = K_2$，$Q_n = K_2 \times Q_{n-1}$（$n \geqslant 2$），称 Q_n 为 n-方体。2-方体 Q_2 和 3-方体 Q_3 如图 1.3 所示。

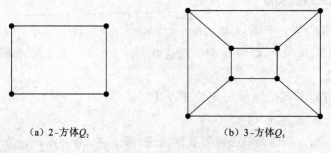

（a）2-方体 Q_2　　　　　　　　（b）3-方体 Q_3

图 1.3　两个方体

一个 n-方体 Q_n 共有 2^n 个顶点，每个顶点可用一个 n 位二进制数 $a_1 a_2 \cdots a_n$ 来表

示,Q_n 的两个顶点相邻接当且仅当其对应的二进制数只有一处不同。

1.1.7　连通图、距离、直径和围长

如果对于一个图 G 中的任何两个点 u 和 v,在 G 中都存在一条连接 u 点和 v 点的路,则图 G 称为连通图;否则,称为不连通图。

设 $G=(V,E)$ 为一个图,$u,v\in V$,在 G 中连接 u 点和 v 点的最短路的长度称为 u 点到 v 点的距离,用 $d_G(u,v)$ 或者 $d(u,v)$ 表示。如果在 G 中不存在连接 u 点和 v 点的路(即 u 点和 v 点分别在 G 的两个不同分支中),则记 $d_G(u,v)=+\infty$。图 G 的直径定义为:$d(G)=\max\{d(u,v)\mid u\in V,v\in V\}$。显然,当 G 是不连通图时,$d(G)=+\infty$。

一个图 G 的分支数目常用 $\omega(G)$ 表示。当且仅当 G 为连通图时,$\omega(G)=1$。

一个图 G 中最短圈的长度称为图 G 的围长,常用 $g(G)$ 表示。

1.1.8　同构图与自补图

定义 1.1.1　设 G 和 H 为两个同阶的图,如果存在一个双射 $\theta:V(G)\rightarrow V(H)$,使得 $uv\in E(G)$ 当且仅当 $\theta(u)\theta(v)\in E(H)$ 时成立,则称图 G 与 H 同构,记为 $G\cong H$,有时简记为 $G=H$。

关于同构,有一个著名的猜想尚未解决,即乌拉姆猜想。

乌拉姆(Ulam)猜想　设 G 和 H 为两个图,$|V(G)|=|V(H)|$,$V(G)=\{u_1,u_2,\cdots,u_n\}$,$V(H)=\{v_1,v_2,\cdots,v_n\}$,且 $G-u_i\cong H-v_i(i=1,2,\cdots,n)$,则 $G\cong H$。

如果一个图 G 与其补图 $\overline{G}$ 同构,则称 G 为自补图。K_1 为平凡自补图,P_4 和 C_5 也是自补图。显然,若 G 为 n 阶自补图,则 G 的边数等于 n 阶完全图边数的一半,即 $m(G)=\dfrac{n(n-1)}{4}$ 为整数,从而得到以下定理。

定理 1.1.7　若 G 为 n 阶自补图,则 $n\equiv0,1(\bmod4)$。

定理 1.1.8　每个非平凡自补图的直径等于 2 或 3。

判断两个图是否同构(或者一个图是否为自补图)并非易事,有时需要观察图的特征和性质。如图 1.1 所示的图 G,虽然 G 和 $\overline{G}$ 具有相同的度序列 $\pi=(5,5,4,4,3,3,2,2)$,但是由上述定理得知,其不是自补图,这是因为其直径为 4。

例 1.1.1　判断图 1.4 所示的图是否为自补图。

解　此图不是自补图。这是由于两个 2 度点不是对称点(一个在三角形中,另一个不在三角形中),但它们在图的补图中对应的两个 5 度点是对称点。

例 1.1.2　判断图 1.5 所示的两个图是否同构。

解　此两图是同构的。这是由于存在一个同构映射 $\theta:V(G)\rightarrow V(H)$,即 $i\rightarrow i$ $(1\leqslant i\leqslant10)$。此图称为 Petersen 图。

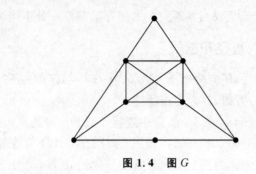

图 1.4　图 G

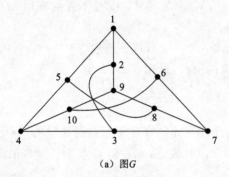

（a）图 G

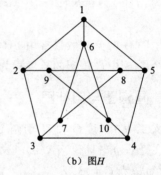

（b）图 H

图 1.5　图 G 与图 H

1.1.9　极图

设 $G=(V,E)$ 为一个 n 阶图，若存在划分 $V=V_1\cup V_2\cup\cdots\cup V_l$，使得每个导出子图 $G[V_i]$ 均为空图 $(1\leqslant i\leqslant l)$，则称 G 为 l 部图。特殊地，若 $|V_i|=n_i(1\leqslant i\leqslant l)$，并且 $\forall u\in V_i,\forall v\in V_j(1\leqslant i\neq j\leqslant l)$，均有 $uv\in E$，则 G 称为完全 l 部图，记为 $K(n_1,n_2,\cdots,n_l)$。可见 $K(n_1,n_2,\cdots,n_l)=\overline{K_{n_1}}\vee\overline{K_{n_2}}\vee\cdots\vee\overline{K_{n_l}}$。

定义 1.1.2　设 n 阶完全 l 部图 $G=K(n_1,n_2,\cdots,n_l)$ 满足 $|n_i-n_j|\leqslant 1$ $(1\leqslant i\neq j\leqslant l)$，则 G 称为 n 阶完全 l 几乎等部图，并记为 $T_{l,n}$。

定理 1.1.9　若 G 为 n 阶 l 部图，则 G 具有最多边数的充要条件是 $G\cong T_{l,n}$。

定理 1.1.10　设 G 为 n 阶简单图，且不包含 K_{l+1} 作为子图，则 $|E(G)|\leqslant|E(T_{l,n})|$，且等式成立当且仅当 $G\cong T_{l,n}$。

通常地，记 $m(n,H)$ 表示不包含 H 作为子图的 n 阶简单图的最多边数，由极图理论得知

$$m(n,K_3)=m(n,K_4-e)=m(n,K_{1,3}+e)=\left\lfloor\frac{n^2}{4}\right\rfloor,$$

$$m(n,C_n)=1+\frac{(n-1)(n-2)}{2},$$

此外还有

$$m(n,K_{l+1})=\frac{(l-1)(n^2-r^2)}{2l}+\binom{r}{2},$$

其中 $n\equiv r(\mathrm{mod}l),0\leqslant r<l$。

1.1.10　图的邻接矩阵

设 $G=(V,E)$ 为一个 n 阶标定图,其中 $V=\{v_1,v_2,\cdots,v_n\}$,定义一个 n 阶矩阵 $A=A(G)=(a_{ij})_{n\times n}$ 如下:当 v_i 与 v_j 邻接时 $a_{ij}=1$,当 v_i 与 v_j 不邻接时 $a_{ij}=0$ $(i\neq j)$,并且 $a_{ii}=0$ $(i=1,2,\cdots,n)$,则称 A 为图 G 的邻接矩阵。可见 A 为一个$(0,1)$对称矩阵,且主对角元素均为 0。图 1.6 所示图 $G=K_4-e$ 的邻接矩阵为

$$A=\begin{pmatrix}0 & 1 & 1 & 1\\1 & 0 & 0 & 1\\1 & 0 & 0 & 1\\1 & 1 & 1 & 0\end{pmatrix}。$$

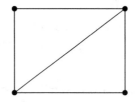

图 1.6　图 $G=K_4-e$

定理 1.1.11　设 $A=(a_{ij})_{p\times p}$ 为一个标定图 G 的邻接矩阵,$a_{ij}^{(n)}$ 表示 A^n 中第 i 行第 j 列的元素,则 $a_{ij}^{(n)}$ 等于 G 中由 v_i 到 v_j 的长度为 n 的通道数目。

推论 1.1.1　设 $A=(a_{ij})_{n\times n}$ 为一个 n 阶图 G 的邻接矩阵,记 $A^2=(a_{ij}^{(2)})_{n\times n}$,则

(1) $a_{ii}^{(2)}=d_G(v_i)$;

(2) 若 $\lambda_1,\lambda_2,\cdots,\lambda_n$ 为 G 的 n 个特征值,$\sum_{i=1}^n\lambda_i^2=2m$。

定理 1.1.12　设 λ 是一个 n 阶图 G 邻接矩阵 A 的任何一个特征值,$m=|E(G)|$,则

$$|\lambda|\leqslant\sqrt{\frac{2m(n-1)}{n}}。$$

证明　若 $\lambda_1,\lambda_2,\cdots,\lambda_n$ 为 A 的 n 个特征值,记 $\lambda=\lambda_n$。由两个 $n-1$ 维向量 $\boldsymbol{\alpha}=(1,1,\cdots,1)$ 和 $\boldsymbol{\beta}=(\lambda_1,\lambda_2,\cdots,\lambda_{n-1})$ 的内积得知

$$\Big(\sum_{i=1}^{n-1}\lambda_i\Big)^2\leqslant(n-1)\sum_{i=1}^{n-1}\lambda_i^2。$$

由于 A 的所有特征值之和为 0,且由上述推论得到

$$(-\lambda)^2 \leqslant (n-1)(2m-\lambda^2),$$

由此导出定理成立。

1.2　树

1.2.1　树的概念与性质

定义 1.2.1　一个无圈的图称为一个森林。一个无圈的连通图称为一棵树。在一棵树 T 中,度为 1 的点称为 T 的叶点,度大于 1 的点称为 T 的分支点。K_1 称为平凡树。一棵树常用 T 表示。可见,一个森林是若干树之并。

定理 1.2.1　设 G 为一个 n 阶图,m 为 G 的边数,则下列命题是等价的:

(1) G 为一棵树;

(2) G 是连通的,且 $m=n-1$;

(3) G 是无圈的,且 $m=n-1$;

(4) G 是无圈的,但 $G+e$ 中有唯一的圈;

(5) G 中任何两个点之间有且仅有一条路相连。

不难看出,每棵非平凡的树至少有两个叶点,恰有两个叶点的树为一条路。一个森林 F 的分支数目为 $\omega(F)=n-m$。

定义 1.2.2　设 G 为一个简单连通图,$e\in E(G)$,$v\in V(G)$,则

(1) 若 $G-e$ 是不连通图,则称 e 为图 G 的一条割边;

(2) 若 $G-v$ 是不连通图,则称 v 为图 G 的一个割点。

图 1.7 所示为有一条割边和两个割点的图。

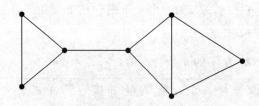

图 1.7　有一条割边和两个割点的图

一个非平凡的简单连通图至少有两个点不是割点。

定理 1.2.2　设 G 为一个连通图,则 G 为一棵树的充要条件是 G 的每条边均为割边。

1.2.2　树的中心

设 G 为一个连通图,$v\in V(G)$,则称 $e(v)=\max\{d(u,v)\,|\,u\in V(G)\}$ 为 v 点的离

心率,称 $r(G)=\min\{e(v)\,|\,v\in V(G)\}$ 为图 G 的半径。显然 $d(G)=\max\{e(v)\,|\,v\in V(G)\}$ 为图 G 的直径。对任何一个连通图 G,均有

$$r(G)\leqslant d(G)\leqslant 2r(G)。$$

图 1.8 所示为一棵直径 $d(G)=5$ 且半径 $r(G)=3$ 的树。

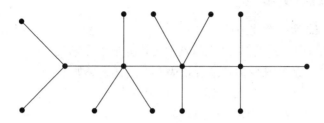

图 1.8　一棵直径 $d(G)=5$ 且半径 $r(G)=3$ 的树

定义 1.2.3　设 G 为一个连通图,满足 $e(v)=r(G)$ 的点 v 称为 G 的一个中心点,图 G 的全体中心点组成的集合称为 G 的中心,常用 $C(G)$ 表示。

定理 1.2.3　每棵树的中心是由一个点或两个相邻点组成的集合。

1.2.3　生成树

定义 1.2.4　如果图 G 的一个生成子图 T 是一棵树,则称 T 为 G 的一棵生成树(或支撑树)。若 T 为森林,则称 T 为 G 的一个生成森林。

利用破圈法不难证明下面的结论:

定理 1.2.4　每个连通图至少有一棵生成树。

一个图 G 的边 e 被收缩,即删除边 e 并将 e 的两个端点重合。这样所得的图记为 $G\cdot e$(图 1.9)。

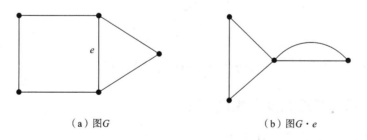

（a）图 G　　　　　　　　　　（b）图 $G\cdot e$

图 1.9　图 G 收缩一条边

常用 $\tau(G)$ 表示一个连通图 G 的生成树的数目。

定理 1.2.5　若 e 为连通图 G 的一条边,则

$$\tau(G)=\tau(G-e)+\tau(G\cdot e)。$$

反复应用这个定理,可得出一个连通图 G 的生成树的数目 $\tau(G)$。

1.3　图的连通度

1.3.1　连通度的概念

设 $G=(V,E)$ 为一个连通图,如果存在 $S\subset V$,使得 $G-S$ 为一个不连通图,则称 S 为图 G 的一个点割集。容量最小的点割集称为最小点割集。

定义 1.3.1　简单图 G 的连通度记为 $k(G)$,其定义如下:

(1) 若 G 是一个不连通图,定义 $k(G)=0$;

(2) 若 $G=K_n$,定义 $k(G)=n-1$;

(3) 若 G 是一个连通图,$G\neq K_n$,定义 $k(G)$ 为 G 的最小点割集的容量。

图的连通度是反映图的连通程度的一个主要参数。如果一个图 G 的连通度 $k(G)\geqslant n$,则称 G 为一个 n-连通图。1-连通图简称为连通图。

设 $G=(V,E)$ 为一个连通图,如果存在 $S'\subseteq E$,使得 $G-S'$ 为一个不连通图,则称 S' 为图 G 的一个边割集。最小的边割集称为最小边割集。

定义 1.3.2　图 G 的边连通度记为 $\lambda(G)$,其定义如下:

(1) 若 G 是一个不连通图或平凡图,定义 $\lambda(G)=0$;

(2) 若 G 是一个非平凡连通图,定义 $\lambda(G)$ 为 G 的最小边割集的容量。

同样地,图的边连通度也是反映图的连通程度的一个主要参数。如果一个图 G 的边连通度 $\lambda(G)\geqslant n$,则称 G 为一个 n-边连通图。

一个点连通度为 1、边连通度为 2 的图如图 1.10 所示。

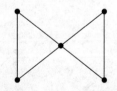

图 1.10　$k(G)=1,\lambda(G)=2$

1.3.2　连通度与点数及边数的关系

定理 1.3.1　对任意图 G,均有

$$k(G)\leqslant\lambda(G)\leqslant\delta(G)。$$

由上述定理可得到如下推论:

推论 1.3.1　对任意 n 阶连通图 G,若 $|E(G)|=m$,则其点连通度

$$k(G)\leqslant\left\lfloor\frac{2m}{n}\right\rfloor。$$

推论 1.3.2　对任意 n 阶连通图 G，若 $\delta(G) \geqslant \left\lfloor \dfrac{n}{2} \right\rfloor$，则 G 为连通图。

推论 1.3.3　对任意 n 阶连通图 G 和正整数 $k(k \leqslant n-1)$，若 $\delta(G) \geqslant \dfrac{n+k-2}{2}$，则 G 为一个 k-连通图。

推论 1.3.4　对任意 n 阶图 G，若 $\delta(G) \geqslant \left\lfloor \dfrac{n}{2} \right\rfloor$，则 $\lambda(G) = \delta(G)$。

定理 1.3.2(Menger)　设 x 和 y 是图 G 中两个不同的点，则有以下结论：
(1) 若 $xy \notin E(G)$，则分离 x 和 y 的最少点数等于独立的 (x,y) 路的最多数目；
(2) 分离 x 和 y 的最少边数等于边不重的 (x,y) 路的最多数目。

1.4　Euler 图与 Hamilton 图

1.4.1　Euler 图

定义 1.4.1　若一个连通图 G 中存在一条经过每条边的闭迹(称为 Euler 闭迹)，则称 G 为一个 Euler 图，简称为 E 图。

若一个连通图 G 中存在一条经过每条边的迹，则称之为 Euler 迹。

定理 1.4.1　设 G 为一个非平凡的连通图，则下面的命题是等价的：
(1) G 为一个 E 图；
(2) G 的每个点均为偶度点；
(3) G 的边集可划分为若干个圈之并。

可见，一个连通图 G 有 Euler 迹当且仅当 G 至多有两个奇度点。

定义 1.4.2　经过图 G 的每个点恰好一次的圈，称为 G 的 Hamilton 圈，简称为 H 圈。有 Hamilton 圈的图称为 Hamilton 图，简称为 H 图。

经过图 G 的每个点恰好一次的路称为 G 的 Hamilton 路，简称为 H 路。

例如，Petersen 图(图 1.11)有 H 路但无 H 圈，是一个非 H 图。

到目前为止，寻找一个图 G 为 H 图的非平凡的充要条件仍然是一个十分困难的问题，关于 H 图的研究是图论中重要的课题。

定理 1.4.2　若 G 是 H 图，则对于 $V(G)$ 的每一个非空真子集 S，均有 $G-S$ 的分支数目

$$\omega(G-S) \leqslant |S|。$$

上述定理可用来判断一些非 H 图。如奇数阶偶图为非 H 图。类似地，一个图有 H 路的必要条件如下：

定理 1.4.3　若图 $G = (V,E)$ 有 H 路，则对于 S，均有

$$\omega(G-S)\leqslant|S|+1.$$

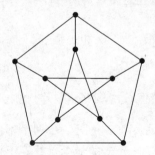

图 1.11　Petersen 图

下面给出几个充分条件。首先,Dirac 在 1952 年给出了下面的结论:

定理 1.4.4　设 G 是一个 n 阶图($n\geqslant3$),若 $\delta(G)\geqslant\dfrac{n}{2}$,则 G 是一个 H 图。

定理 1.4.5　设 u 和 v 是一个 n 阶图 G 的两个不邻的点,且 $d(u)+d(v)\geqslant n$,则 G 是 H 图的充要条件是 $G+uv$ 是 H 图。

定义 1.4.3　设 G 为一个 n 阶图,如果满足 $d(u)+d(v)\geqslant n$ 的任何两点 u 和 v 在 G 中都是相邻的,则称 G 为闭图。

对于任何一个图 G,总可以逐步增加边,直至成为闭图为止,该闭图称为 G 的闭包,记为 G°。Bondy 在 1969 年给出了下面的结论:

定理 1.4.6　一个图 G 是 H 图的充要条件是它的闭包 G° 是 H 图。

由上述定理直接可得知:如果一个 $n(n\geqslant3)$ 阶图 G 的闭包 G° 是完全图,则 G 为一个 H 图。

在 1972 年 Chvatal 给出了下面的结论:

定理 1.4.7　设图 G 的度序列为 $d_1\leqslant d_2\leqslant\cdots\leqslant d_n(n\geqslant3)$,若对任何 $m<\dfrac{n}{2}$,均有 $d_m>m$ 或者 $d_{n-m}\geqslant n-m$ 成立,则 G 为一个 H 图。

设两个 n 阶图 G 和 H 的度序列分别为 $\pi(G):d_1\leqslant d_2\leqslant\cdots\leqslant d_n$ 和 $\pi(H):d'_1\leqslant d'_2\leqslant\cdots\leqslant d'_n$。如果对每个 $i=1,2,\cdots,n$,均有 $d_i\leqslant d'_i$ 成立,则称图 G 度弱于图 H。

对于 $1\leqslant m<\dfrac{n}{2}$,令 $C_{m,n}=K_m\vee(\overline{K_m}\cup K_{n-2m})$,由定理 1.4.2 知,$C_{m,n}$ 为非 H 图。

定理 1.4.8　若 $n\geqslant3$,G 为一个 n 阶非 H 简单图,则 G 度弱于一个 $C_{m,n}$ 图。

上述定理可用来确定一些非 H 简单图。

1.4.2　线图与全图

定义 1.4.4　设 $G=(V,E)$ 为一个 n 阶简单图,且 $m=|E(G)|\geqslant1$。定义图 G 的线图 $L(G)$ 如下:将 $E(G)$ 作为 $L(G)$ 的点集,$L(G)$ 中两个点相邻当且仅当其对应的

G 中边相邻。

由定义可见，$|V(L(G))|=|E(G)|$。若简单图 G 的度序列为 $d_1\geqslant d_2\geqslant\cdots\geqslant$ d_n，则有

$$|E(L(G))|=\binom{d_1}{2}+\binom{d_2}{2}+\cdots+\binom{d_n}{2}.$$

例如，一个图 G 及其线图 $L(G)$ 如图 1.12 所示。

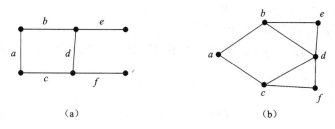

(a)   (b)

图 1.12　图 G 及其线图 $L(G)$

定义 1.4.5　设 $G=(V,E)$ 为一个 n 阶简单图，且 $m=|E(G)|\geqslant1$，定义图 G 的全图 $T(G)$ 如下：将 $V(G)\bigcup E(G)$ 作为 $T(G)$ 的点集，$T(G)$ 中两个点相邻当且仅当其对应的 G 中元素在 G 中相邻或相关联。

同样由定义可见，$|V(T(G))|=|V(G)|+|E(G)|$。若简单图 G 的度序列为 $d_1\geqslant d_2\geqslant\cdots\geqslant d_n$，则有

$$|E(T(G))|=\binom{d_1+1}{2}+\binom{d_2+1}{2}+\cdots+\binom{d_n+1}{2}+|E(G)|.$$

定理 1.4.9　(1) 若 G 为 E 图，则 $L(G)$ 既是 E 图，又是 H 图；

(2) 若 G 为 H 图，则 $L(G)$ 也是 H 图。

1.5　匹配与因子分解

1.5.1　匹配

设 $G=(V,E)$ 为一个图，$M\subseteq E$，如果 M 中任何两条边在 G 中都不相邻，则称 M 为图 G 的一个匹配。M 中一条边的两个端点称为在 M 下是配对的。若 M 中有一条边与点 v 关联，则称 v 是 M 的一个饱和点；否则，为非饱和点。

如果 G 中每个点均为匹配 M 的饱和点，则称 M 为 G 的一个完美匹配。如果不存在另外的匹配 M' 使得 $|M|<|M'|$，则称 M 为 G 的一个最大匹配。显然，完美匹配是最大匹配，反之不然。

设 M 为图 G 的匹配，如果一条路 P 的边依次交错地在 M 和 $E\setminus M$ 中出现，则称

P 为 G 的 M 交错路。如果一条 M 交错路 P 的起点和终点均为 M 的非饱和点,则称 P 为 M 可扩充路。

关于图的最大匹配,大多基于下面的两个基本结论:

定理 1.5.1(Berge)　图 G 的匹配 M 是最大匹配的充要条件是 G 中不包含 M 的可扩充路。

定理 1.5.2(Hall)　设 $G=(X\cup Y,E)$ 为一个偶图,则 G 包含饱和 X 每个点的匹配当且仅当 $|N(S)|\geqslant|S|$ 对一切 $S\subseteq X$ 成立。

由上述定理可得下面的推论:

推论 1.5.1　若 G 为一个 n 阶 k-正则偶图($k\geqslant1$),则 G 有完美匹配。

1.5.2　完美匹配

如何判断一个图是否有完美匹配? Tutte 给出了一个根据奇分支数目的判断方法。图的一个分支如果有奇数个点,则称为奇分支。用 $o(G)$ 表示图 G 的奇分支数目。

定理 1.5.3(Tutte)　G 有完美匹配当且仅当 $o(G-S)\leqslant|S|$ 对一切 $S\subset V(G)$ 成立。

应用这个定理容易判断图 1.13 所示的图没有完美匹配。

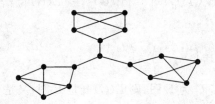

图 1.13　一个无完美匹配的图

1.5.3　因子分解

如果 H 是 G 的一个生成子图,且 $E(H)\neq\varnothing$,则称 H 为 G 的一个因子。如果 G 是一些因子的边不相交的并,这样的并称为 G 的因子分解。一个 n-因子是指一个 n-度正则的因子。若 G 是若干 n-因子的和(边不交的并),则称 G 是可 n-因子化的。

定理 1.5.4　设 n 为一个正整数,则有以下结论:

(1) K_{2n} 是可 1-因子化的;

(2) 正则偶图是可 1-因子化的;

(3) 3-正则 H 图是可 1-因子化的;

(4) K_{2n+1} 是 n 个 H 圈的和,从而是可 2-因子化的;

(5) K_{2n} 是一个 1-因子与 $n-1$ 个 H 圈的和;

1.5.4　荫度

将一个图 G 分解成边不交的生成森林时,生成森林的最少数目称为 G 的线荫度,用 $\sigma(G)$ 表示。例如,K_5 至少可分解成 3 个边不交的生成森林,如图 1.14 所示。

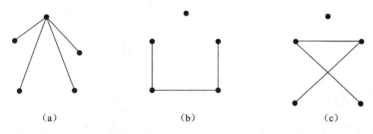

$$\text{(a)} \qquad\qquad \text{(b)} \qquad\qquad \text{(c)}$$

图 1.14　K_5 分解成 3 个森林

定理 1.5.5　设 G 是一个非平凡图,令 m_s 表示 G 的 s 阶子图的最多边数,则

$$\sigma(G) = \max\left\lceil \frac{m_s}{s-1} \right\rceil。$$

利用这个定理,可得完全图和完全偶图的线荫度。

推论 1.5.2　$\sigma(K_n) = \left\lceil \dfrac{n}{2} \right\rceil, \sigma(K_{m,n}) = \left\lceil \dfrac{mn}{m+n-1} \right\rceil。$

定理 1.5.6　对于任意 p 阶图 G,均有

$$\left\lceil \frac{p}{2} \right\rceil \leqslant \sigma(G) + \sigma(\bar{G}) \leqslant \left\lceil \frac{5p+9}{8} \right\rceil。$$

除了上述线荫度外,还有点荫度和线性点荫度等概念。

一个最大度不超过 2 的森林称为线性森林。一个图 G 的点荫度和线性点荫度分别记为 $a(G)$ 和 $\rho(G)$,其定义分别为

$$a(G) = \min\left\{ n \,\middle|\, V(G) = \bigcup_{i=1}^{n} V_i, G[V_i] \text{为无圈图} \right\},$$

$$\rho(G) = \min\left\{ n \,\middle|\, V(G) = \bigcup_{i=1}^{n} V_i, G[V_i] \text{为线性森林} \right\}。$$

关于图的点荫度,则有下面的结论:

定理 1.5.7　对任意图 G,记 $\delta_M(G) = \max\{\delta(H) \mid H \subseteq G\}$ 为图 G 的极大最小度,则

$$a(G) \leqslant 1 + \frac{\delta_M(G)}{2}。$$

由上述定理直接可得下面两个推论:

推论 1.5.3　对任意图 G,记 $\Delta = \Delta(G)$ 为图 G 的最大度,则

$$a(G) \leqslant 1 + \left\lfloor \frac{\Delta}{2} \right\rfloor。$$

推论 1.5.4　对任意图 G，$\delta_M(G) = \max\{\delta(H) \mid H \subseteq G\}$ 为图 G 的极大最小度，则

$$\delta_M(G) \geqslant 2a(G) - 2。$$

定理 1.5.8　对于任意 p 阶图 G，均有

$$a(G) + a(\bar{G}) \leqslant 1 + \left\lceil \frac{p}{2} \right\rceil。$$

1.6　平　面　图

1.6.1　平面图与 Euler 公式

定义 1.6.1　如果图 G 可画在一个平面上使除端点外边不交叉，则称 G 为可平面图，或称 G 可嵌入平面。可平面图 G 的边不交叉的一种画法称为 G 的一个平面嵌入，G 的平面嵌入所表示的图称为平面图，如图 1.15 所示。

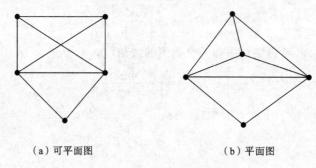

（a）可平面图　　　　　　　（b）平面图

图 1.15　可平面图嵌入平面

定理 1.6.1（Euler 公式）　设 G 为一个 (n, m) 连通平面图，且有 ϕ 个面，则有

$$n - m + \phi = 2。$$

若 f 为平面图 G 的一个面，则 f 的边界上边的数目（割边计算两次）称为 f 的面次，记为 $\mathrm{def}(f)$。

定理 1.6.2　设 G 为一个 (n, m)-连通平面图，如果对 G 的每个面 f，均有 $\deg(f) \geqslant l \geqslant 3$，则有

$$m \leqslant \frac{l}{l-2}(n-2)。$$

推论 1.6.1　设 G 为一个 (n, m)-可平面图，且 $n \geqslant 3$，则

$$m \leqslant 3n - 6。$$

推论 1.6.2　设 G 为一个可平面图，则

$$\delta(G) \leqslant 5。$$

推论 1.6.3　设 G 为一个 (n, m)-平面图，且有 k 个分支和 ϕ 个面，则有

$$n - m + \phi = k + 1。$$

1.6.2　极大平面图与外平面图

定义 1.6.2　（1）如果在一个可平面图 G 中，任何不相邻两点之间增加一条边所得的图均为不可平面图，则称 G 为极大可平面图。极大可平面图的平面嵌入 G 为极大平面图。

（2）如果存在一个可平面图 G 的平面嵌入，使得 G 的所有点均在同一个面上，则称 G 为外可平面图，外可平面图的外平面嵌入称为外平面图。

（3）如果在一个外可平面图 G 中，任何不相邻两点之间增加一条边所得的图均不为外可平面图，则称 G 为极大外可平面图。极大外可平面图的平面嵌入 G 为极大外平面图（图 1.16）。

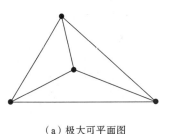

（a）极大可平面图　　　　　　　　　（b）极大外平面图

图 1.16　极大可平面图与极大外平面图

定理 1.6.3　设 G 为至少有 3 个点的平面图，则 G 为极大平面图的充要条件是 G 的各个面的次数均为 3。

推论 1.6.4　设 G 为有 n 个点、m 条边、ϕ 个面的极大平面图（$n \geqslant 3$），则有

（1）$m = 3n - 6$；

（2）$\phi = 2n - 4$。

定理 1.6.4　设图 G 有 $n(n \geqslant 3)$ 个点，且所有点均在外部面上的极大外平面图，则 G 有 $n - 2$ 个内部面。

1.6.3　平面图的判定

在图 G 的边上插入一个新的 2 度点，使该边成为两条边，则称将 G 在 2 度点内扩充。去掉 G 的一个 2 度点，使该点关联的两条边合成一条边，则称将 G 在 2 度点内收缩。

定义 1.6.3　对于两个图 G 和 H，如果 $G \cong H$，或者两者反复在 2 度点内扩充或收缩能变成同构图，则称 G 与 H 是同胚的。

图 1.17 所示为 3 个同胚图。

定理 1.6.5（Kuratowaki）　图 G 是可平面图当且仅当 G 不包含 K_5 或 $K_{3,3}$ 同胚

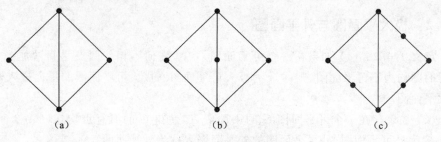

图 1.17　3 个同胚图

的子图。

定义 1.6.4　设 G 为一个简单图，$e = uv \in E(G)$，如果将 e 边去掉，将其两端点 u 和 v 重合于一点，且去掉由此而产生的环和重边，所得的图记为 G/e，此过程称为 G 的一次初等收缩，如图 1.18 所示。如果图 G 经过若干次初等收缩可得到图 H，则称 G 可收缩到 H。

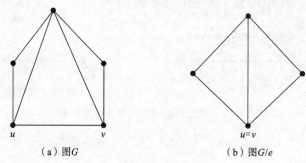

（a）图 G　　　　　　　（b）图 G/e

图 1.18　初等收缩

定理 1.6.6　简单图 G 是可平面图当且仅当 G 不包含可收缩到 K_5 或 $K_{3,3}$ 的子图。

例如，不难看出 Petersen 图是可收缩到 K_5，故其不是可平面图。

当然，判断一个图 G 是否是可平面图，除了应用上述两个定理之外，还可应用前面的定理 1.6.2 及其推论来判断。

例如：假若 Petersen 图 G 是可平面图，由于 G 的每个面的次 $\deg(f) \geqslant l = 5$，由定理 1.6.2 得知，G 边数 $m \leqslant \dfrac{l}{l-2}(n-2) = \dfrac{40}{3}$，这与 Petersen 图有 15 条边矛盾。因此，Petersen 图是不可平面图。

1.7　染　　色

1.7.1　图的边染色

设 $G = (V, E)$ 为一个图，k 为一个正整数，任意一个函数 $f: E \to \{1, 2, \cdots, k\}$ 均可

称为图 G 的一个 k-边着色(函数),称 $E_j=f^{-1}(j)=\{e\in E\,|\,f(e)=j\}$ ($j=1,2,\cdots,k$) 为 G 在 f 下的一个色组。显然,$E=E_1\cup E_2\cup\cdots\cup E_k$ 为 $E(G)$ 的一个划分。

定义 1.7.1　设 $G=(V,E)$ 为一个图,一个函数 $\pi:E\to\{1,2,\cdots,k\}$ 被称为图 G 的一个正常 k-边着色函数,如果对任意相邻的两条边 e_1 和 e_2,均有 $\pi(e_1)\neq\pi(e_2)$。图 G 的边色数定义为

$$\chi'(G)=\min\{k\,|\,存在图 G 的正常 k\text{-}边着色函数\},$$

并称 G 是可 k-边着色的。

由定义不难看出下面的性质:

(1) 若 f 为图 G 的一个正常 k-边着色函数,则 G 在 f 下的每个色组均为边独立集;

(2) 设 $\beta_1(G)$ 表示图 G 的边独立数,则 $\beta_1(G)\chi'(G)\geqslant|E(G)|$;

(3) 对任意简单图 G,有 $\chi'(G)\geqslant\Delta(G)$;

(4) 若一个 k-正则图 G 可 1-因子化,则 $\chi'(G)=k$。

Vizing 在 1964 年证明了下面的结论,称之为 Vizing 定理。

定理 1.7.1　若 G 为简单图,则

$$\Delta\leqslant\chi'(G)\leqslant\Delta+1。$$

这一定理将所有的简单图分成了两类,通常称满足 $\chi'(G)=\Delta(G)$ 的简单图 G 为第一类图,称满足 $\chi'(G)=\Delta(G)+1$ 的简单图 G 为第二类图。判断一个简单图 G 是属于第一类还是第二类,这仍是一个尚未解决的问题。

定理 1.7.2　若 G 为一个简单偶图,则

$$\chi'(G)=\Delta(G)。$$

这一定理表明所有的简单偶图均属于第一类图。但第一类图未必是偶图,例如,偶数阶完全图是可 1-因子化的,由性质(4)知其为第一类图。

推论 1.7.1　若图 G 的点数 $n=2k+1$ 且边数 $m\geqslant k\Delta+1$,则 G 是第二类图。

证明　设 f 为 G 的一个正常 $\chi'(G)$-边着色函数,在 f 下每个色组中至多有 $\left\lfloor\dfrac{n}{2}\right\rfloor=k$ 条边,故

$$\chi'(G)\geqslant\left\lceil\frac{m}{k}\right\rceil=\Delta+1。$$

由定理 1.7.1 得 $\chi'(G)=\Delta+1$,即 G 为第二类图。

推论 1.7.2　若图 G 为奇数阶 Δ-度正则图,则 G 是第二类图。

证明　不妨设

$$\Delta\geqslant2,\quad n=|V(G)|=2k+1,$$

$$m=|E(G)|=\frac{\Delta n}{2}=\frac{\Delta(2k+1)}{2}\geqslant k\Delta+1,$$

由推论 1.7.1 知 G 是第二类图。

由推论 1.7.1 可得下面的推论 1.7.3。

推论 1.7.3　若 H 为一个偶数阶 Δ-正则图($\Delta\geqslant 2$),在 H 的任意一条边上增添一个新点,所得的图为 G,则 G 是第二类图。

推论 1.7.4　当 $n\geqslant 2$ 时,$\chi'(K_n)=\begin{cases}n, & \text{当 } n \text{ 为奇数时;}\\ n-1, & \text{当 } n \text{ 为偶数时。}\end{cases}$

证明　当 n 为偶数时,K_n 是可 1-因子化的,由性质(4)知

$$\chi'(K_n)=\Delta(K_n)=n-1。$$

当 n 为奇数时,由推论 7.1.2 知

$$\chi'(K_n)=\Delta(K_n)+1=n。$$

类似地,容易证明:所有偶圈 C_{2n} 为第一类图,而所有奇圈 C_{2n+1} 为第二类图。此外不难看出,所有的 3-正则 H 图是第一类图,Petersen 图为第二类图。

完全二部图都是第一类图,但完全多部图就不容易判断。不过 Laskar 等人研究完全等 t-部图,得出下面的结论。

定理 1.7.3　令 $G=O_r^t$ 表示完全等 t-部图,每部点数为 r,则有

$$\chi'(G)=\begin{cases}r(t-1)+1, & rt\equiv 1(\mathrm{mod}2);\\ r(t-1), & rt\equiv 0(\mathrm{mod}2)。\end{cases}$$

这表明当 rt 为偶数时,$G=O_r^t$ 为第一类图;当 rt 为奇数时,$G=O_r^t$ 为第二类图。

对于多重图,有下面的结论,可作为 Vizing 定理的一个推广。

定理 1.7.4　设 G 为一个无环图,且 G 中边的最大重数为 μ,则有

$$\chi'(G)\leqslant\Delta(G)+\mu,$$

且此上界是可达的。例如,将 K_3 的每条边均增添一条重边,所得的图记为 G,由于 G 中任意两条边均相邻,故

$$\chi'(G)=|E(G)|=6=\Delta(G)+\mu,$$

其中 $\Delta(G)=4,\mu=2$。

对于无环的多重二部图,D. Konig 等人在 1916 年就证明了下面的结论。

定理 1.7.5　若 G 为一个无环的多重二部图,则

$$\chi'(G)=\Delta(G)。$$

1.7.2　图的点染色

设 $G=(V,E)$ 为一个图,k 为一个正整数,任意一个函数 $f:V\to\{1,2,\cdots,k\}$ 均可称为图 G 的一个 k-着色函数,并称 $V_j=f^{-1}(j)=\{v\in V\mid f(e)=j\}$ $(j=1,2,\cdots,k)$

为 G 在 f 下的一个色组。显然，$V = V_1 \cup V_2 \cup \cdots \cup V_k$ 为 $V(G)$ 的一个划分。

定义 1.7.2 设 $G = (V, E)$ 为一个图，一个函数 $\pi: V \to \{1, 2, \cdots, k\}$ 被称为图 G 的一个正常 k-着色函数，如果对任意相邻的两个点 v_1 和 v_2，均有 $\pi(v_1) \neq \pi(v_2)$。图 G 的色数定义为

$$\chi(G) = \min\{k \mid 存在图 G 的正常 k\text{-}着色函数\}。$$

若 $\chi(G) \leqslant k$，则称 G 是可 k-着色的；若 $\chi(G) = k$，则称 G 为一个 k 色图。如果 f 为图 G 的一个正常着色函数，则 G 在 f 下的每个色组均为 G 的独立集，故 $\chi(G)\beta(G) \geqslant |V(G)|$ 对任何图 G 成立，显然也有 $\chi(G) = \min\{t \mid G 为一个 t\text{-}部图\}$。由此看来，对于一个给定图 G，确定 $\chi(G)$ 的值比确定 $\chi'(G)$ 的值似乎更容易一些。

定理 1.7.6 对于任意图 G，均有

$$\chi(G) \leqslant \Delta + 1。$$

证明 设 $\chi(G) = k$，选取 G 的一个 k-着色函数 π，使得在 π 下色组 $V_1 = \pi^{-1}(1)$ 的容量尽可能小。对于任意点 $v \in V_1$，v 点必与 $V_j (j = 2, 3, \cdots, k)$ 中至少一个点相邻，否则有一个色划分 $\{V_1 \setminus \{v\}, V_2, \cdots, V_j \cup \{v\}, \cdots, V_k\}$，这与 π 的选择矛盾。因此有

$$\Delta \geqslant d(v) \geqslant k - 1，$$

即 $$\chi(G) = k \leqslant \Delta + 1，$$
定理证毕。

更进一步，Brooks 证明了下面的定理：

定理 1.7.7 若简单图 G 既不是完全图，也不是奇圈，则

$$\chi(G) \leqslant \Delta。$$

定理 1.7.6 可改进成下面的定理：

定理 1.7.8 对于任何图 G，均有

$$\chi(G) \leqslant 1 + \max\{\delta(H) \mid H \subseteq G\}。$$

证明 设 $\chi(G) = k$，选取 G 的一个导出子图 H，使得 $\chi(H) = k$ 且 $|V(H)|$ 尽可能小。因此，对于 H 的一个最小度点 $v \in V(H)$，$\chi(H - v) = k - 1$。（否则 $\chi(H - v) = k$，这与 H 的选择相矛盾。）

假若 $\delta(H) \leqslant k - 2$，即 $N_H(v)$ 中至多包含 $k - 2$ 种不同颜色的点（在 $H - v$ 的 $k - 1$-着色下）。故 v 点可选取 $N_H(v)$ 中点未出现的颜色着色。从而 H 有 $k - 1$-着色存在，这与定义相矛盾。因此

$$\delta(H) \geqslant k - 1，$$

即 $$\chi(G) = k \leqslant 1 + \delta(H) \leqslant 1 + \max\delta(H)，$$
定理证毕。

设 G 为一个图,令

$$V_2(G) = \{v \in V(G) \mid \text{存在 } u \in N(v), \text{使得 } d(v) \leqslant d(u)\},$$

并且

$$\Delta_2(G) = \max\{d(v) \mid v \in V_2(G)\},$$

则有下面的定理:

定理 1.7.9　设 G 为一个非空简单图,则

$$\chi(G) \leqslant 1 + \Delta_2(G)。$$

下面讨论一个图 G 与其补图 $\bar{G}$ 之间的色数关系。

定理 1.7.10　对于任何 n 阶图 G, χ 和 $\bar{\chi}$ 分别表示图 G 和 $\bar{G}$ 的色数,则有

(1) $2\sqrt{n} \leqslant \chi + \bar{\chi} \leqslant n+1$;

(2) $n \leqslant \chi\bar{\chi} \leqslant \left(\dfrac{n+1}{2}\right)^2$。

著名的"四色"问题是指:对于任何平面图 G,可用四种颜色对其面着色,使得任何相邻的两个面都有不同的颜色(两个面相邻是指至少有一条边在公共边界上)。由于平面图的对偶图也是平面图(即平面图 G 的对偶图是以 G 的面为顶点,对偶图中两个顶点相邻当且仅当其对应 G 中的两个面相邻),所以"四色"问题转化为平面图的点着色问题。

"四色"猜想　对于任何可平面图 G,均有

$$\chi(G) \leqslant 4。$$

该猜想历经一百多年,大约在 1850 年,Guthrie 将此问题转告给 De Morgan,后来人们经过长期的不懈努力,试图解决这一猜想,但都未能成功。在 1879 年 Kempe 给出了这一猜想的"证明"。11 年后,即在 1890 年 Heawood 发现了其证明过程中的一个错误,并证明了下面的"五色"定理。直到 1976 年,这一猜想才由 K. Appel 等人在计算机的帮助下得到解决。

定理 1.7.11　对于任何可平面图 G,均有 $\chi(G) \leqslant 5$。

1.7.3　图的全染色

定义 1.7.3　设 $G = (V, E)$ 为一个简单图,一个函数 $\pi: V \cup E \to \{1, 2, \cdots, k\}$ 被称为图 G 的一个正常 k-全着色函数,如果满足以下条件:

(1) 对任意相邻的两个点 v_1 和 v_2,均有 $\pi(v_1) \neq \pi(v_2)$;

(2) 对任意相邻的两条边 e_1 和 e_2,均有 $\pi(e_1) \neq \pi(e_2)$;

(3) 对任意一条边 $e = uv$ 及其关联的点 u 和 v,均有 $\pi(e) \neq \pi(u)$ 且 $\pi(e) \neq \pi(v)$。

图 G 的全色数定义为

$$\chi_T(G) = \min\{k \mid \text{存在图 } G \text{ 的正常 } k\text{-全着色函数}\}。$$

由图的全着色定义,不难看出下面的性质:

(1) 对任何简单图 G, $\chi_T(G) = \chi(T(G))$, 其中 $T(G)$ 表示 G 的全图;

(2) 对任何简单图 G, $\chi_T(G) \leqslant \chi(G) + \chi'(G)$;

(3) 对任何简单图 G, $\chi_T(G) \geqslant \Delta(G) + 1$, 其中 $\Delta(G)$ 表示 G 的最大度。

一般来说,确定一个图的全色数是非常困难的,目前只有一些特殊图的全色数被确定,如完全图、树和圈等。大多数工作都是研究全色数的上界。在 1965 年 Behzad 在他的博士论文中提出了如下一个猜想,后来被人们称为全着色猜想,至今未能解决。

全着色猜想　对于任何简单图 G,均有
$$\chi_T(G) \leqslant \Delta + 2。$$

围绕这一著名猜想,人们对全着色问题进行了深入的研究:一方面,研究全着色猜想对一些特殊图类的正确性;另一方面,给出一般图的全色数的上界,并不断改进。张忠辅等人研究全着色时,按全色数定义了两类图,即第一类图集 C_T^1 和第二类图集 C_T^2。即
$$C_T^1 = \{G \mid \chi_T(G) = \Delta(G) + 1\},$$
$$C_T^2 = \{G \mid \chi_T(G) = \Delta(G) + 2\}。$$

可见,全着色猜想等价于:对于任何简单图 G,均有 $G \in C_T^1 \bigcup C_T^2$。

众所周知,对任何简单图 G,均有 $\chi(G) \leqslant \Delta + 1$,且 $\chi'(G) \leqslant \Delta + 1$。由性质(2)可得 $\chi_T(G) \leqslant 2\Delta + 2$,这是一个平凡的上界,人们关心的是对此上界能有多大的改进。

定理 1.7.12　设 G 为简单图,且 $\Delta = \Delta(G) \leqslant 3$,则有
$$\chi_T(G) \leqslant \Delta + 2。$$

定理 1.7.13　设 G 为 n 阶简单图,则
$$\chi_T(G) \leqslant \left\lfloor \frac{3}{2}\Delta(G) \right\rfloor + 2。$$

定理 1.7.14　设 G 为 n 阶简单图,则
$$\chi_T(G) \leqslant \chi'(G) + 2\sqrt{\chi(G)}。$$

定理 1.7.15　对任意 p 阶简单图 G,均有
$$p + 1 \leqslant \chi_T(G) + \chi_T(\bar{G}) \leqslant 2p,$$
$$p \leqslant \chi_T(G) \cdot \chi_T(\bar{G}) \leqslant p^2。$$

对于任何非空的简单偶图 G,由于 $\chi(G) = 2$ 且 $\chi'(G) = \Delta$,故由性质(2)知 $\chi_T(G) \leqslant \Delta + 2$,即全着色猜想对偶图成立。下面列出关于图的全色数的有关结论。

定理 1.7.16　对于 n 阶完全图 K_n,有
$$\chi_T(K_n) = \begin{cases} n, & \text{当 } n \text{ 为奇数时;} \\ n+1, & \text{当 } n \text{ 为偶数时。} \end{cases}$$

定理 1.7.17　设 G 为 n 阶简单图,有

(1) 若 $\Delta \leqslant 4$ 或 $\Delta \geqslant n-4$,则

$$\chi_T(G) \leqslant \Delta + 2;$$

(2) 若 n 为奇数且 $\Delta \geqslant \frac{3}{4}n-1$ 或者 n 为偶数且 $\Delta \geqslant \frac{3}{4}n$,则

$$\chi_T(G) \leqslant \Delta + 2。$$

如果一个图 G 的每一个点的所有邻点的度各不相等,则称 G 为高度不正则图。例如,图 1.19 所示的图为一个高度不正则图。

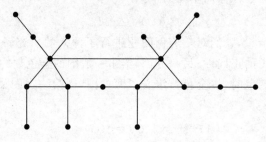

图 1.19　一个高度不正则图

定理 1.7.18　若 G 为一个高度不正则图,且 $\Delta \geqslant 2$,则

$$\chi_T(G) = \Delta + 1。$$

定理 1.7.19　若 G 为外平面简单图,且 $\Delta \geqslant 3$,则

$$\chi_T(G) = \Delta + 1。$$

对于圈、完全三部图和完全等部图,全着色猜想成立。另一类重要的图是正则图。如果对于 k-正则图全着色猜想成立,则对满足 $\Delta(G)=k$ 的图 G 全着色猜想也成立。Chetwynd 等证明了下面的结论。

定理 1.7.20　设 G 为 p 阶 k-正则简单图,如果满足下面两条件之一:

(1) $k \geqslant \frac{6}{7}p$;

(2) $k \geqslant \frac{3}{4}p$ 且 k 为偶数;

则全着色猜想成立,即

$$\chi_T(G) \leqslant k+2。$$

此外,对于乘积图的全色数,有如下的结论。

定理 1.7.21　若 $G \in C_T^1$,H 为偶图,则

$$G \times H \in C_T^1, \quad H \times G \in C_T^1。$$

定理 1.7.22　若 G 满足全着色猜想,H 为偶图,则 $G \times H$ 和 $H \times G$ 均满足全着色猜想。

除了著名的全着色猜想之外,人们在研究图的全着色时,提出了关于全色数的若干猜测,这里只列出其中的两个猜想。

猜想 1.7.1　若图 G 只有一个最大度点,则 $G \in C_T^1$,即

$$\chi_T(G) = \Delta + 1 。$$

对于这一猜想,只证明了当 $\Delta \leqslant 3$ 或 $\Delta = |V(G)| - 1$ 时它是正确的。这一猜想可能加强为下面的猜想。

猜想 1.7.2　若图 G 的最大度点是不邻的,则 $G \in C_T^1$,即 $\chi_T(G) = \Delta + 1$。

对于这一猜想,也只证明了当 $\Delta \leqslant 3$,或者 $\Delta = |V(G)| - 1$ 且只有一个最大度点,或 G 为一个完全二部图时,它是正确的。

1.8　Ramsey 数

本节主要介绍经典 Ramsey 数、广义 Ramsey 数和混合 Ramsey 数的概念及相关结果。

1.8.1　经典 Ramsey 数

1930 年英国逻辑学家 F. P. Ramsey 提出如下问题:任何 6 个人中必存在 3 个人相互认识或存在 3 个人相互不认识。这一问题导致了 Ramsey 定理及 Ramsey 数等一些深层次的数学问题。

上述问题可用图来描述为:对任何 6 阶图 G,或者 $K_3 \subseteq G$,或者 $K_3 \subseteq \overline{G}$。

定义 1.8.1　给定正整数 a 和 b,令 $R(a,b)$ 表示最小正整数 n 的值,使得任意 n 阶图 G 必包含 a 个点的团或者包含 b 个点的独立集。称 $R(a,b)$ 为经典 Ramsey 数,或简称为 Ramsey 数。

由上述 Ramsey 数的定义知

$$R(a,b) = R(b,a),$$
$$R(1,a) = R(a,1) = 1,$$
$$R(2,a) = R(a,2) = a 。$$

定理 1.8.1　当 $a,b \geqslant 2$ 时,则有

(1) $R(a,b) \leqslant R(a-1,b) + R(a,b-1)$;

(2) $R(a,b) \leqslant \dbinom{a+b-2}{a-1}$。

定理 1.8.2　当 $a \geqslant 2$ 时,$2^{\frac{a}{2}} \leqslant R(a) \leqslant \dfrac{2^{2a-2}}{\sqrt{a}}$。

一般来说,确定 Ramsey 数 $R(a,b)$ 的值是十分困难的。到目前为止,所得知的 Ramsey 数 $R(a,b)$ 的值或部分界限如表 1.8.1 所示。

表 1.8.1　Ramsey 数 $R(a,b)$ 的值或部分界限

b＼a	3	4	5	6	7	8	9	10	11	12	13	14	15
3	6	9	14	18	23	28	36	40	46	51	59	66	73
								43	51	60	69	78	89
4		18	25	35	49	53	69	80	96	106	118	129	134
				41	61	84	115	149	191	238	291	349	417
5			43	58	80	95	114						
			49	87	143	216	316	442					
6				¯165	¯298	¯495	¯708	¯1171					
7					¯540	¯1031	¯1713	¯2826					
8						¯1870	¯3583	¯6090					
9							¯6625	¯12715					
10								¯23854	798¯				

注：a¯表示$(a,+\infty)$内的一个整数；¯b表示$(0,b)$内的一个整数。

经典 Ramsey 数的概念也可图的边着色的方式来描述：存在一个最小的正整数 $n=R(a,b)$，使得用红色和蓝色对 K_n 的任何一种 2-边着色，必有一个红色的 K_a 或者一个蓝色的 K_b。可见，经典 Ramsey 数 $R(a,b)$ 的概念可以作如下推广。

定义 1.8.2　给定正整数 $a_1,a_2,\cdots,a_s$，令 $R(a_1,a_2,\cdots,a_s)$ 表示最小正整数 n 的值，使得对 K_n 的任意 s-边着色，必包含一个第 i 色的 a_i 阶 K_{a_i}，称 $R(a_1,a_2,\cdots,a_s)$ 为推广的经典 Ramsey 数，也可简称为 Ramsey 数。

$R(a_1,a_2,\cdots,a_s)$ 同样有下面的性质：

设 $s\geqslant 3$，则

(1) 对正整数列 $a_1,a_2,\cdots,a_s$ 的任何一种排列 $a_1',a_2',\cdots,a_s'$，均有
$$R(a_1,a_2,\cdots,a_s)=R(a_1',a_2',\cdots,a_s');$$

(2) $R(1,a_2,\cdots,a_s)=1,\quad R(2,a_2,\cdots,a_s)=R(a_2,a_3,\cdots,a_s)$。

定理 1.8.3　设 $n(n\geqslant 2)$ 和 $a_i(a_i\geqslant 2,i=1,2,\cdots,n)$ 均为整数，则有

(1) $R(a_1,a_2,\cdots,a_n)\leqslant R(a_1-1,a_2,\cdots,a_n)+R(a_1,a_2-1,\cdots,a_n)+\cdots$
$$+R(a_1,a_2,\cdots,a_n-1)-n+2;$$

(2) $R(a_1+1,a_2+1,\cdots,a_n+1)\leqslant\dfrac{(a_1+a_2+\cdots+a_n)!}{a_1!\ a_2!\ \cdots a_n!}$。

对于经典 Ramsey 数 $R(a_1,a_2,\cdots,a_n)$，当 $n\geqslant 3$ 时所知的结果更少，目前已知的确切值是 $R(3,3,3)=17$，这是 Greenwood 和 Gleason 于 1955 年获得的。

1.8.2　广义 Ramsey 数

定义 1.8.3　设给定 s 个无孤立点的简单图为 H_1, H_2, $\cdots$, H_s ($s \geqslant 2$), 令 $r(H_1, H_2, \cdots, H_s)$ 表示最小正整数 n 的值, 使得对 K_n 的任意 s-边着色, 必包含一个 i 色子图同构于 H_i, 则称 $r(H_1, H_2, \cdots, H_s)$ 为广义 Ramsey 数。

当 $H_i = K_{a_i}$ ($i = 1, 2, \cdots, s$) 均为完全图时, $r(H_1, H_2, \cdots, H_s) = R(a_1, a_2, \cdots, a_s)$ 为经典 Ramsey 数, 因此广义 Ramsey 数是经典 Ramsey 数的自然推广。

由上述定义不难看出, 广义 Ramsey 数具有与经典 Ramsey 数类似的性质, 当然, 也具有其本身的特性。

下面假定图均是简单图, 且无孤立点。

(1) 对图组 H_1, H_2, $\cdots$, H_s 的任一排列 H'_1, H'_2, $\cdots$, H'_s, 均有
$$r(H_1, H_2, \cdots, H_s) = r(H'_1, H'_2, \cdots, H'_s);$$

(2) 若 $H_i \subseteq G_i$ ($i = 1, 2, \cdots, s$), 则
$$r(H_1, H_2, \cdots, H_s) \leqslant r(G_1, G_2, \cdots, G_s);$$

(3) 若 $s \geqslant 3$, 则
$$r(K_2, H_2, \cdots, H_s) = r(H_2, \cdots, H_s);$$

(4) $r(K_2, H) = |V(H)|$。

一般来说, 确定一个广义 Ramsey 数 $r(H_1, H_2, \cdots, H_s)$ 是十分困难的, 尤其是当 $s \geqslant 3$ 时, 目前知道的结果甚少。在已知的结果中, 几乎都是 $s = 2$ 的情形, 且往往都是对一些特殊图类。当然, 当所给定的图阶数不大时, 可以通过边着色进行论证, 但大都不具有规律性。对于一些特殊图类的广义 Ramsey 数, 有如下的结论:

定理 1.8.4　(1) 设 $l \geqslant 1$, $p \geqslant 2$, 则
$$r(lK_2, K_p) = 2l + p - 2;$$

(2) 设 $s \geqslant 2$, $t \geqslant 2$, T 为任意一棵 t 阶树, 则有
$$r(K_s, T) = (s-1)(t-1) + 1;$$

(3) 设 $m \geqslant n \geqslant 1$, 则
$$r(mK_2, nK_2) = 2m + n - 1。$$

定理 1.8.5　设 $m \geqslant n \geqslant 2$, 则有

(1) $r(mC_4, nC_4) = 2m + 4n - 1$;

(2) $r(mC_4, nC_5) = 4m + 3n - 1$;

(3) $r(nC_4, mC_5) = 5m + 2n - 1$;

(4) $r(mC_5, nC_5) = 5m + 3n - 1$。

定理 1.8.6　(1) 当 n 为偶数, 且 $m \geqslant \dfrac{3n}{2} + 1$ 时, 有
$$r(C_m, W_n) = 2m - 1;$$

(2) 当 n 为奇数,且 $m \geqslant n \geqslant 3$, $(m,n) \neq (3,3)$ 时,有

$$r(C_m, W_n) = 3m - 2。$$

(3) 当 $n \geqslant 5$ 时,有

$$r(C_3, W_n) = 2n + 1。$$

设 $G = (V, E)$ 为一个简单图,则用 $f(G)$ 表示图 G 的最大分支的点数,$c(G)$ 表示图 G 的所有 $\chi(G)$-正常着色中最少色组的容量。

定理 1.8.7　对于任意两个无孤立点的简单图 H_1 和 H_2,均有

$$r(H_1, H_2) \geqslant (\chi(H_1) - 1)(f(H_2) - 1) + c(H_1)。$$

由上述定理可得下面的推论。

推论 1.8.1　若 G 和 H 均无孤立点,且 H 连通,则有

$$r(G, H) \geqslant (\chi(G) - 1)(|V(H)| - 1) + 1。$$

定理 1.8.8　对于任意三个简单图 G、H_1 和 H_2,均有

$$r(G, H_1 \cup H_2) \leqslant \max\{r(G, H_1) + |V(H_2)|, r(G, H_2)\}。$$

1.8.3　混合 Ramsey 数

设 f 为图的一个参数,如果对于任意图 G 及其任何子图 H,均有 $f(H) \leqslant f(G)$,则称 f 为图的一个增性参数。如图的各种色数、荫度等均为图的增性参数。

定义 1.8.4[173]　设 f 为图的一个增性参数,H 为一个图,m 为一个正整数。若存在一个最小的正整数 $p = v(f; m; H)$,使得对任意 p 阶图 G,均有 $f(G) \geqslant m$ 或者 $H \subseteq \bar{G}$ 成立,则称 $v(f; m; H)$ 为参数 f 对图 H 的混合 Ramsey 数。

一个图 G 的最大完全子图的阶数称为 G 的团数,常用 $\omega = \omega(G)$ 表示。不难看出,当参数 $f = \omega$ 为图的团数,并且 $H = K_n$ 时,混合 Ramsey 数 $v(f; m; H) = R(m, n)$ 为经典 Ramsey 数。由此可见,混合 Ramsey 数也可作为经典 Ramsey 数的一种推广。

设 $G = (V, E)$ 为一个图,$V = V_1 \cup V_2 \cup \cdots \cup V_t$ 为一个划分,如果每个 $V_i (1 \leqslant i \leqslant t)$ 在 G 中的导出子图 $G[V_i]$ 均为森林(无圈图),则称此划分为 G 的一个 t-森林划分,图 G 的点荫度定义为

$$a(G) = \min\{t \mid \text{存在 } G \text{ 的 } t\text{-森林划分}\}。$$

类似地,若在上述划分中,每个 $G[V_i]$ $(1 \leqslant i \leqslant t)$ 均为线性森林(即其最大度不超过 2 的森林),则称该划分为 G 的一个 t-线性森林划分,图 G 的线性点荫度定义为

$$\rho(G) = \min\{t \mid \text{存在 } G \text{ 的 } t\text{-线性森林划分}\}。$$

对任何图 G,显然有 $\rho(G) \geqslant a(G)$ 成立。由此可见,对于给定正整数 m 和图 H,均有 $v(\rho; m; H) \leqslant v(a; m; H)$ 成立。

定义 1.8.5　设 G 为一个图,如果 G 的一个分拆 $V(G) = \bigcup\limits_{i=1}^{t} V_i$ 满足 $V_i \bigcap V_j =$

$\varnothing$ $(1 \leqslant i \neq j \leqslant t)$，并且每个导出子图 $G[V_i]$ 中均有一条生成路，则称此分拆为图 G 的一个 t 路分拆。图 G 的路分拆数定义为

$$n_p(G) = \min\{t \mid \text{存在图 } G \text{ 的 } t \text{ 路分拆}\}。$$

定理 1.8.9[173]　设 ρ 为图的线性点荫度，m 为一个正整数，则对任意连通图 H，均有

$$v(\rho; m; H) = 1 + (|V(H)| + n_p(\overline{H}) - 2)(m-1)。$$

推论 1.8.2　设 H 为 n 阶连通二部图，m 为一个正整数，则有

$$v(\rho; m; H) = \begin{cases} 1 + n(m-1), & \text{当 } H \text{ 为完全二部图时;} \\ 1 + (n-1)(m-1), & \text{否则。} \end{cases}$$

推论 1.8.3　设 m 为一个正整数，则有

$$v(\rho; m; C_n) = \begin{cases} 1 + 4(m-1), & \text{当 } n = 3, 4 \text{ 时;} \\ 1 + (n-1)(m-1), & \text{当 } n \geqslant 5 \text{ 时。} \end{cases}$$

推论 1.8.4　设 Q_n 表示 n-方体，m 为一个正整数，则有

$$v(\rho; m; Q_n) = \begin{cases} 2m-1, & \text{当 } n = 1 \text{ 时;} \\ 4m-3, & \text{当 } n = 2 \text{ 时;} \\ 1 + (2^n-1)(m-1), & \text{当 } n \geqslant 3 \text{ 时。} \end{cases}$$

推论 1.8.5　对于任意 n 阶连通图 H，m 为一个正整数，则有

$$v(\rho; m; H) \geqslant 1 + (n-1)(m-1)，$$

且等式成立当且仅当 $\overline{H}$ 中有一条生成路。

推论 1.8.6　对于任意 $n(n \geqslant 2)$ 阶连通图 H，m 为一个正整数，$\chi(H)$ 为 H 的点色数，则有

$$v(\rho; m; H) \leqslant 1 + (n + \chi(H) - 2)(m-1)，$$

且等式成立当且仅当 H 为一个完全多部图。

定理 1.8.10　设 a 表示图的点荫度，m 为一个正整数，K_t 和 T_t 分别为 t 阶完全图和任意一棵 t 阶树，则有

(1) $v(a; m; K_t) = 1 + 2(t-1)(m-1)$；

(2) $v(a; m; T_t) = 1 + t(m-1)$。

定理 1.8.11　对任何整数 $m(m \geqslant 1)$ 和 $n(n \geqslant 3)$，均有

$$v(a; m; C_n) = \begin{cases} 4(m-1)+1, & \text{当 } n = 3 \text{ 时;} \\ n(m-1)+1, & \text{当 } n \geqslant 4 \text{ 时。} \end{cases}$$

定理 1.8.12[174]　设 $n(n \geqslant 4)$ 和 $m(m \geqslant 1)$ 均为整数，则有

$$v(a; m; W_n) = \begin{cases} 6(m-1)+1, & \text{当 } n = 4 \text{ 时;} \\ (n+1)(m-1)+1, & \text{当 } n = 5, 6 \text{ 时;} \\ n(m-1)+1, & \text{当 } n \geqslant 7 \text{ 时。} \end{cases}$$

定义 1.8.6　一个图 H 的 t-数记为 $t(H)$，其定义为
$$t(H)=\min\{t\,|\,\text{对任意}\,t\,\text{阶树}\,T,\text{均有}\,H\subseteq\overline{T}\}。$$
显然，对于一个给定的图 H，$t(H)$ 总是存在的，并且不难证明
$$t(H)\leqslant 2\,|V(H)|-1。$$

定理 1.8.13[174]　对于任何连通图 H 和正整数 m，a 为点荫度，则有
$$v(a;m;H)=(t(H)-1)(m-1)+1。$$
由上述定理可得出关于 $v(a;m;H)$ 的一些界限。

推论 1.8.7　对任何 $n(n\geqslant 2)$ 阶连通图 H 和正整数 m，a 为点荫度，则有
$$n(m-1)+1\leqslant v(a;m;H)\leqslant 2(n-1)(m-1)+1。$$

1.9　有　向　图

1.9.1　有向图的基本概念

定义 1.9.1　设 $D=(V,E)$，其中 $V=V(D)$ 为非空点集，$E=E(D)$ 为 V 的一些二元有序点对所组成的集合（称为边集或弧集），则称 $D=(V,E)$ 为一个有向图。

在一个有向图 $D=(V,E)$ 中，若 $e=uv\in E(D)$，则 u 点称为 e 的起点，v 点称为 e 的终点（当 $u=v$ 时，$e=uv$ 称为有向环）。若有向图 $D=(V,E)$ 的每条边均改为无向边，所得的图 G 称为 $D=(V,E)$ 的基础图。反之，如果对一个无向图 G 的每条边规定一个方向，则所得的有向图 D 称为 G 的定向图。没有有向环和重边的有向图称为简单有向图。

定义 1.9.2　设 $D=(V,E)$ 为一个有向图，$v\in V$，在 D 中以 v 点为起点的边数称为 v 点的出度，记为 $d^+(v)$；以 v 点为终点的边数称为 v 点的入度，记为 $d^-(v)$；称 $d(v)=d^+(v)+d^-(v)$ 为 v 点的度。

例如，在图 1.20 中，一个有向图 D 的点集 $V=\{a,b,c,d\}$，其中
$$d^+(a)=d^+(b)=d^-(d)=2,$$
$$d^-(a)=d^-(b)=d^+(d)=1,$$
$$d^-(c)=3,\quad d^+(c)=0。$$

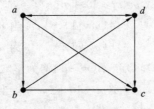

图 1.20　一个有向图 D

定理 1.9.1　设 $D=(V,E)$ 为一个有向图,则有

$$\sum_{v\in V}d^+(v) = \sum_{v\in V}d^-(v) = |E|\text{。}$$

定义 1.9.3　设 $D=(V,E)$ 为一个有向标定图,点集 $V=\{v_1,v_2,\cdots,v_n\}$,边集 $E=\{e_1,e_2,\cdots,e_m\}$,则

(1) 定义 D 的邻接矩阵为

$$\boldsymbol{A}=\boldsymbol{A}(D)=(a_{ij})_{n\times n},$$

其中 a_{ij} 表示以 v_i 为起点、以 v_j 为终点的边数;

(2) 若 D 中无环,定义 D 的关联矩阵为

$$\boldsymbol{M}=\boldsymbol{M}(D)=(m_{ij})_{n\times m},$$

其中

$$m_{ij}=\begin{cases} 1, & \text{当 }v_i\text{ 为 }e_j\text{ 的起点时;} \\ -1, & \text{当 }v_i\text{ 为 }e_j\text{ 的终点时;} \\ 0, & \text{其他。} \end{cases}$$

由上述定义不难看出:

(1) 邻接矩阵 $\boldsymbol{A}=\boldsymbol{A}(D)$ 的所有元素之和等于 D 的边数;

(2) 关联矩阵 $\boldsymbol{M}=\boldsymbol{M}(D)$ 每一列均有一个 1 和一个 -1;

(3) 关联矩阵 $\boldsymbol{M}$ 第 i 列中有 $d^+(v_i)$ 个 1 和 $d^-(v_i)$ 个 -1。

1.9.2　有向图的连通性

与无向图中的路、迹(闭迹)、圈(回路)一样,可以定义一个有向图的有向路、有向迹(闭迹)、有向圈。

在一个有向图中,如果存在一条从 u 点到 v 点的有向路,则称 u 点可达 v 点,并记为 $u\rightarrow v$。如果 u 点可达 v 点,且 v 点也可达 u 点,则称 u 与 v 可互达的,记为 $u\leftrightarrow v$。

定义 1.9.4　设 $D=(V,E)$ 为一个有向图。

(1) 若对 $\forall u,v\in V$,u 与 v 可互达,则称 D 为一个强连通图;

(2) 若对 $\forall u,v\in V$,必有 $u\rightarrow v$ 或 $v\rightarrow u$ 成立,则称 D 为一个单向连通图;

(3) 若 D 的基础图为连通图,则称 D 为弱连通图,或称连通图。

当然,每个强连通图必定是单向连通图,每个单向连通图必为弱连通图。例如,由 C_5 定向所得的三个有向图如图 1.21 所示,其分别为强连通图、单向连通图和连通图。

定理 1.9.2　设 $D=(V,E)$ 为一个有向图,则 D 为一个强连通图当且仅当 D 中存在包含所有点的有向回路。

定理 1.9.3　若 G 为一个 2-边连通图,则存在 G 的一个定向图 D,使得 D 为一个强连通图。

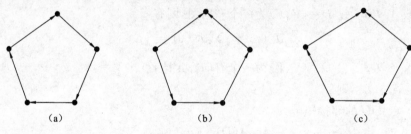

(a)　　　　　　　　　(b)　　　　　　　　　(c)

图 1.21　C_5 的三个定向图

1.9.3　有向树

定义 1.9.5　如果一个有向图 D 的基础图为一棵树,则称 D 为有向树。有向树常用 T 表示,当 $T=K_1$ 时称为平凡树。

定义 1.9.6　设 T 为一棵非平凡的有向树,如果 T 中恰好只有一个入度为 0 的点,其他点的入度均为 1,则称 T 为根树。在根树中入度为 0 的点称为树根,出度为 0 的点称为树叶,其他点均称为内点。内点和树根均称为分支点。

在一棵根树中,树根到点 v 的距离称为 v 点的层数,所有点的最大层数称为树的高。

定义 1.9.7　设 T 为一棵根树,$u \rightarrow v$ 且 $u \neq v$,则称 u 为 v 的祖先,v 为 u 的后代。若 $uv \in E(T)$,则称 u 为 v 的父亲,v 为 u 的儿子。同一个父亲的所有点称为兄弟。一个点 v 及其后代的导出子图称为以 v 为根的子树。

定义 1.9.8　设 T 为一棵根树,若每个分支点至多有 m 个儿子,则称 T 为 m 元树。若每个分支点均恰好有 m 个儿子,则称 T 为 m 元完全树。

例如,图 1.22 所示的图为一棵三元完全树。

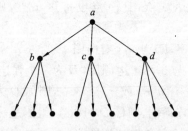

图 1.22　一棵三元完全树

定理 1.9.4　设 m 元完全树 T 有 t 个树叶,有 s 个分支点,则有
$$(m-1)s = t-1.$$

定义 1.9.9　设 T 为一棵有 t 个树叶的二元树,若对 T 的所有 t 个树叶赋权实数 $w_1, w_2, \cdots, w_t$,则称 T 为带权二元树。带权 w_i 的树叶的层数为 $l(w_i)$ $(i=1,2,\cdots,t)$,则称 $W(T) = \sum_{i=1}^{t} w_i l(w_i)$ 为 T 的权。对于给定一组实数 $w_1, w_2, \cdots, w_t$,在所有带权

为 $w_1, w_2, \cdots, w_t$ 的二元树中,使得 $W(T)$ 最小的二元树称为最优二元树,或称最优树。

例如,一树最优二元树如图 1.23 所示。

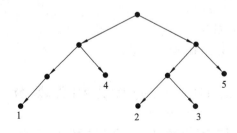

图 1.23 一树最优二元树

定理 1.9.5(Huffman 定理) 设 T 为一棵带权 $w_1 + w_2, w_3, w_4, \cdots, w_t$ 的最优二元树,其中 $w_1 \leqslant w_2 \leqslant w_3 \leqslant \cdots \leqslant w_t$。在 T 中对带权为 $w_1 + w_2$ 的树叶增添两个儿子,并将其分别赋权 w_1 和 w_2,所得的带权二元树记为 T^*,则 T^* 为最优二元树。

由上述定理可见,由一棵带权 $w_1 + w_2, w_3, w_4, \cdots, w_t$ 的最优二元树($t-1$ 个树叶),可以导出一棵带权 $w_1, w_2, w_3, w_4, \cdots, w_t$ 的最优二元树(t 个树叶)。反之,若需要求带有 t 个权的最优二元树,则可通过带有 $t-1$ 个权的最优二元树得到,带有 $t-1$ 个权的最优二元树又可通过带有 $t-2$ 个权的最优二元树得到,以此类推,最后,归结为求带有 2 个权的最优二元树。

1.9.4 有向路与有向圈

定义 1.9.10 完全图 K_n 的任何定向图均称为竞赛图。

定理 1.9.6 有向图 D 中存在长度为 $\chi - 1$ 的有向路(其中 χ 为色数)。

定理 1.9.7 任何竞赛图均有 H 路。

定理 1.9.8 设有向图 D 是无环的,则 D 中存在一个独立集 S,使得对不在 S 在的任何点 $v \in V(D) \setminus S$,均存在 $u \in S$,满足:$u \to v$ 为长度不超过 2 的有向路。

定理 1.9.9 竞赛图 D 中必有一个点 u,使得 u 点经由长度不超过 2 的有向路到达 D 中除 u 外的任何点。

定理 1.9.10 设 $D = (V, E)$ 为一个有向图,$\delta^+(H)$ 和 $\delta^-(H)$ 分别为有向图 H 的最小出度和最小入度,$\delta_M^+(D) = \max\{\delta^+(H) \mid H \subseteq D\}$,$\delta_M^-(D) = \max\{\delta^-(H) \mid H \subseteq D\}$。

(1) 若 $\delta_M^+(D) \geqslant 1$ 或 $\delta_M^-(D) \geqslant 1$,则 D 中必有有向圈;

(2) 若 D 为连通图,且对 $\forall v \in V$,均有 $d^+(v) = 1$(或 $d^-(v) = 1$),则 D 中有唯一的有向圈。

定理 1.9.11 (1) 有向图 D 是 E 图当且仅当 D 连通并且每个点的出度等于入

度。有向图 D 存在 Euler 迹当且仅当 D 连通并且除两个点外，其余点的出度等于入度，而这两个点中，一个点的出度比入度多 1，一个点的出度比入度少 1。

（2）设 x、y 是有向图 $D=(V,E)$ 中的两个不同顶点，k 为正整数，且满足

① $d^+(x)-d^-(x)=d^-(y)-d^+(y)=k$，

② $d^+(v)=d^-(v)$，对 $\forall v\in V\setminus\{x,y\}$，

则 D 中存在 k 条边不重复的有向 (x,y) 路。

1.10　控制及其相关参数

C. Berge 于 1958 年在其论著中首先使用"控制数"这一概念，O. Ore[191] 在其 1960 年的论文中正式定义了图的控制集和控制数的概念。对于本节中的概念及相关结论，可参见文献[187]。

1.10.1　控制的相关概念

首先，我们给出图的控制集和控制数的一般定义：

定义 1.10.1　设 $G=(V,E)$ 为一个图，$D\subseteq V$，如果对于每个点 $v\in V\setminus D$，存在 $u\in D$ 使得 $uv\in E$，则称 D 为图 G 的一个控制集（dominating set）。图 G 的控制数（domination number）定义为

$$\gamma(G)=\min\{\,|D|:D \text{ 为图 } G \text{ 的一个控制集}\}.$$

从上述定义中不难看出，任何图都有控制集，因为 $D=V(G)$ 本身就是图 G 的一个控制集。因此，任何图 G 的控制数均存在，且其控制数 $\gamma(G)\leqslant|V(G)|$。对任意简单图 G，$\gamma(G)=|V(G)|$ 当且仅当 G 为空图。

给定一个图 G，可能有许多个不同的控制集，在所有的控制集中容量最少的控制集称为 G 的一个最小控制集。一个最小控制集所包含的顶点数目即为图 G 的控制数，常用 $\gamma(G)$ 表示。设 $G=(V,E)$ 为一个图，$f:V\to\{0,1\}$ 为一个函数，$S\subseteq V$，则记 $f(S)=\sum\limits_{v\in S}f(v)$。

上述定义也可以函数（标号）的形式表达如下：

定义 1.10.2　设 $G=(V,E)$ 为一个图，一个双值函数 $f:V\to\{0,1\}$ 如果对任意 $u\in V$，均有 $f(N[u])\geqslant 1$ 成立，则称 f 为图 G 的一个控制函数。图 G 的控制数定义为

$$\gamma(G)=\min\{f(V)\mid f \text{ 为图 } G \text{ 的一个控制函数}\}.$$

以上两个定义是等价的，事实上，对于一个图 $G=(V,E)$ 的任何一个控制集 D，存在图 G 的一个对应控制函数 f，其定义为

$$f(v)=\begin{cases}1, & \text{当 } v\in D \text{ 时};\\ 0, & \text{当 } v\in V\setminus D \text{ 时}.\end{cases}$$

不难看出,f 为图 G 的一个控制函数,称之为控制集 D 对应的控制函数。当 D 为图 G 的最小控制集时,其对应控制函数 f 称为最小控制函数。

从图的控制数定义中,容易得出如下几条关于控制数的简单性质或结论:

(1) 对于任意两个点不交的图 G 和 H,均有

$$\gamma(G \bigcup H) = \gamma(G) + \gamma(H);$$

(2) 对图 G 的任意一个生成子图 H,均有

$$\gamma(H) \geqslant \gamma(G);$$

(3) 对于任意 n 阶简单图 G,若 $\Delta = \Delta(G)$ 为图 G 的最大度,则

$$\frac{n}{\Delta+1} \leqslant \gamma(G) \leqslant n - \Delta;$$

(4) $\gamma(P_n) = \gamma(C_n) = \left\lceil \dfrac{n}{3} \right\rceil, \gamma(K_n) = \gamma(K_{1,n-1}) = 1;$

(5) 当 $m \geqslant n \geqslant 2$ 时 $\gamma(K_{m,n}) = 2$,当 $\min\{n_1, n_2, \cdots, n_t\} \geqslant 2$ 时,则有

$$\gamma(K(n_1, n_2, \cdots, n_t)) - 2。$$

1.10.2　控制数的界限

O. Ore[191] 最先在其 1962 年的论文中得出了如下一个关于控制数的上界,这或许是对控制数的最初结论。

定理 1.10.1　对于 n 阶任意连通图 $G(n \geqslant 2)$,均有

$$\gamma(G) \leqslant \left\lfloor \frac{n}{2} \right\rfloor。$$

关于图的控制数界限有许多,这里只列出其中的部分界限,读者可参见文献 [187]。

(1) 设图 G 的度序列为 $d_1 \geqslant d_2 \geqslant \cdots \geqslant d_n$,则有

$$\gamma(G) \geqslant \min\{k \mid k + d_1 + d_2 + \cdots + d_k \geqslant n\}。$$

(2) 对任意 n 阶图 G,若 Δ 和 δ 分别为 G 的最大度和最小度,则有

$$\gamma(G) \leqslant \frac{1}{2}\left[n + 1 - \frac{\Delta(\delta-1)}{\delta} \right]。$$

(3) 对任意 n 阶图 G,若其最小度 $\delta = \delta(G) \geqslant 1$,则有

$$\gamma(G) \leqslant \frac{n+2-\delta}{2}。$$

(4) 对任意 n 阶图 G,若其最小度 $\delta = \delta(G) \geqslant 1$,则有

$$\gamma(G) \leqslant \frac{n[1+\ln(\delta+1)]}{\delta+1}。$$

(5) 对任意 n 阶图 G,若其最小度 $\delta = \delta(G) \geqslant 1$,则有

$$\gamma(G) \leqslant \frac{n}{\delta+1} \sum_{j=1}^{\delta+1} \frac{1}{j}。$$

（6）对任意 n 阶图 G，若 $m=|E(G)|$，则有

$$n-m\leqslant\gamma(G)\leqslant n+1-\sqrt{1+2m}。$$

（7）对任意 n 阶连通图 G，$m=|E(G)|$，若 $\gamma=\gamma(G)\geqslant 2$，则有

$$m\leqslant\left\lfloor\frac{1}{2}(n-\gamma)(n-\gamma+2)\right\rfloor。$$

（8）对任意 n 阶连通图 G，若 $d=\mathrm{diam}(G)$ 为图 G 的直径，则有

$$\gamma(G)\geqslant\left\lceil\frac{d+1}{3}\right\rceil。$$

（9）设 $\overline{G}$ 为图 G 的补图，若 $\gamma(\overline{G})\geqslant 3$，则 $\mathrm{diam}(G)\leqslant 2$，且当 $\delta(G)\geqslant 1$ 时，有 $\mathrm{diam}(G)=2$。

（10）对任意图 G，若 $g(G)\geqslant 5$，则

$$\gamma(G)\geqslant\delta(G)。$$

（11）对任意图 G，若 $g(G)\geqslant 6$，则

$$\gamma(G)\geqslant 2(\delta(G)-1)。$$

（12）对任意图 G，若 $g(G)\geqslant 7$ 且 $\delta(G)\geqslant 2$，则有

$$\gamma(G)\geqslant\Delta(G)。$$

1.10.3　控制相关参数的概念

定义 1.10.3　设 D 为图 G 的一个控制集，如果对于每一个 $v\in D$，$D-v$ 均不是 G 的控制集，则称 D 为图 G 的一个极小控制集。最大的极小控制集的容量称为图 G 上控制数（the upper domination number），用 $\Gamma(G)$ 表示。即有

$$\Gamma(G)=\max\{|D|:D\text{ 为图 }G\text{ 的一个极小控制集}\},$$

$$\gamma(G)=\min\{|D|:D\text{ 为图 }G\text{ 的一个极小控制集}\}。$$

由上述定义可见，$\Gamma(G)\geqslant\gamma(G)$ 对任何图 G 均成立。值得注意的是，对于一个给定的图，一般来说，其极小控制集与最小控制集不同。最小控制集虽然不是唯一的，但其所有的最小控制集包含的点数是唯一确定的，即其控制数。但极小控制集就不同了，不同的极小控制集可能包含不同数目的点数。取遍图的所有极小控制集，容量最大者包含的点数为上控制数，容量最小者包含的点数为控制数。

当然，一个图的最小控制集必为极小控制集，但反之不然。一个图的上控制数与控制数之间并没有必然联系。

例如，图 G 为图 1.24 所示的图，G 的上控制数 $\Gamma(G)=4$ 但 $\gamma(G)=2$。

定义 1.10.4　设 $G=(V,E)$ 为一个图，且 $S\subseteq V$，如果 S 中任何两点在 G 中都是不邻的，则称 S 为 G 的一个独立集。在一个图的所有独立集中，容量最大的独立集称为最大独立集。最大独立集所包含的点数称为独立数（independent number），用 $\beta(G)$（或者 $\beta_0(G)$）表示。

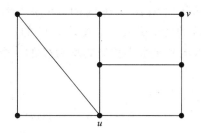

图 1. 24　$\Gamma(G)=4$ 但 $\gamma(G)=2$

由定义不难看出,图 G 的最大独立集均为 G 的极小控制集,从而有以下结论:

引理 1. 10. 1　对任何图 G,均有

$$\gamma(G) \leqslant \beta(G) \leqslant \Gamma(G)。$$

定义 1. 10. 5　设 S 为 G 的一个独立集,若对于 $\forall v \in V \backslash S, S \cup \{v\}$ 均不是 G 的独立集,则称 S 为 G 的一个极大独立集。

当然,最大的极大独立集的容量为 G 的独立数 $\beta(G)$。最小的极大独立集的容量称为 G 的下独立数或独立控制数,记为 $i(G)$。即有

$$\beta(G)=\max\{|S|:S \text{ 为图 } G \text{ 的一个极大独立集}\},$$
$$i(G)=\min\{|S|:S \text{ 为图 } G \text{ 的一个极大独立集}\}。$$

由定义可见,图 G 每个极大独立集均为图 G 的控制集,从而有以下结论:

引理 1. 10. 2　对任何图 G,均有

$$\beta(G) \geqslant i(G) \geqslant \gamma(G)。$$

同样值得注意的是,对于一个给定的图 G,一般来说,其极大独立集与最大独立集不同。最大独立集虽然不是唯一的,但其所有的最大独立集包含的点数是唯一确定的,即图的独立数 $\beta(G)$。但极大独立集就不同了,不同的极大独立集可能包含不同数目的点数。取遍图的所有极大独立集,容量最大者包含的点数为独立数 $\beta(G)$,容量最小者包含的点数为下独立数 $i(G)$。

定义 1. 10. 6　设 $G=(V,E)$ 为一个图,且 $S \subseteq V$,如果对每个 $s \in S$,存在一点 $w \in V$,使得 $N[w] \cap S=\{s\}$,则称 S 为 G 的一个无赘集。容量最大的无赘集称为最大无赘集。最大无赘集包含的点数称为(上)无赘数(the upper irredundance number),记为 $IR(G)$。

定义 1. 10. 7　若 S 为 G 的一个无赘集,且对于 $\forall v \in V \backslash S, S \cup \{v\}$ 均不是 G 的无赘集,则称 S 为 G 的一个极大无赘集。

当然,最大的极大无赘集的容量为 G 的上无赘数,记为 $IR(G)$。最小的极大无赘集的容量称为 G 的(下)无赘数(the lower irredundance number),记为 $ir(G)$。即有

$$IR(G)=\max\{|S|:S \text{ 为图 } G \text{ 的一个极大无赘集}\},$$

$$ir(G)=\min\{|S|:S\text{ 为图 }G\text{ 的一个极大无赘集}\}。$$

由定义可见，一个图 G 的每个最大独立集均为 G 的一个无赘集，这表明 $IR(G)$ $\geqslant\beta(G)$。同样不难看出，G 的每个最小控制集均为 G 的一个无赘集，从而有 $ir(G)\leqslant$ $\gamma(G)$ 成立，故得到下面的引理：

引理 1.10.3　对任何图 G，均有

$$IR(G)\geqslant\beta(G),ir(G)\leqslant\gamma(G)。$$

例如，设 $m\geqslant n\geqslant2,G=K_{m,n}$ 为完全二部图，不难验证

$$ir(G)=\gamma(G)=2,\quad IR(G)=\Gamma(G)=\beta(G)=m,ir(G)=n。$$

对于上述定义的六个与控制相关的参数，根据引理 1.10.1、引理 1.10.2 及引理 1.10.3，可得到下面著名的不等式：

定理 1.10.2　对任意图 G，均有

$$ir(G)\leqslant\gamma(G)\leqslant i(G)\leqslant\beta(G)\leqslant\Gamma(G)\leqslant IR(G)。$$

1.10.4　控制相关参数的结果

这里只列出一般图的上述六个参数之间的联系，不作证明。读者可参阅文献 [187]。

(1) 对任何图 G，均有

$$\frac{\gamma(G)+1}{2}\leqslant ir(G)\leqslant\gamma(G)\leqslant2ir(G)-1。$$

(2) 对任何图 G，若 $v\in V(G)$ 且 $ir(G-v)\geqslant2$，则有

$$ir(G)\leqslant2ir(G-v)-1。$$

(3) 对任何图 G，若 G 的最大度 $\Delta=\Delta(G)\geqslant1$，则有

$$ir(G)\geqslant\frac{n}{2\Delta-1},$$

并且此等式成立当且仅当 G 为 $n=3k$ 阶路或圈。

(4) 对任何图 G，若 $\Delta=\Delta(G)\geqslant1$，则有

$$ir(G)\geqslant\frac{2n}{3\Delta}。$$

(5) 对任何 n 阶图 G，$\delta=\delta(G)$ 为 G 的最小度，则有

$$IR(G)\leqslant n-\delta。$$

(6) 对于任意 $n(n\geqslant3)$ 阶图 G，均有

① $IR(G)+IR(\bar{G})\leqslant n$；

② $IR(G)IR(\bar{G})\leqslant\left\lceil\dfrac{n^2+2n}{4}\right\rceil。$

第2章 优 美 图

第1章介绍了图论中的一些基本概念和基本理论,这些理论在一般的图论教材中都有表述。从本章开始,将分章节介绍图的标号理论。本章主要介绍图的优美性概念及相关结果。

2.1 优美图的概念

优美图的概念起源于1963年 G. Ringel[4] 提出的一个猜想:设 T 为一棵给定的 n 阶树,则 K_{2n-1} 可分解成 $2n-1$ 棵均同构于 T 的树。这一猜想至今未被证明或否定,但引起了人们对图的一种标号问题的深入探讨,尤其是对树的标号研究。

2.1.1 优美图的定义与性质

定义 2.1.1[3] 设 $G=(V,E)$ 为一个简单图,如果对每一个点 $v \in V$,存在一个非负整数 $\theta(v)$,满足

(1) $\forall u \in V, \forall v \in V$,若 $u \neq v$,则 $\theta(u) \neq \theta(v)$;

(2) $\max\{\theta(v) \mid v \in V\} = |E|$;

(3) $\forall e_1 \in E, \forall e_2 \in E$,若 $e_1 \neq e_2$,则 $\theta'(e_1) \neq \theta'(e_2)$。其中当 $e=uv \in E$ 时,
$$\theta'(e) = |\theta(u) - \theta(v)|.$$
则称 G 为一个优美图(graceful graph),并称 θ 为 G 的一个优美标号(函数),称 θ' 为 θ 的导出的边标号。

通常地,一个优美图的优美标号是指一个映射或函数,常用 θ、f 或 l 表示,而由其导出的边标号则对应地用 θ'、f' 或 l' 表示。

由上述定义可见,一个优美图 $G=(V,E)$ 的优美标号 $\theta:V \to \{0,1,2,\cdots,|E|\}$ 是一个单射,且由其导出的边标号 $\theta':E \to \{1,2,\cdots,|E|\}$ 是 1-1 映射。

例 2.1.1 试证明:当 $n \leqslant 4$ 时,完全图 K_n 为优美图。

证明 只需分别给出 K_1、K_2、K_3 和 K_4 的优美标号即可。事实上,K_1 只有一个点 v_1,定义 $\theta(v_1)=0$ 时,θ 为 K_1 的优美标号。而对于 K_2,记 $V(K_2)=\{v_1,v_2\}$,定义 $\theta(v_1)=0,\theta(v_2)=1$,可见 θ 为 K_2 的优美标号。对于 K_3 和 K_4 的优美标号,由图 2.1 给出。

什么样的图才是优美图呢? 或者说,优美图的主要特征是什么? 早在 1966 年 A. Rosa[5] 在研究 G. Ringel 猜想时发现,如果所有的树都是优美图,则 G. Ringel 猜

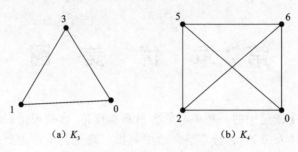

图 2.1　K_3 和 K_4 的优美标号

想是成立的。因此,他提出了如下著名的猜想,人们称之为优美树猜想。

猜想 2.1.1(优美树猜想)　所有的树都是优美图。

由优美图的定义不难看出下面的性质:

设 $G=(V,E)$ 为一个 n 阶优美图,$m=|E(G)|\geqslant 1$,θ 为 G 的一个优美标号,则有

(1) $\forall v\in V$,令 $\bar{\theta}(v)=m-\theta(v)$,则 $\bar{\theta}$ 也是 G 的一个优美标号,并称之为 θ 的对偶标号,从而每个优美图 G(除 K_1 外)至少有两种不同的优美标号;

(2) $m\geqslant n-1$,特殊地,每个至少有两个分支的森林都不是优美图。

事实上,由于 G 的任何一个优美标号 $\theta:V\to\{0,1,2,\cdots,|E|\}$ 都是一个单射,故

$$n=|V|\leqslant|E|+1=m+1.$$

2.1.2　完全图分解

虽然自优美图的概念提出以来,人们进行了不懈努力,发现了许多类优美树,但优美树猜想至今尚未解决。优美树猜想或许是优美图理论中最重要的猜想,这是基于下面两个基本结论。

定理 2.1.1　如果所有的树都是优美图,则对于任意给定的 n 阶树 T,K_{2n-1} 可分解成 $2n-1$ 棵均同构于 T 的树。

证明　若所有的树都是优美图,则 T 为一棵 n 阶优美树,存在 T 的优美标号 θ: $V(T)\to\{0,1,2,\cdots,n-1\}$。由于 $|E(T)|=n-1$,故 θ 为 1-1 对应,从而不妨设 $V(T)=\{0,1,2,\cdots,n-1\}$。记 $V(K_{2n-1})=\{v_0,v_1,v_2,\cdots,v_{2n-2}\}$。

对于每一个整数 $j(0\leqslant j\leqslant 2n-2)$,定义一个 n 元集 X_j 如下:

当 $0\leqslant j\leqslant n-2$ 时,$X_j=\{j,j+1,j+2,\cdots,j+n-1\}$;

当 $n-1\leqslant j\leqslant 2n-2$ 时,$X_j=\{j-2n+1,j-2n+2,\cdots,j-n\}(\mathrm{mod}2n-1)$,这里模取非负最小剩余。

定义 $2n-1$ 棵树 $T_j(0\leqslant j\leqslant 2n-2)$ 如下:

$V(T_j)=\{v_i\mid i\in X_j\}$,$E(T_j)=\{v_{j+s},v_{j+t}\mid st\in E(T)\}$,这里下标中 s、t 取模 $2n-1$ 非负最小剩余。

不难验证,每棵树 $T_j(0\leqslant j\leqslant 2n-2)$ 均与树 T 同构,且 K_{2n-1} 已分解成这 $2n-1$

棵树。证毕。

从上述定理及其证明中,可得出一个将 K_{2n-1} 分解成 $2n-1$ 棵 n 阶优美树的方法。

例 2.1.2　将 K_5 分解成 5 个 P_3(3 阶路)。

解　记 P_3 的优美标号为其点集 $V(P_3)=\{1,0,2\}$,其中

$$10\in E(P_3),\quad 02\in E(P_3),$$

$$X_0=\{0,1,2\},\quad X_1=\{1,2,3\},\quad X_2=\{2,3,4\},\quad X_3=\{3,4,0\},\quad X_4=\{4,0,1\}.$$

记 $V(K_5)=\{v_0,v_1,v_2,v_3,v_4\}$,按上述定理给出的方法,可将 K_5 分解成 5 个同构 P_3 的树 $T_j(j=0,1,2,3,4)$,即

(1) $V(T_0)=\{v_0,v_1,v_2\}$,$E(T_0)=\{v_0v_1,v_0v_2\}$;

(2) $V(T_1)=\{v_1,v_2,v_3\}$,$E(T_1)=\{v_1v_2,v_1v_3\}$;

(3) $V(T_2)=\{v_2,v_3,v_4\}$,$E(T_2)=\{v_2v_3,v_2v_4\}$;

(4) $V(T_3)=\{v_3,v_4,v_0\}$,$E(T_3)=\{v_3v_4,v_3v_0\}$;

(5) $V(T_4)=\{v_4,v_0,v_1\}$,$E(T_4)=\{v_4v_0,v_4v_1\}$。

A. Rosa[5]还给出比定理 2.1.1 更为一般的结论。

定理 2.1.2[5]　设对于任意给定的一个优美图 G,若 $|E(G)|=q$,则 K_{2q+1} 可分解成 $2q+1$ 个同构于 G 的图。

2.1.3　完全图与 E 图

如何判断一个图 G 是否为优美图呢?这可从两个方面考虑:一方面是寻找图 G 的优美标号,这个方面人们做了大量的研究工作,发现了众多的优美图类;另一方面,如果一个图 G 本身就不是优美图,不可能存在优美标号,这就要求证明其优美标号不存在,当然,通常都得用反证法来证明,这似乎更困难一些。下面来探讨完全图和 E 图的优美性。

定理 2.1.3　当 $n\geqslant 5$ 时,K_n 不是优美图。

证明　用反证法。假若 K_n 为优美图,θ 为其优美标号,$V(K_n)=\{v_1,v_2,\cdots,v_n\}$,令 $\theta(v_i)=x_i(1\leqslant i\leqslant n)$,且 $x_1<x_2<\cdots<x_n$。由优美图定义知:

$$x_1=0,\quad x_n=|E(K_n)|。$$

再令
$$y_i=x_{i+1}-x_i(1\leqslant i\leqslant n-1),$$

考虑这 $2n-3$ 个整数

$$y_i=\theta'(v_iv_{i+1})\ (1\leqslant i\leqslant n-1)$$

和
$$y_i+y_{i+1}=x_{i+2}-x_i=\theta'(v_iv_{i+2})\ (1\leqslant i\leqslant n-2),$$

由于它们均为 θ 导出的不同边的边标号,故这 $2n-3$ 个整数为两两不同的正整数,计算其和得知

$$\sum_{i=1}^{n-1} y_i + \sum_{i=1}^{n-2}(y_i + y_{i+1}) \geqslant \sum_{i=1}^{2n-3} i = (n-1)(2n-3),$$

即　　　　　$2(y_1 + y_{n-1}) + 3(y_2 + y_3 + \cdots + y_{n-2}) \geqslant (n-1)(2n-3),$

注意到 $x_1 = 0, \sum_{i=1}^{n-1} y_i = x_n = |E(K_n)| = \dfrac{n(n-1)}{2}$，且 y_1 和 y_{n-1} 为不同的正整数，从而有

$$\frac{3n(n-1)}{2} \geqslant (n-1)(2n-3) + y_1 + y_{n-1} \geqslant (n-1)(2n-3) + 3,$$

由此导出 $n \leqslant 4$，矛盾。定理证毕。

　　结合上述定理和例 2.1.1，得到下面的推论。

　　推论 2.1.1　当且仅当 $n \leqslant 4$ 时，K_n 为优美图。

　　图 2.2 给出了 $K_5 - e$ 的优美标号。

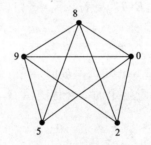

图 2.2　$K_5 - e$ 的优美标号

　　定理 2.1.4　设 G 为 E 图，且 $|E(G)| \equiv 1, 2(\mathrm{mod}4)$，则 G 不是优美图。

　　证明　用反证法。假若 G 是优美图，θ 为其优美标号，记 $m = |E(G)|$，由于 G 为 E 图，即 G 中每个点的度均为偶数，故 $\sum\limits_{uv \in E(G)} |\theta(u) - \theta(v)|$ 为偶数，即

$$\sum_{uv \in E(G)} |\theta(u) - \theta(v)| = \sum_{i=1}^{m} i = \frac{m(m+1)}{2}$$

为偶数，由此导出 $m \equiv 0, 3(\mathrm{mod}4)$，与 $|E(G)| \equiv 1, 2(\mathrm{mod}4)$ 相矛盾。定理证毕。

　　这一定理也称为 E 图优美的必要条件，可用来判定一些 E 图的非优美性。

2.2　优　美　树

　　优美树猜想至今未能解决，或者说，到目前为止还没有发现一棵非优美的树存在，但人们已经证明了许多类别的树都是优美图。

　　定理 2.2.1　所有的路 P_n 和星 $K_{1,n}$ 均是优美图。

　　证明　(1) 记 $V(P_n) = \{v_1, v_2, \cdots, v_n\}$，$E(P_n) = \{v_i v_{i+1} \mid 1 \leqslant i \leqslant n-1\}$。对每一个整数 i $(1 \leqslant i \leqslant n)$，令

$$\theta(v_i) = \begin{cases} \dfrac{i-1}{2}, & \text{当 } i \equiv 1 (\mathrm{mod}\,2) \text{时}; \\[2mm] n - \dfrac{i}{2}, & \text{当 } i \equiv 0 (\mathrm{mod}\,2) \text{时}. \end{cases}$$

不难验证, θ 为 P_n 的优美标号, 即 P_n 为优美图。

(2) 记 $V(K_{1,n}) = \{v_0, v_1, v_2, \cdots, v_n\}$, $E(K_{1,n}) = \{v_0 v_i \mid 1 \leqslant i \leqslant n\}$, 其中 v_0 为 $K_{1,n}$ 的中心点。对每一个整数 i $(0 \leqslant i \leqslant n)$, 令 $\theta(v_i) = i$, 可见 θ 为 $K_{1,n}$ 的优美标号, 即 $K_{1,n}$ 为优美图。定理证毕。

定义 2.2.1　如果一棵树 T 去掉其所有的悬挂点后, 所得的树为一条路 P, 则称 T 为一棵毛虫树, 并称 P 为 T 的主干路, 记 $P = P(T)$,

定理 2.2.2[3]　所有的毛虫树 T 均是优美图。

事实上, 可以证明下面更好的结论:

推论 2.2.1　对任意毛虫树 T, 均存在 T 的一个优美标号 θ, 使得 $\theta(v) = 0$, 其中 v 点为 $P(T)$ 路的任何一个端点或与端点相邻的悬挂点。

定义 2.2.2　设 θ 为优美图 G 的一个优美标号, $v \in V(G)$ 且 $\theta(v) = 0$, 则称 v 为优美图 G 在 θ 下的一个基点。优美图 G 在其每个优美标号下的基点所组成的集合记为 $D(G)$, 称为基集。

当然, 对于优美图 G 的同一个优美标号 θ, G 在 θ 下只有一个基点, 但由于每个非平凡的优美图 G 至少有 2 个不同的优美标号 (θ 和 $\bar{\theta}$), 且 G 在其下的基点不同, 故 $|D(G)| \geqslant 2$。例如, 图 2.3 所示的毛虫树 T 中, 标号为 0 和 17 的两个点均在其基集中。

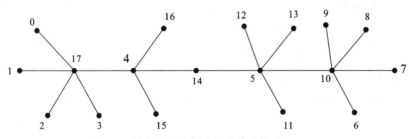

图 2.3　毛虫树 T 的优美标号

定义 2.2.3　如果一棵树 T 去掉其所有的悬挂点后, 所得的树为一棵毛虫树, 则称 T 为一棵龙虾树。

J. C. Bermond[6] 在 1979 年提出了如下猜想:

猜想 2.2.1　所有的龙虾树都是优美图。

这一猜想作为优美树猜想的子猜想, 至今尚未得到解决。不过, 有一些特殊的龙虾树已被证明是优美图。

定义 2.2.4　在一棵毛虫树的每个点均增加 r 条悬挂边, 所得的龙虾树称为等足龙虾树。

定理 2.2.3[3]　　所有的等足龙虾树都是优美图。

例如,一棵等足龙虾树 T 的优美标号如图 2.4 所示。

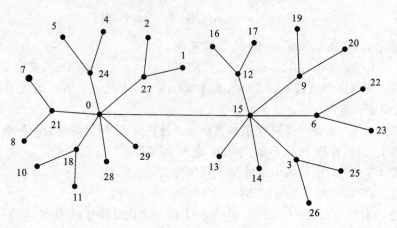

图 2.4　等足龙虾树 T 的优美标号

定义 2.2.5　在一个图 G 的每一个顶点均增加 $r(r \geqslant 1)$ 条悬挂边所得的图,称为 G 的 r-冠图。1-冠图简称为冠图,记为 $I(G)$。

定理 2.2.4[3]　　任何 n 阶优美树 T 的 r-冠图都是优美图。

证明　记 $V(T) = \{v_0, v_1, v_2, \cdots, v_{n-1}\}$, θ 为 T 的优美标号,且使 $\theta(v_i) = i$ $(1 \leqslant i \leqslant n-1)$。在 r-冠图 T^* 中,与 v_i 邻接的 r 个新增的悬挂点依次记为 v_{ij} $(1 \leqslant j \leqslant r)$。定义 T^* 的一个标号 f 如下:

$$f(v) = \begin{cases} (r+1)i, & \text{当 } v = v_i (0 \leqslant i \leqslant n-1) \text{时}; \\ (r+1)(n-i)-j, & \text{当 } v = v_{ij} (0 \leqslant i \leqslant n-1, 1 \leqslant j \leqslant r) \text{时}。 \end{cases}$$

不难验证,f 为 T^* 的优美标号,即 T 为优美图。定理证毕。

例如,按照以上定理证明中的方法,一棵双星树 T 及其 2-冠图 T^* 的优美标号如图 2.5 所示。

定义 2.2.6　若树 T 存在一个点(根点)v,使得 T 中到 v 点距离相等的点均具有相同的度,则称 T 为对称树。

定理 2.2.5[7]　　所有的对称树都是优美图。

例如,一棵对称树的优美标号如图 2.6 所示。

定义 2.2.7　若树 T 存在一个点(根点)v,使得 $T-v = P_1 \bigcup P_2 \bigcup \cdots \bigcup P_k$,其中 P_i 为 i 个点的路,则称 T 为一棵橄榄树。

定理 2.2.6[3]　　所有的橄榄树都是优美图。

例如,一棵橄榄树的优美标号如图 2.7 所示。

定义 2.2.8　设 $P_n = y_1 y_2 \cdots y_n$,如果在顶点 y_{2k-1} 和 y_{2k} 上黏接长度为 k 的

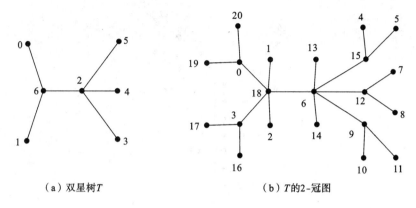

（a）双星树 T （b）T 的 2-冠图

图 2.5 双星树 T 及其 2-冠图 T^* 的优美标号

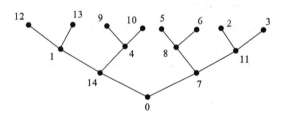

图 2.6 一棵对称树的优美标号

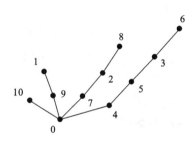

图 2.7 一棵橄榄树的优美标号

$\left(1 \leqslant k \leqslant \left\lfloor \dfrac{n}{2} \right\rfloor\right)$，所获得的树称为花树。图 2.8 所示为一棵花树的优美标号。

定理 2.2.7[3] 所有的花树都是优美图。

除了上述几类特殊的树被证明是优美图外，对于一般没有固定结构的树，也有一些结论。

定理 2.2.8[8] 所有直径不超过 5 的树都是优美图。

定义 2.2.9 如果一个图 G 的每一条边 $e=uv$ 上均插入一个新点 w（即去掉 $e=uv$ 边后增加新边 uw 和 vw），所得的图称为 G 的细分图，记为 $S(G)$。

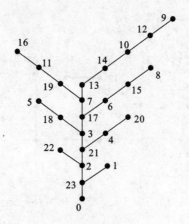

图 2.8　一棵花树的优美标号

定理 2.2.9[9]　　每个优美树的细分图也是优美图。

例如,一棵优美树细分图的优美标号如图 2.9 所示。

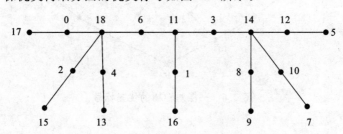

图 2.9　一棵优美树细分图的优美标号

定义 2.2.10　设有 m 个不交的星图,每个星图上各取一个叶点,将这 m 个叶点均与同一个新点邻接,所得的树称为香蕉树。

定理 2.2.10[23]　　所有的香蕉树都是优美图。

例如,一棵香蕉树的优美标号如图 2.10 所示。

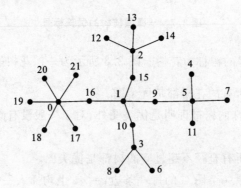

图 2.10　一棵香蕉树的优美标号

2.3 几类特殊图的优美性

上一节介绍了几类树的优美性,本节主要介绍几类特殊图的优美性。

2.3.1 圈与轮图及其相关图的优美性

由定理 2.1.4 知道,当 $n \equiv 1, 2 (\mathrm{mod} 4)$ 时,C_n 不是优美图。但当 $n \equiv 0, 3 (\mathrm{mod} 4)$ 时,可以证明其为优美图,即有以下定理:

定理 2.3.1[3] n 阶圈 C_n 为优美图当且仅当 $n \equiv 0, 3 (\mathrm{mod} 4)$。

例如,C_{11} 的优美标号如图 2.11 所示。

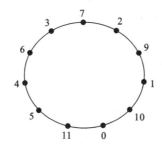

图 2.11 C_{11} 的优美标号

定义 2.3.1 设 m、$n (m \geqslant n \geqslant 3)$ 均为整数,令 $\omega(m, n)$ 表示由圈 C_m 和圈 C_n 恰有一个公共点所得的图。可见,$\omega(m, n)$ 是一个有 $m + n - 1$ 个点、$m + n$ 条边的 E 图。例如,$\omega(8, 7)$ 如图 2.12 所示。

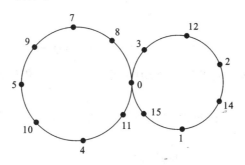

图 2.12 $\omega(8, 7)$ 的优美标号

定理 2.3.2[3] 设 m、$n (m \geqslant n \geqslant 3)$ 均为整数,则 $\omega(m, n)$ 为优美图的充要条件是下列条件之一成立:

(1) $m \equiv 0 (\mathrm{mod} 4), n \equiv 0, 3 (\mathrm{mod} 4)$;

(2) $m \equiv 1 (\mathrm{mod} 4), n \equiv 2, 3 (\mathrm{mod} 4)$;

(3) $m \equiv 2 (\mathrm{mod} 4), n \equiv 1, 2 (\mathrm{mod} 4)$;

（4）$m\equiv3(\bmod4)$，$n\equiv0,1(\bmod4)$。

定理 2.3.3[23]　设 $n(n\geqslant3)$ 为整数，则轮图 $W_n=C_n\vee K_1$ 为优美图。

例如，轮图 W_7 的优美标号如图 2.13 所示。

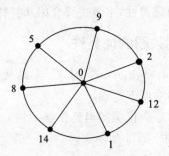

图 2.13　轮图 W_7 的优美标号

定义 2.3.2　如果在轮图 $W_n=C_n\vee K_1$ 中的 C_n 上，每条边均插入一个新点，所得的图 $W(n)$ 称为齿轮图。图 2.14 所示为齿轮图 $W(8)$ 的优美标号。

定理 2.3.4[127]　所有的齿轮图都是优美图。

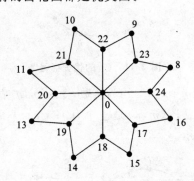

图 2.14　齿轮图 $W(8)$ 的优美标号

定义 2.3.3　设 $n\geqslant4$，在 C_n 上增加一条边 $e=uv$（u 和 v 为 C_n 上不相邻的两个点），所得的图称为 θ-图。

R. Bodendiek[10] 曾经猜想：所有的 θ-图均为优美图。在 1980 年，C. Delorme 证实了这一猜想是正确的。

定理 2.3.5[11]　所有的 θ-图均为优美图。

例如，一个 θ-图的优美标号如图 2.15 所示。

定义 2.3.4　如果在轮图 $W_n=C_n\vee K_1$ 中的 C_n 上，每个点均增加一条悬挂边，所得的图称为舵图，记为 H_n。如果将 H_n 中的悬挂点依次连接成一个圈，所得的图称为闭舵图。如果在一个闭舵图的外圈的每个点均增加一条悬挂边，所得的图称为网图，记为 $W(2,n)$。

定理 2.3.6[23]　所有的舵图 H_n 均为优美图。

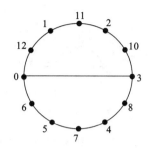

图 2.15　一个 θ 图的优美标号

例如，H_5 的优美标号如图 2.16 所示。

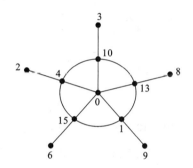

图 2.16　H_5 的优美标号

如果将一个网图的悬挂点依次连接成一个圈，再在外圈的每个点均增加一条悬挂边，所得的图记为 $W(3,n)$。如此下去，具有 t 个 n-圈时，记为 $W(t,n)$。显然，$H_n = W(1,n)$。Q. D. Kang 和 Z. H. Liang 等人[128]证明了如下结论：

定理 2.3.7[128,23]　　当 $1 \leqslant t \leqslant 5$ 时，$W(t,n)$ 为优美图。

猜想 2.3.1　　对任意正整数 t 和 $n(n \geqslant 3)$，$W(t,n)$ 为优美图。

如果将轮图记为 $W_n = W_n(1)$，具有 n 圈的闭舵图记为 $W_n = W_n(2)$。如此下去，具有 t 个 n-圈时，记为 $W_n(t)$，文献[129,152]中称之为广义轮图。是否所有的广义轮图 $W_n(t)$ 均为优美图是一个尚未解决的问题。

猜想 2.3.2　　对任意正整数 t 和 $n(n \geqslant 3)$，$W_n(t)$ 为均为优美图。

例如，广义轮图 $W_5(2)$ 的优美标号如图 2.17 所示。

作为 θ-图的一种推广，K. M. Koh 和 K. Y. Yap[153]研究了具有一条 P_k-弦的圈的优美性。即将 P_k 的两个端点分别黏接（使之重合）C_n 的两个不邻点，所得的图记为 P_k-C_n。显然，当 $k=2$ 时，P_2-C_n 图为 θ-图，已经被证明是优美的。K. M. Koh 和 K. Y. Yap[153]证明了，当 $k=3$ 时，P_k-C_n 图为优美图，并提出猜想：所有的 P_k-C_n 图为优美图。这一猜想为 N. Punnim 和 N. Pabhapote[154]所证明。即有下面的定理：

定理 2.3.8[154]　　所有的 P_k-C_n 图均为优美图。

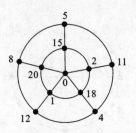

图 2.17　广义轮图 $W_5(2)$ 的优美标号

例如，P_5-C_6 图的优美标号如图 2.18 所示。

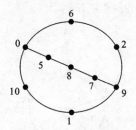

图 2.18　P_5-C_6 图的优美标号

作为 θ-图的另一种推广，K. M. Koh 和 K. Y. Yap[153] 定义了一类图，即在圈上一个定点增加 r 条弦。

定义 2.3.5　设 $3 \leqslant p \leqslant n-r$，$C_n(p,r)$ 表示在 $C_n = (v_1, v_2, \cdots, v_n)$ 上增加 r 条弦 $v_1 v_p, v_1 v_{p+1}, \cdots, v_1 v_{p+r-1}$ 所得的图。

K. M. Koh 和 D. G. Rogers 等人[46] 研究了 $r = 2, 3, n-3$ 时 $C_n(p,r)$ 的优美性，C. G. Goh 和 C. K. Lim 等人证明了其他情况下都是优美图。X. Ma[155] 和 Y. Liu 等人证明了 $C_n(p, n-p)$ 均是优美图（参见文献[23]）。

定理 2.3.9[155,23]　当 $3 \leqslant p \leqslant n-1$ 时，$C_n(p, n-p)$ 均是优美图。

例如，$C_7(3,4)$ 的优美标号如图 2.19 所示。

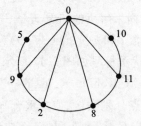

图 2.19　$C_7(3,4)$ 的优美标号

如果一个连通图 G 中只有一个圈，则称 G 为一个单圈图。M. Truszczynski 研究单圈图的优美性，提出如下猜想（参见文献[23]）：

猜想 2.3.3[23] 除了 C_n 外(其中 $n\equiv1,2(\bmod4)$),所有的单圈图都是优美图。

特殊地,如果将 P_k 的一个端点与 C_n 的一个点邻接,所得的图称为龙图,记为 $C_n * P_k$。K. M. Koh 和 D. G. Rogers[46]等人证明了下面的结论:

定理 2.3.10[23] 当 $n\equiv1,2(\bmod4)$ 时,$C_n * P_k$ 为优美图。

例如,龙图 $C_7 * P_4$ 的优美标号如图 2.20 所示。

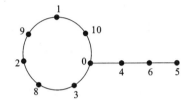

图 2.20 龙图 $C_7 * P_4$ 的优美标号

具有一条公共边的 n 个 C_m 组成的图,记为 $n * C_m$,Murugan 和 Arumugan 研究了这一类图的优美性,证明了下面的结论:

定理 2.3.11[23] 当 n 为偶数时,$n * C_5$ 为优美图;当 n 为奇数时,$n * C_5$ 不是优美图。

具有一个公共点的 m 个 C_n 组成的图,称为 m 个 C_n 的一点并图,记为 $C_n^{(m)}$。当 $n=3$ 时又称为友谊图,或称为荷兰 m-风车 $D_m=(mK_2)\vee K_1$。

定理 2.3.12[23] (1) $D_m=(mK_2)\vee K_1$ 为优美图当且仅当 $m\equiv0,1(\bmod4)$;

(2) $C_n^{(2)}$ 为优美图当且仅当 n 为偶数。

猜想 2.3.4[23] $C_n^{(m)}$ 为优美图当且仅当 $nm\equiv0,3(\bmod4)$。

这一猜想至今未能被证明或否定,只有部分特殊情况下获得证明。

定理 2.3.13[23] 具有一个公共点的 m 个 C_4 组成的图 $C_4^{(m)}$ 都是优美图。

例如,$C_4^{(4)}$ 的优美标号如图 2.21 所示。

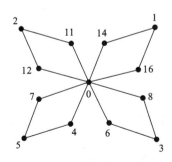

图 2.21 $C_4^{(4)}$ 的优美标号

另一类与圈有关的图类是三角仙人掌图。如果一个连通图的每个块均为一个三角形,则称此图为三角仙人掌图。如果一个三角仙人掌图 G 的块-割点树为一条路,

则称 G 为三角蛇图。

A. Rosa[156] 研究了三角仙人掌图的优美性,提出了如下猜想:

猜想 2.3.5[156]　　设 G 为一个三角仙人掌图,且 G 中共有 t 个三角形,若 $t \equiv 0,1(\bmod 4)$,则 G 为一个优美图。

显然,当 $t \equiv 2,3(\bmod 4)$ 时,G 不是优美图,由于其为 E 图,不满足必要条件。上述猜想至今未能被证明或否定,不过 D. Moulton[157] 证明了当 G 为三角蛇图时,猜想是成立的。

定理 2.3.14[157]　　设 G 为一个具有 t 个三角形的三角蛇图,若 $t \equiv 0,1(\bmod 4)$,则 G 为一个优美图。

例如,具有 5 个三角形的三角蛇图的优美标号如图 2.22 所示。

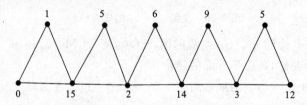

图 2.22　三角蛇图的优美标号

2.3.2　二部图与冠图的优美性

定理 2.3.15　　完全二部图 $K_{m,n}$ 是优美图。

证明　　记 $V(K_{m,n}) = V_1 \bigcup V_2$ 为二部顶点划分,其中
$$|V_1| = m, \quad |V_2| = n,$$
$$V_1 = \{u_i \mid 1 \leqslant i \leqslant m\}, \quad V_2 = \{v_i \mid 1 \leqslant i \leqslant n\}$$
定义 $K_{m,n}$ 的一个标号 θ 如下:
$$\theta(w) = \begin{cases} i-1, & \text{当 } w = u_i (1 \leqslant i \leqslant m) \text{ 时}; \\ im, & \text{当 } w = v_i (1 \leqslant i \leqslant n) \text{ 时}。 \end{cases}$$
不难验证,θ 为 $K_{m,n}$ 的优美标号,因此 $K_{m,n}$ 为优美图。

例如,$K_{4,5}$ 的优美标号如图 2.23 所示。

定理 2.3.16[3]　　所有的完全二部图 $K_{m,n}$ 的冠图 $I(K_{m,n})$ 均是优美图。

例如,$I(K_{4,5})$ 的优美标号如图 2.24 所示。

下面介绍一类特殊的二部图,或称为亚完全二部图。如图 2.25 所示的一个亚完全二部图中,每部的各点与另一部的连续若干个点邻接。

定义 2.3.6[3]　　设 $G = (X \bigcup Y, E)$ 为一个二部图,其中 $X = \{x_0, x_1, \cdots, x_{m-1}\}$,$Y = \{y_0, y_1, \cdots, y_{n-1}\}$。如果对任意的 $x_i \in X$,x_i 与 $y_{l_i}, y_{l_i+1}, \cdots, y_{s_i}$ 邻接;对任意的 $y_i \in Y$,y_i 与 $x_{p_i}, x_{p_i+1}, \cdots, x_{q_i}$ 邻接。所得的图称为亚完全二部图。

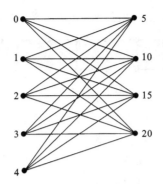

图 2.23 $K_{4,5}$ 的优美标号

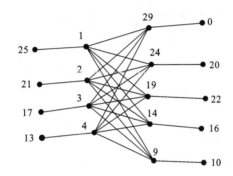

图 2.24 $I(K_{4,5})$ 的优美标号

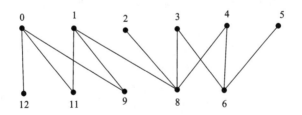

图 2.25 一个亚完全二部图的优美标号

定理 2.3.17[3] 所有连通的亚完全二部图都是优美图。

亚完全二部图是一类较广的图类，以下两类图均是亚完全二部图，从而都是优美图。

推论 2.3.1 将 m 个 C_4 依次邻接（如图 2.26 所示），所得的图 $F_{m,4}$ 是优美图。

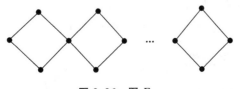

图 2.26 图 $F_{m,4}$

推论 2.3.2　将 m 个 C_4 依次增加边(如图 2.27 所示),所得的图 $G_{m,4}$ 是优美图。

图 2.27　图 $G_{m,4}$

所有的路 P_n 都是优美图,所有的 $P_n \times P_m$ 也是优美图。更一般地,文献[11]中证明了所有的阶梯图(如图 2.28 所示)都是优美图。

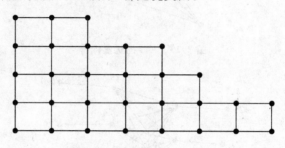

图 2.28　阶梯图 $P(2,4,5,7)$

定理 2.3.18[11]　设 $2 \leqslant n_1 \leqslant n_2 \leqslant \cdots \leqslant n_m$ 为 m 个整数,则所有的 m 级阶梯图 $P(n_1, n_2, \cdots, n_m)$ 都是优美图。

文献[3]和[14]中证明了如下两类冠图是优美图。

定理 2.3.19[3]　所有的扇图 $F_n = P_n \vee K_1$ 的 r-冠图 $I_r(F_{n+1})$ 均是优美图。

例如,F_5 的 2-冠图 $I_2(F_5)$ 的优美标号如图 2.29 所示。

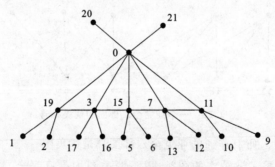

图 2.29　$I_2(F_5)$ 的优美标号

定理 2.3.20[14]　当 $n \equiv 0,3 \pmod 4$ 时,圈 C_n 的 r-冠图 $I_r(C_n)$ 是优美图。

例如,$I_2(C_8)$ 的优美标号如图 2.30 所示。

猜想 2.3.6[3]　所有优美图的冠图均是优美图。

2.3.3　几类联图的优美性

下面介绍几类特殊联图的优美性。

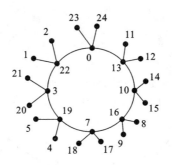

图 2.30 $I_2(C_8)$ 的优美标号

定理 2.3.21 对任意 n 阶优美树 T，$T \vee \overline{K_m}$ 为优美图。

证明 记 $V(\overline{K_n}) = \{u_1, u_2, \cdots, u_m\}$，$\theta$ 为 T 的优美标号，且使得 $\theta(v_i) = i - 1$，定义图 $T \vee \overline{K_m}$ 的一个标号 θ_1 如下：

$$\theta_1(v) = \begin{cases} \theta(v), & \text{当 } v \in V(T) \text{ 时;} \\ (i+1)n - 1, & \text{当 } v = u_i \in V(\overline{K_m}) \text{ 时。} \end{cases}$$

可见 θ_1 为 $T \vee \overline{K_m}$ 的优美标号，故其为优美图。定理证毕。

推论 2.3.3 所有的扇图 $F_n = P_n \vee K_1$ 都是优美图。

C. Hoede[13] 研究了由 m 个 K_n 恰有一个公共顶点的图，当 $n = 4$ 时称为法国 m-风车 $F_m = (mK_3) \vee K_1$。C. Hoede[13] 并提出了如下猜想，至今尚未被证明或否定。

猜想 2.3.7[13] 所有的法国 m-风车 $F_m = (mK_3) \vee K_1$ 都是优美图。

K. M. Koh、L. Y. Phoon 和 K. W. Soh[18] 研究联图的优美性，获得了如下结果：

设 $1 \leqslant t \leqslant n - 2$，令 $P(n, t) = P_{t+1} \bigcup \overline{K_{n-(t+1)}}$ 表示一个 n 阶破裂路。

定理 2.3.22[18] 设 G 为一棵优美树，则 $T \vee \overline{K_n}$、$T \vee P(r, 1)$ 和 $T \vee K_{1,n}$ 均为优美图。其中 $r \geqslant 2$，$n \geqslant 1$。

定理 2.3.23[18] $K_{m,n} \vee K_1$ 和 $K_{m,n} \vee K_2$ 都是优美图。

定理 2.3.24[18] 对于任意整数 $p \geqslant 1$，$K_3 \vee \overline{K_p}$ 是优美图。

例如，$K_3 \vee \overline{K_3}$ 的优美标号如图 2.31 所示。

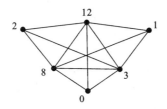

图 2.31 $K_3 \vee \overline{K_3}$ 的优美标号

定理 2.3.25[18] 设 e、f、g 为完全图 K_n 中的任意三条边，则下列三类图均不是

优美图:

(1) $K_n - e$, 其中 $n \geqslant 6$;

(2) $K_n - \{e, f\}$, 其中 $n \geqslant 7$;

(3) $K_n - \{e, f, g\}$, 其中 $n \geqslant 7$。

但 $K_5 - e$ 是优美图, 其优美标号如图 2.2 所示, $K_6 - 2e$ 也是优美图(其中 $2e$ 分别为两条独立边或相邻边), 其优美标号如图 2.32 所示。

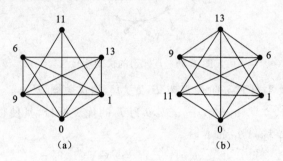

图 2.32　$K_6 - 2e$ 的优美标号

从一个优美图出发, 通过联图可以获得更多的优美图类。下面是一种简单的优美图扩充方法。

设 $G = (V, E)$ 为一个 (n, m)-优美图, 可见 $m \geqslant n-1$, θ 为图 G 的优美标号。令 $d = m - (n-1)$, $Z = \{0, 1, 2, \cdots, m\} \backslash \theta(V(G))$, 故有 $|Z| = d$。定义图 $G_f = G \cup \overline{K_d}$, 可见 G_f 为一个 $(n+d, n+d-1)$-优美图, 其优美标号 f 可由 θ 扩充得到, 即 $f(\overline{K_d})$ 与 Z 建立 1-1 对应。并称 G_f 为 (G, θ) 的全排图。

例如, K_4 在其一个优美标号下的全排图如图 2.33 所示。

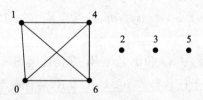

图 2.33　K_4 的全排图

定理 2.3.26[18]　设 G 为一个优美图, θ 为其优美标号, G_f 为 (G, θ) 的全排图, 则

(1) $G_f \vee \overline{K_p}$ 为优美图;

(2) $G_f \vee K_{1,q}$ 为优美图。

证明　(1) 设 G_f 为一个 $(m+1, m)$-图, f 为其优美标号。记 $V(\overline{K_p}) = \{v_1, v_2, \cdots, v_p\}$, 定义图 $G_f \vee \overline{K_p}$ 的一个优美标号 f_1 如下:

$$f_1(v) = \begin{cases} f(v), & \text{当 } v \in V(G_f) \text{ 时;} \\ (i+1)m+i, & \text{当 } v = v_i (1 \leqslant i \leqslant p) \text{ 时。} \end{cases}$$

可见 f_1 为图 $G_f \vee \overline{K_p}$ 的一个优美标号,即 $G_f \vee \overline{K_p}$ 为一个优美图。

(2) 同样地,记 G_f 为一个 $(m+1,m)$-图,f 为其优美标号。记 $V(K_{1,q}) = \{v_0,v_1,v_2,\cdots,v_q\}$,其中 v_0 为 $K_{1,q}$ 的中心点。定义图 $G_f \vee K_{1,q}$ 的一个优美标号 f_1 如下:

$$f_1(v) = \begin{cases} f(v), & \text{当 } v \in V(G_f) \text{ 时;} \\ (q+2)m+2q+1, & \text{当 } v=v_0 \text{ 时;} \\ (i+1)m+2i, & \text{当 } v=v_i (1 \leqslant i \leqslant q) \text{ 时。} \end{cases}$$

不难验证,f_1 为图 $G_f \vee K_{1,q}$ 的一个优美标号,即 $G_f \vee K_{1,q}$ 为优美图。定理证毕。

事实上,由上述证明得到了如下推论:

推论 2.3.4 对于任意 $(n,n-1)$-图 G,若 G 优美,则 $G \vee \overline{K_p}$ 和 $G \vee K_{1,q}$ 均为优美图。

对于圈 C_n 与 $\overline{K_p}$ 的联图,由定理 2.3.24 可知,$C_3 \vee \overline{K_p}$ 是优美图,且轮图 $C_n \vee K_1$ 也是优美图。由定理 2.1.4 可知,当 $n \equiv 2,6,10 \pmod{12}$ 且 p 为偶数时,$C_n \vee \overline{K_p}$ 不是优美图。V. N. Bhat-Nayak 和 A. Selvam[31] 证明了如下结论:

定理 2.3.27[31] (1) $C_4 \vee \overline{K_p}$、$C_5 \vee \overline{K_2}$、$C_7 \vee \overline{K_p}$、$C_9 \vee \overline{K_2}$、$C_{11} \vee \overline{K_p}$ 和 $C_{19} \vee \overline{K_p}$ 都是优美图;

(2) 设 $p \geqslant 2$,且 $n \equiv 0,3 \pmod{12}$,则 $C_n \vee \overline{K_p}$ 为优美图。

对于另一类联图 $rK_2 \vee \overline{K_p}$,显然 $K_2 \vee \overline{K_p}$ 是优美图,但 $2K_2 \vee \overline{K_p}$ 不是优美图。R. Balakrishnan 和 R. Sampathkumar[32] 提出了如下问题:什么整数 r 和 p,使得 $rK_2 \vee \overline{K_p}$ 为优美图?这一问题并未完全解决,不过 M. Z. Youssef[33] 证明了如下结论。

定理 2.3.28[33] (1) 当 $r \equiv 0,1 \pmod{4}$ 时,$rK_2 \vee \overline{K_p}$ 为优美图;

(2) 当 $r \equiv 2,3 \pmod{4}$,且 p 为奇数时,$rK_2 \vee \overline{K_p}$ 不是优美图。

D. Beutner 和 H. Harborth[34] 研究完全 n-部图 $K(r_1,r_2,\cdots,r_n)$ $(n \geqslant 3)$ 的优美性,证明了 $K(1,p,q)$、$K(2,p,q)$ 和 $K(1,1,p,q)$ 均为优美图,并提出了如下猜想:

猜想 2.3.8[34] 设 G 为完全 n-部图 $(n \geqslant 3)$,若 G 为优美图,则有

$$G \in \{K(1,p,q),K(2,p,q),K(1,1,p,q)\}。$$

K. M. Koh、L. Y. Phoon 和 K. W. Soh[18] 研究 $C_m \vee P(n,t)$ 的优美性,证明了如下结论,并提出了下面的若干问题。

定理 2.3.29[18] 当 $1 \leqslant t \leqslant 3$ 时,$C_3 \vee P(n,t)$ 为优美图,其中 $n \geqslant t+2$。

问题 2.3.1[18] 探讨 $C_m \vee P(n,t)$ 的优美性,其中 $n \geqslant t+2,m \geqslant 4,t \geqslant 1$。

问题 2.3.2[18] 是否对一切整数 $m \geqslant s+2$ 和 $n \geqslant t+2$,$P(m,s) \vee P(n,t)$ 都是优美图?其中 $s \geqslant 3$ 或 $t \geqslant 3$。

问题 2.3.3[18] 探讨下面三类联图的优美性:

(1) $C_m \vee P_n$,其中 $m \geqslant 3$ 且 $n \geqslant 3$;

(2) $C_m \vee C_n$,其中 $m \geqslant 3$ 且 $n \geqslant 3$;

(3) $K_{1,p} \vee P(n,t)$，其中 $p \geqslant 3$，$n \geqslant t+2$ 且 $t \geqslant 1$。

K. M. Koh 和 D. G. Rogers 等人[46]引入了一类联图 $B(n,r,m)$，其表示具有一个公共 K_r 的 m 个 K_n 所成的图，即 $B(n,r,m) = K_r \vee (mK_{n-r})$。

问题 2.3.4[23]　　探讨 $B(n,r,m) = K_r \vee (mK_{n-r})$ 的优美性。

当 $r=1$ 时，$B(n,1,m) = K_n^{(m)}$ 为一点并图，当然，$B(3,1,m) = D_m$ 为荷兰 m-风车，其优美性已确定。但 $B(4,1,m) = F_m$ 为法国 m-风车，其优美性尚未确定，不过，$B(3,2,m)$ 和 $B(4,3,m)$ 已被证明是优美图。

2.3.4　几类乘积图及其相关图的优美性

首先，对于平面格图 $P_m \times P_n$，B. D. Acharya 和 M. K. Gill 证明了其均为优美图。更一般地，由定理 2.3.18 知，所有的阶梯图 $P(n_1, n_2, \cdots, n_m)$ 都是优美图。

对于棱图 $C_m \times P_n$，Bodendiek 和 Schumacher 等人证明了当 $m \equiv 0 \pmod 4$ 时，$C_m \times P_2$ 为优美图。T. Gangopadhyay 等人证明了当 m 为偶数时，$C_m \times P_2$ 均为优美图。更一般地，R. Frucht[158]证明了所有的 $C_m \times P_2$ 为优美图。

定理 2.3.30[158]　　对一切整数 $m(m \geqslant 3)$，$C_m \times P_2$ 均为优美图。

例如，$C_6 \times P_2$ 的优美标号如图 2.34 所示。

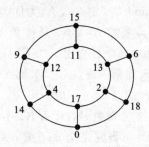

图 2.34　$C_6 \times P_2$ 的优美标号

D. Jungreis 和 M. Reid[159]证明了定理 2.3.31。此外，Y. C. Yang 和 X. G. Wang[160]证明了定理 2.3.32。

定理 2.3.31[159]　　当 $m \equiv 0 \pmod 4$，或者 m 和 n 均为偶数时，$C_m \times P_n$ 为优美图。

定理 2.3.32[160]　　(1) 对于任意整数 $n(n \geqslant 1)$ 和 $m(m \geqslant 0)$，$C_{4n+2} \times P_{4m+3}$ 为优美图；

(2) 对于任意整数 $m(m \geqslant 2)$，$C_6 \times P_m$ 为优美图；

(3) 对于任意整数 $n(n \geqslant 1)$，$C_3 \times P_m$ 为优美图。

J. Huang 和 S. Skiena[161]给出了下面的结论。

定理 2.3.33[160]　　(1) 当 m 为偶数时，$C_m \times P_n$ 为优美图；

(2) 当 m 为奇数，且 $3 \leqslant n \leqslant 12$ 时，$C_m \times P_n$ 为优美图。

例如，$C_3 \times P_3$ 的优美标号如图 2.35 所示。

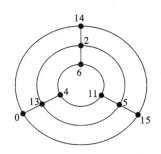

图 2.35 $C_3 \times P_3$ **的优美标号**

综合上述三个定理,一个自然的问题是如何完全解决所有 $C_m \times P_n$ 的优美性。

问题 2.3.5 如何完全确定所有 $C_m \times P_n$ 图的优美性?

另一类重要的乘积图是 $C_m \times C_n$,其中 $m \geq 3, n \geq 3$,对于这一类乘积图的优美性知道的结果不多,D. Jungreis 和 M. Reid[159] 获得了下面的结论:

定理 2.3.34[159] 当 $m \equiv 0 \pmod 4$,且 n 为偶数时,$C_m \times C_n$ 为优美图。

问题 2.3.6 如何确定所有 $C_m \times C_n$ 图的优美性?

除了上述几类乘积图外,与之相关的若干图类的优美性也被探讨,参见文献[23]中的综述,有关结果如下:

如果将 $P_n \times P_2$ 中的两条路 P_m 的相反端点邻接起来,所得的图称为 Mobius 梯子图,记为 M_n。

定理 2.3.35[23] 所有的 Mobius 梯子图 M_n 均为优美图。

例如,M_5 的优美标号如图 2.36 所示。

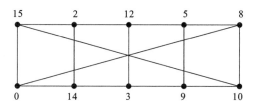

图 2.36 M_5 **的优美标号**

定理 2.3.36[23] (1) $C_m \times P_2$ 的冠图 $I(C_m \times P_2)$ 为优美图;

(2) $C_m \times P_2$ 中的一个圈上每个点均增加一条悬挂边所得的图为优美图。

例如,图 G 为 C_5 的外圈上每个点均增加一条悬挂边所得的图,其优美标号如图 2.37 所示。

还有一类乘积图 $B_m = K_{1,m} \times P_2$,称为书本图。M. Maheo[162] 证明了 B_{2m} 是优美图。因 B_{4m+3} 不满足 E 图优美的必要条件,故 B_{4m+3} 不是优美图。M. Maheo 并提出猜想:B_{4m+1} 为优美图。这一猜想为 Delorme 所证明,M. Maheo 还证明了 $B_{2m} \times P_2$ 也是优美图。

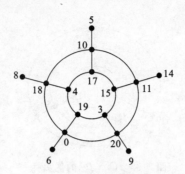

图 2.37　图 G 的优美标号

定理 2.3.37[162]　$B_m = K_{1,m} \times P_2$ 为优美图当且仅当 $m \equiv 0, 1, 2 \pmod 4$。

例如，B_4 的优美标号如图 2.38 所示。

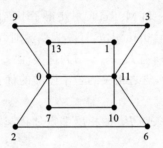

图 2.38　B_4 的优美标号

作为书本图 B_m 的一种推广，J. A. Gallian 和 D. S. Jungreis[163] 研究了图 $K_{1,m} \times P_n$ 的优美性，并称这类图为多重书本图。

定理 2.3.38[163]　多重书本图 $K_{1,2m} \times P_n$ 为优美图。

问题 2.3.7[163]　探讨多重书本图 $K_{1,2m+1} \times P_n$ 的优美性。

对于 n-方体 $Q_n = K_2 \times K_2 \times \cdots \times K_2$（$n$ 个 K_2 之积），A. Kotzig[164] 证明了其为优美图。

定理 2.3.39[163]　所有的 n-方体 Q_n 均为优美图。

例如，Q_3 的优美标号如图 2.39 所示。

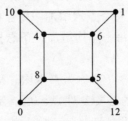

图 2.39　Q_3 的优美标号

对于 $K_m \times P_n$ 图的优美性,目前知道的结果不多,Smith 证明了如下结论:

定理 2.3.40[23]　(1) 当$(m,n)=(4,2),(4,3),(4,4),(4,5),(5,2)$时,$K_m \times P_n$ 为优美图;

(2) $K_6 \times P_2$ 不是优美图。

问题 2.3.8　探讨图 $K_m \times P_n$ 的优美性。

2.3.5　特殊连通图的优美性

设 u 和 v 为两个点,用 b 条长度为 a 且内部不交的路连接 u 和 v 两个点,所得的图记为 $P_{a,b}$。例如,$P_{5,4}$ 的优美标号如图 2.40 所示。K. M. Kathiresan[15] 证明了 $P_{2r,2m-1}$(r 和 m 为正整数)均是优美的,并提出了如下猜想:

猜想 2.3.9[15]　当$(a,b) \neq (2r+1,4s+2)$时,所有 $P_{a,b}$ 都是优美图。

对于此猜想,已经证明了 $P_{2r+1,2m-1}$ 和 $P_{2r,2m}$($m \leq 7$)是优美图(参见文献[16])。但此猜想尚未完全解决。

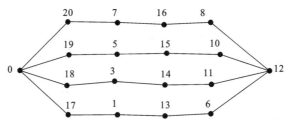

图 2.40　$P_{5,4}$ 的优美标号

T. Gracl[17] 在 1983 年提出猜想:设 P_n 表示 n 阶路,则所有的 P_n^2 都是优美图。这一猜想被 Q. D. Kang 和 Z. H. Liang 等人[128]证明。

定理 2.3.41[128]　设 P_n 表示 n 阶路,则所有的 P_n^2 都是优美图。

R. B. Gnanajothi[38] 证明了下面的结论:

定理 2.3.42[38]　(1) 具有一个公共 P_4 的 n 个 C_6 所成的图为优美图当且仅当 n 为偶数;

(2) n 个 C_4 依次对角邻接所成的图为优美图。

例如,由 5 个 C_4 依次对角邻接所成的图的优美标号如图 2.41 所示。

下面介绍一类全排列图。

定义 2.3.7　设 $G=(V,E)$ 为一个 n 阶图,$V(G)=\{v_1,v_2,\cdots,v_n\}$,$f$ 为一个 $\{1,2,\cdots,n\}$ 上的全排列。记 $G_1=G_2=G$,在 $G_1 \bigcup G_2$ 上增加 n 条边,即将 G_1 中的 v_i 点与 G_2 中的 $v_{f(i)}$($i=1,2,\cdots,n$)点邻接,所得的图称为 G 的一个全排列图,记为$P(G,f)$。

显然,当 G 为一个(p,q)-图时,$P(G,f)$ 为一个$(2p,2q+p)$-图。

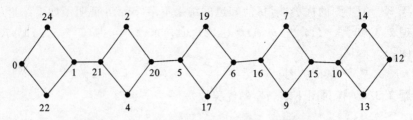

图 2.41　由 5 个 C_4 依次对角邻接所成图的优美标号

S. M. Lee 和 Y. S. Wong 等人[165]研究一个图的全排列图的优美性,提出了如下猜想:

猜想 2.3.10[165]　当 $n \geqslant 2$ 时,对于任何 n 元排列 f,$P(P_n, f)$为一个优美图。

S. M. Lee 和 Y. S. Wong 等人[165]只证明了当 n 为偶数,且 $f = (1, 2)(2, 3)\cdots(n-1, n)$ 时,上述猜想是成立的。更进一步,他们提出了下面的猜想:

猜想 2.3.11[165]　若 G 为一个 n 阶优美的非二部图,则对于任何 n 元排列 f,$P(P_n, f)$为一个优美图。

以上两个猜想均未能证明或否定。

例如,当 $f = (1, 2)(3, 4, 5)$ 时,$P(P_5, f)$的优美标号如图 2.42 所示。

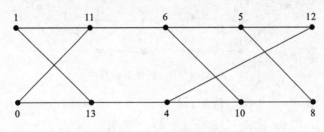

图 2.42　$P(P_5, f)$的优美标号

2.3.6　双优美图

定义 2.3.8[27]　设 G 为一个图,如果 G 与其线图 $L(G)$ 均是优美图,则称 G 为一个双优美图。

R. B. Gnanajothi 研究双优美图,证明了下面的结论:

定理 2.3.43[27]　(1) $K_{1,n}$ 和 P_n 为双优美图;

(2) $P_m \times P_n$ 为双优美图;

(3) K_n 为双优美图当且仅当 $n \leqslant 3$;

(4) B_n 为双优美图当且仅当 $n \equiv 3 \pmod 4$;

(5) C_n 为双优美图当且仅当 $n \equiv 0, 3 \pmod 4$;

(6) 当 $m \geqslant n$ 且 $n \equiv 3 \pmod 4$ 时,$K_{m,n}$不是双优美图。

定理 2.3.44[27]　　在 C_4 的两个邻点分别黏接一条等长路的端点,所得的图是双优美图。

例如,在 C_4 的两个邻点分别黏接一条长为 2 的路,所得的图 G 及其线图 $L(G)$ 的优美标号如图 2.43 所示。

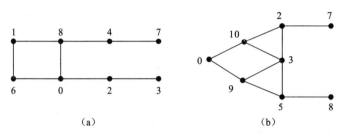

（a）　　　　　　　　　　　　　　　（b）

图 2.43　图 G 及其线图 $L(G)$ 的优美标号

2.4　非连通图的优美性

本节主要介绍几类非连通图的优美性,这些非连通图大多是以圈、路、星图、完全图、完全二部图及相关图作为连通分支的。

2.4.1　圈与路的优美性

在 1975 年,A. Kotzig[166] 首先研究 r 个不交的圈 C_s 之并 rC_s 的优美性问题。由于 rC_s 为 E 图,由 Euler 优美图的必要条件知,当 $rs\equiv1,2\pmod4$ 时,rC_s 不是优美图。

定理 2.4.1[166]　　（1）当 $r=3$ 且 $s=4k\geqslant8$ 时,rC_s 为优美图;

（2）当 $r\geqslant2$ 且 $s=3,5$ 时,rC_s 不是优美图;

（3）$2C_{2m}$ 为优美图。

例如,$2C_6$ 的优美标号如图 2.44 所示。

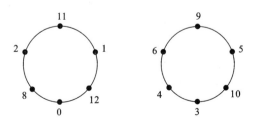

图 2.44　$2C_6$ 的优美标号

在 1985 年,R. Frucht 和 L. C. Salinas[167] 提出了下面的猜想:

猜想 2.4.1[167]　　设 $s \geqslant 3$，则 $C_s \cup P_n$ 为优美图当且仅当 $s + n \geqslant 7$。

围绕这一猜想，人们做了大量的研究工作。但这一猜想仍然未能完全解决。

对于这一猜想，R. Frucht 证明了当 $s = 3, 4, 2n + 1$ 时，猜想是成立的。Bhat-Nayak 等人证明了下面的结论：

定理 2.4.2[23]　　设 x 和 θ 均为整数，且 $1 \leqslant \theta \leqslant \left\lfloor \dfrac{x-2}{2} \right\rfloor$，则 $C_{2x+1} \cup P_{x-2\theta}$ 为优美图。

定理 2.4.3[23]　　若 $s \geqslant 5$，且 $n \geqslant \dfrac{s+5}{2}$，则 $C_s \cup P_n$ 为优美图。

Y. Z. Gao 和 Z. H. Liang 获得了如下结论（参见文献[23]）：

定理 2.4.4[23]　　若 s 和 n 满足下列情况之一，则 $C_s \cup P_n$ 为优美图：

(1) $s \geqslant 5, n = 2$；

(2) $s = 4k, n = k + 2$ 或 $n = k + 3$ 或 $n = 2k + 2$；

(3) $s = 4k + 1, n = 2k$ 或 $n = 3k - 1$ 或 $n = 4k - 1$；

(4) $s = 4k + 2, n = 3k$ 或 $n = 3k + 1$ 或 $n = 4k + 1$；

(5) $s = 4k + 3, n = 2k + 1$ 或 $n = 3k$ 或 $n = 4k$。

M. Seoud 和 A. E. I. Abdel Maqsoud 等人[168]研究上述猜想，给出了下面的结论：

定理 2.4.5[168]　　(1) 当 $s = 2k (k \geqslant 3)$，且 $n \geqslant k + 1$ 时，$C_s \cup P_n$ 为优美图；

(2) 当 $n \geqslant 2$，且 $s \in \{6, 8, 10, 12\}$ 时，$C_s \cup P_n$ 为优美图。

例如，$C_6 \cup P_4$ 的优美标号如图 2.45 所示。

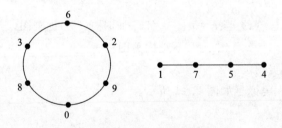

图 2.45　$C_6 \cup P_4$ 的优美标号

H. Shimazu 和 Z. Liang[169]分别得到了下面两个定理：

定理 2.4.6[23]　　若 s 和 n 满足下列情况之一，则 $C_s \cup P_n$ 为优美图：

(1) $s \geqslant 5$，且 $n = 2$；

(2) $s \geqslant 4$，且 $n = 3$；

(3) $s = 2n + 2$，且 $n \geqslant 2$。

定理 2.4.7[169]　　若 s 和 n 满足下列情况之一，则 $C_s \cup P_n$ 为优美图：

(1) $s=4k$,且 $n=k+2,k+3,2k+1,2k+2,2k+3,2k+4,2k+5$;

(2) $s=4k+1$,且 $n=3k,3k-1,4k-1$;

(3) $s=4k+2$,且 $n=3k,3k+1,4k+1$;

(4) $s=4k+3$,且 $n=2k+1,3k,4k$。

J. Abrham 和 A. Kotzig[170]研究两个不同长度圈并图的优美性,证明了当其满足 Euler 优美图的必要条件时,其为优美图。

定理 2.4.8[170]   设 $p \geqslant 3$ 和 $q \geqslant 3$,则 $C_p \bigcup C_q$ 为优美图当且仅当
$$p+q \equiv 0,3 \pmod{4}。$$

2.4.2 圈与星的优美性

M. Z. Youssef 研究圈 C_m 与星图 $S_n = K_{1,n}$ 之并的优美性,证明了下面的结论(参见文献[23]):

定理 2.4.9[23]   (1) $C_5 \bigcup S_n$ 为优美图当且仅当 $n=1$ 或 $n-2$;

(2) $C_6 \bigcup S_n$ 为优美图当且仅当 n 为奇数,或者 $n=2,4$。

例如,$C_6 \bigcup S_4$ 的优美标号如图 2.46 所示。

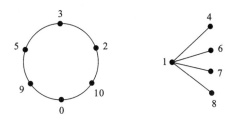

图 2.46 $C_6 \bigcup S_4$ 的优美标号

S. P. Kishore 和 M. Seoud 等人证明了如下结论(参见文献[23]):

定理 2.4.10[23]   (1) 当 $s \geqslant 7$ 且 $n \geqslant 1$ 时,$C_s \bigcup K_{1,n}$ 为优美图;

(2) 当 $n \neq 2$ 时,$C_4 \bigcup K_{1,n}$ 不是优美图;

(3) 当 $t \geqslant 2$ 时,$C_{4t} \bigcup K_{1,4t-1}$ 为优美图;

(4) $C_{4t+3} \bigcup K_{1,4t+2}$ 为优美图。

按照优美图的定义,对于一个 (p,q)-图 G,若 $q \leqslant p-2$,则 G 不是优美图。因此,对于不连通的森林来说,其均不是优美图。Y. C. Yang 和 X. G. Wang[171]拓展了优美图的定义:当 F 为一个具有 k 个分支且边数为 q 的森林时,其点标号允许范围为 $0 \sim q+k-1$。从而使得森林可能有优美标号。

定理 2.4.11[171]   (1) $S_m \bigcup S_n$ 为优美图当且仅当 m 或 n 为偶数;

(2) $S_m \bigcup S_n \bigcup S_k (m \geqslant n \geqslant k \geqslant 2)$ 为优美图当且仅当 m、n 和 k 至少其一为偶数。

例如,$S_5 \bigcup S_4 \bigcup S_3$ 的优美标号如图 2.47 所示。

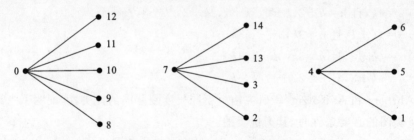

图 2.47　$S_5 \cup S_4 \cup S_3$ 的优美标号

2.4.3　完全(二部)图

M. A. Seoud 和 M. Z. Youssef 等人研究完全图或完全二部图作为连通分支的图优美性问题,获得了如下结论(参见文献[23]):

定理 2.4.12[23]　(1) $K_5 \cup K_{m,n}$ 为优美图;

(2) 当 $m, n, p, q \geqslant 2$ 时, $K_{p,q} \cup K_{m,n}$ 为优美图;

(3) 当 $m, n, p, q, r, s \geqslant 2$ 时, $K_{m,n} \cup K_{p,q} \cup K_{r,s}$ 为优美图;

(4) 当 $m, n \geqslant 2$ 且 $(m,n) \neq (2,2)$ 时, $pK_{m,n}$ 为优美图。

定理 2.4.13[172]　设 $m \geqslant n \geqslant 2$,则 $K_m \cup K_n$ 为优美图当且仅当 $(m,n)=(4,2)$ 或者 $(m,n)=(5,2)$。

例如,$K_4 \cup K_2$ 与 $K_5 \cup K_2$ 的优美标号如图 2.48 所示。

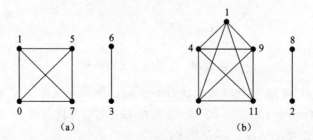

图 2.48　$K_4 \cup K_2$ 与 $K_5 \cup K_2$ 的优美标号

M. Z. Youssef 研究完全二部图与其他图的并图的优美性,主要结论如下(参见文献[23]):

定理 2.4.14[23]　(1) $C_3 \cup K_{m,n}$ 为优美图当且仅当 $m \geqslant 2$ 且 $n \geqslant 2$;

(2) $C_4 \cup K_{m,n}$ 为优美图当且仅当 $m \geqslant 2$ 且 $n \geqslant 2$ 或 $\{m,n\}=\{1,2\}$;

(3) 对一切正整数 m 和 n,$C_7 \cup K_{m,n}$ 和 $C_8 \cup K_{m,n}$ 均为优美图;

(4) 对一切正整数 m、n 和 r,$mK_3 \cup nK_{1,r}$ 不是优美图;

(5) 当 $i \leqslant 4$, $m \geqslant n \geqslant 2$,且 $(m,n,i) \neq (2,2,2)$ 时, $K_i \cup K_{m,n}$ 为优美图;

(6) 对一切正整数 n,$K_5 \cup K_{1,n}$ 为优美图;

(7) $K_6 \bigcup K_{1,n}$ 为优美图当且仅当 $n \neq 1,3$。

例如，$K_{3,3} \bigcup C_4$ 的优美标号如图 2.49 所示。

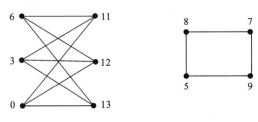

图 2.49 $K_{3,3} \bigcup C_4$ 的优美标号

2.5 几类特殊的非优美图

对于优美图的研究，绝大多数均是对优美标号的探讨，尤其是对一些特殊图类的优美标号，借助于计算机的帮助，近些年来获得了许多研究成果。然而，关于非优美图的已知结论较少，对于未能发现其优美标号的图类，其优美性大多处于未知状态。一个图为非优美的原因：一是其结构问题，例如，对于一个 E 图 G，当 $|E(G)| \equiv 1,2(\bmod 4)$ 时，其不是优美图；二是其边数太多或太少。本节介绍几类特殊的非优美图。

2.5.1 完全图之并

一个 n 阶完全图 K_n 为优美图当且仅当 $n \leqslant 4$。当 $n \geqslant 5$ 时 K_n 为非优美图的原因是其边数太多了。

引理 2.5.1[202] 设 $f(n)$ 表示所有 n 阶优美图的最大边数，则 $f(8)=23,f(9)=29,f(10)=36$。

$n \geqslant 11$ 时，$f(n)$ 的值是未知的，即使是探讨 $f(n)$ 的好界限也是非常有意义的。但对于若干个完全图的并图，其非优美性的原因就不是其边数太多，而是其结构问题。

定理 2.5.1[203] 当 $p_0 \geqslant p_1 \geqslant p_2 \geqslant \cdots \geqslant p_m \geqslant 9$ 时，$K_{p0} \bigcup K_{p1} \bigcup \cdots \bigcup K_{pm}$ 不是优美图。

定理 2.5.2[203] 设 $e_m(x) = m\left(\dfrac{p^2 x}{1+x} - px + \dfrac{7x^2 - x + 12}{12}\right) + \dfrac{p}{1+x} + \dfrac{2x-11}{6}$，其中 x 为任意一个正整数，且 $x \leqslant \dfrac{p}{2}$，若 mK_p 为一个优美图 G 的子图，则

$$|E(G)| \geqslant e_m(x)。$$

对于上述定理中的 $e_m(x)$，当 p 为平方数（$p=r^2$）时，取 $x=r$，则 $e_m(x)$ 获得最大值；当 $p \in (r^2,(r+1)^2)$ 时，取 $x=r$ 或者 $x=r+1$，则 $e_m(x)$ 获得最大值。

由上述定理可得下面的推论：

推论 2.5.1[203]　对于任意整数 $m(m \geqslant 1)$，当 $p \geqslant 5$ 时，mK_p 均不是优美图。

定理 2.5.3[203]　设 $p_0 \geqslant 2m+6$，且 $m \geqslant 10$，则 $K_{p_0} \cup K_{p_1} \cup \cdots \cup K_{p_m}$ 不是优美图。

定理 2.5.4[203]　设 $p_0 \geqslant 23$，且 $m \leqslant 9$，则 $K_{p_0} \cup K_{p_1} \cup \cdots \cup K_{p_m}$ 不是优美图。

从上述若干结论中可看出，对于若干个完全图的并图 G，若 G 包含一个较大的完全图，就可能是非优美图。当然，当 G 包含的所有完全图的阶均不大时，有可能是优美图。例如，图 2.50 给出若干完全图之并的优美标号。

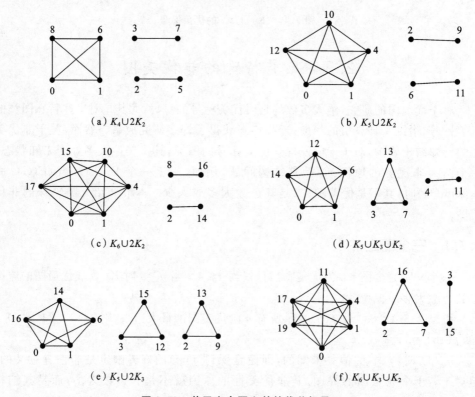

图 2.50　若干完全图之并的优美标号

2.5.2　$B(n,r,m)$ 图

在 2.3 节中提到，K. M. Koh 和 D. G. Rogers 等人[46]引入的一类联图 $B(n,r,m) = K_r \vee (mK_{n-r})$，其一般情形的优美性是未能确定的。当 $r \geqslant 2$ 时，只知道 $B(3,2,m)$、$B(4,2,m)$ 和 $B(4,3,m)$ 是优美图。对于 $B(n,r,m)$ 图的优美性问题，文献[201]中指出：除 $(n,r)=(3,2),(4,2),(4,3)$ 外，其他均未知其优美性。

定理 2.5.5[203]　当 $n \geqslant \dfrac{14rm-14r+75}{5}$ 时，$B(n,n-r,m)$ 不是优美图。

定理 2.5.6[203] 当 $n \geqslant 10$ 时，$B(n, n-1, m)$ 不是优美图。

对于 $B(n, r, m)$ 图，当 $r = n-1$ 时，文献[202]中得出了如下的结论：

定理 2.5.7[202] 设整数 $n \geqslant 2$，则下面的 3 个条件是等价的：

(1) $n \in \{2, 3, 4\}$；

(2) $B(n, n-1, 2)$ 为优美图；

(3) $B(n, n-1, 3)$ 为优美图。

例如，$B(4, 3, 3)$ 的优美标号如图 2.31 所示，$B(4, 3, 2)$ 的优美标号如图 2.32 所示。由上述定理可得下面的推论：

推论 2.5.2 当 $n \geqslant 5$ 时，$B(n, n-1, 2)$ 和 $B(n, n-1, 3)$ 均为非优美图。

2.5.3 补图

当一个图的边数较多时，常用其补图来表达，这样可能更加清晰。

定理 2.5.8[202] 当 $n \geqslant 4$ 时，$G = nK_2$，则 G 的补图 $\overline{G}$ 为非优美图。

当然，当 $n = 3$ 时，$\overline{3K_2}$ 为优美图，其优美标号如图 2.51 所示。

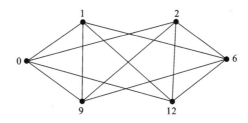

图 2.51 $\overline{3K_2}$ 的优美标号

定理 2.5.9[202] 当 $n \geqslant 21$ 时，$\overline{C_n}$ 为非优美图。

此定理中的条件"$n \geqslant 21$"并非必要条件，或者说"21"这个数字可以减小。当然，当 n 的值较小时，$\overline{C_n}$ 也可能是非优美图，如 $\overline{C_5}$ 为非优美图，但 $\overline{C_6}$ 为优美图，其优美标号如图 2.52 所示。

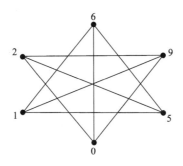

图 2.52 $\overline{C_6}$ 的优美标号

对于若干个圈的并图,则有下面的结论:

定理 2.5.10[202]　　设 G 为一个 n 阶 2-正则简单图,当 $n \geqslant 21$ 或者 $n \in \{5,7,13,15\}$ 时,$\overline{G}$ 为非优美图。

这一结论是对定理 2.5.9 的推广。对于树的补图,类似地,文献[202]中得到下面的结论:

定理 2.5.11[202]　　对于任意一棵 n 阶树 T,若 $n \geqslant 21$,则 $\overline{T}$ 为非优美图。

当然,当一棵树的点数较少时,其补图有可能为优美图。例如,$\overline{P_6}$ 的优美标号如图 2.53 所示。

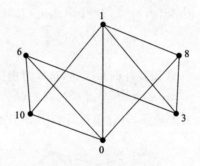

图 2.53　$\overline{P_6}$ 的优美标号

较上述三个定理更具一般性的结论如下:

定理 2.5.12[202]　　对于任意 n 阶简单图 G,若 $n \geqslant 21$ 且 $\Delta(G) \leqslant 2$,则 $\overline{G}$ 为非优美图。

在上述若干定理中,条件"$n \geqslant 21$"如何改进?这一问题与 n 阶优美图的最多边数有关,值得进一步探讨和研究。

第3章 优美图的变形

上一章介绍了优美图的基本概念和基本结论,本章主要介绍优美图的几种变化形式,主要包括图的 k-优美性、几种特殊优美标号、全优美图与上全优美图、边优美图与线优美图、集优美图以及有向优美图。

3.1 图的 k-优美性

3.1.1 k-优美的概念

首先,P. J. Slater[120] 给出强 k-优美图的定义:

定义 3.1.1[120] 设 $G=(V,E)$ 为一个简单图,如果对任何正整数 k,存在一个单射 $\theta:V\rightarrow\{0,1,2,\cdots,|E|+k-1\}$,使得其导出的映射 $\theta'(uv)=|\theta(u)-\theta(v)|$(其中 $e=uv$)为 E 到 $\{k,k+1,\cdots,k+|E|-1\}$ 上的一个 1-1 对应,则称图 G 为一个强 k-优美图(或任意 k-优美图),并称 θ 为图 G 的一个强 k-优美标号(或任意 k-优美标号)。

在上述定义中,如果存在一个正整数 k,图 G 有一个 k-优美标号,则称 G 为一个 k-优美图。只有当对每个正整数 k,图 G 都存在 k-优美标号时,图 G 才是强 k-优美图。

当 $k=1$ 时,1-优美图就是优美图。在上述定义中要求对任何正整数 k,均存在图 G 的一个 k-优美标号,图 G 才是一个强 k-优美图。因此,强 k-优美图必定是优美图,但反之不然。

例如,K_3 是一个优美图,但不是强 k-优美图,因为当 $k\geqslant2$ 时,K_3 不是 k-优美图。事实上,假若存在 K_3 的一个 k-优美标号 θ,则在 θ 下 K_3 的 3 个标号必为 $\{x,x+k,x+2k+1\}$,如图 3.1 所示。从而有 $2k+1=k+2$,这与 $k\geqslant2$ 相矛盾。

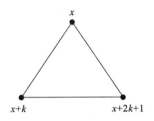

图 3.1 K_3 的标号

3.1.2　k-优美图的有关结论

通常地,称一个图 G 是 k-优美图,是指对于一个特定的正整数 k,G 是 k-优美图。称一个图 G 为强 k-优美图或任意 k-优美图,则是对任意整数 $k(k\geqslant 1)$,G 均为 k-优美图。到目前为止,已经知道一些图是(强)k-优美图(指强 k-优美图和 k-优美图,全书同)。

定理 3.1.1[3]　　下面各图类均是强 k-优美图:

(1) 所有的路 P_n;

(2) 所有的毛虫树 T;

(3) 所有的齿轮图 $W(n)$;

(4) 阶梯图 $P(n_1,n_2,\cdots,n_m)$;

(5) 完全二部图 $K_{m,n}$。

对于完全二部图的冠图 $I(K_{m,n})$,有如下猜想(至今未获证明或否定):

猜想 3.1.1[3]　　完全二部图的冠图 $I(K_{m,n})$ 均是 k-优美图。

定理 3.1.2[19]　　设 $1\leqslant m\leqslant n$,则有

(1) 当 $1\leqslant m\leqslant 2$ 时,$I(K_{m,n})$ 是强 k-优美图;

(2) 当 $m\geqslant 3$ 并且 $k\geqslant(m-2)(n-1)$ 时,$I(K_{m,n})$ 是 k-优美图。

例如,当 $k\geqslant 4$ 时,图 3.2 所示为 $I(K_{2,3})$ 的一个 k-优美标号。

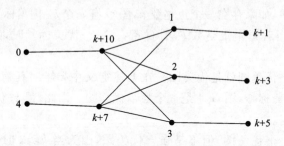

图 3.2　$I(K_{2,3})$ 的一个 k-优美标号 $(k\geqslant 4)$

定理 3.1.3[20]　　若图 G 是强 k-优美图,则 G 必为一个二部图。

证明(反证法)　　假若图 G 不是二部图,则 G 中必包有一个奇圈 C。设 θ 为图 G 的一个 k-优美标号。由于 C 为奇圈,故在 C 上必有三个顺次邻接的点 x、y、z,使得 $\theta(x)<\theta(y)<\theta(z)$(否则,$C$ 上的点在 θ 下的标号数依次为增减相间,这与 C 是奇圈相矛盾)。令

$$\theta(y)-\theta(x)=k+d_1,$$
$$\theta(z)-\theta(y)=k+d_2,$$
$$d_1\neq d_2,$$

从而有

$$2k+1 \leqslant k+d_1+k+d_2$$
$$=\theta(z)-\theta(x)$$
$$\leqslant k+|E(G)|-1,$$

即有 $k \leqslant |E(G)|-2$,这与 k 为任意正整数相矛盾。定理证毕。

上述定理表明强 k-优美图均为二部图,但反之不然。例如,C_6 是一个二部非优美图,当然更不是强 k-优美图。

下面考虑当一个图 G 为 k-优美图时,整数 k 的取值范围。当然,只有当 k 的取值范围为一切正整数时,图 G 才是强 k-优美图。

定理 3.1.4 设 $G=(V,E)$ 为一个 k-优美图,且 G 中包含一个 $K_n(n \geqslant 3)$,则有

$$k \leqslant \left\lfloor \frac{2|E|-2-(n-1)(n-2)}{2n-4} \right\rfloor.$$

证明 设 θ 为图 G 的一个 k-优美标号,记 $V(K_n)=\{x_1,x_2,\cdots,x_n\}$,且不妨设

$$\theta(x_1)<\theta(x_2)<\cdots<\theta(x_n),$$

由 k-优美图的定义知

$$\sum_{i=1}^{n-1}\left[\theta(x_{i+1})-\theta(x_i)\right] \geqslant k+(k+1)+\cdots+(k+n-2)$$
$$=(n-1)k+\frac{(n-1)(n-2)}{2},$$

从而有

$$k+|E|-1 \geqslant \theta(x_n)-\theta(x_1)$$
$$\geqslant (n-1)k+\frac{(n-1)(n-2)}{2},$$

即得

$$k \leqslant \frac{2|E|-2-(n-1)(n-2)}{2n-4},$$

注意到 k 为整数,定理证毕。

由上述定理可直接得出下面的结论:

推论 3.1.1 当 $k \geqslant 2$ 时,完全图 $K_n(n \geqslant 3)$ 均不是 k-优美图。

定理 3.1.5 设 $G=(V,E)$ 为一个 k-优美图,且其色数 $\chi(G) \neq 2$,则有

$$k \leqslant \frac{|E|-1}{\chi(G)-2}.$$

证明 设 θ 为图 G 的一个 k-优美标号,记 $V(G)=\{x_1,x_2,\cdots,x_n\}$,对于图 G 每个点 $x_i(1 \leqslant i \leqslant n)$,记 $\theta(x_i)=m_i k+n_i$,其中 $0 \leqslant n_i \leqslant k-1$。由定义知

$$m_i k+n_i \leqslant k+|E|-1,$$

从而有

$$m_i \leqslant 1+\frac{|E|-1-n_i}{k} \leqslant 1+\frac{|E|-1}{k}, \quad 1 \leqslant i \leqslant n.$$

令 $\lambda=\left\lfloor 1+\frac{|E|-1}{k} \right\rfloor$,定义 $V_j=\{v|jk \leqslant \theta(v) \leqslant (j+1)k-1\}$,其中 $j=0,1,$

$2,\cdots,\lambda$。不难看出,每个 V_j 均为点独立集,从而 $V(G)=V_0\bigcup V_1\bigcup V_2\bigcup\cdots\bigcup V_\lambda$ 为图 G 的 $(\lambda+1)$-色划分,即有

$$\chi(G)\leqslant\lambda+1\leqslant 2+\frac{|E|-1}{k},$$

故 $k\leqslant\dfrac{|E|-1}{\chi(G)-2}$。定理证毕。

由于一个无三角形的图可能具有任意大的色数,因此,上述两个定理具有相对独立性。

圈 C_n 不是强 k-优美图,但对于一些特殊的 k 值,C_n 可能为一个 k-优美图。M. Maheo 和 H. Thuillier[121] 研究了 C_n 的 k-优美标号,获得了如下结论:

定理 3.1.6[121]　　C_n 为 k-优美图当且仅当下面条件之一成立:

(1) $n\equiv 0,1(\mathrm{mod}4)$,$k\leqslant\dfrac{n-1}{2}$ 且 k 为偶数;

(2) $n\equiv 3(\mathrm{mod}4)$,$k\leqslant\dfrac{n^2-1}{2}$ 且 k 为奇数。

例如,C_5 的 2-优美标号与 C_7 的 3-优美标号如图 3.3 所示。

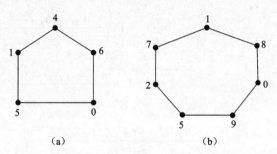

$$(a)\qquad\qquad\qquad(b)$$

图 3.3　C_5 的 2-优美标号与 C_7 的 3-优美标号

对于 $W_n=C_n\vee K_1$,由定理 3.1.3 知,其不是强 k-优美图,但对于一些 k 值,其为 k-优美图。M. Maheo 和 H. Thuillier[121] 证明了 W_{2k+1} 是 k-优美图,并提出如下猜想:

猜想 3.1.1[121]　　当 $k\neq 3,4$ 时,W_{2k} 为 k-优美图。

这一猜想被 Z. H. Liang 等人[122] 证明是正确的。Q. D. Kang[123],C. Bu、Z. Gao 和 D. Zhang[124] 研究了乘积图的 k-优美性,证明了如下结论:

定理 3.1.7[123,124]　　(1) $P_m\times C_{4n}$ 为强 k-优美图;

(2) $P_n\times P_2$ 为强 k-优美图。

如果在 C_n 的每个点均增加 m 条悬挂边,所得的图称为 C_n 的 m-冠图,记为 C_n^m。特殊地,当 $m=1$ 时为王冠图。C. Bu、D. Zhang 和 B. He[126] 还证明了如下结论:

定理 3.1.8[126]　　存在正整数 k,使得 C_n 的 m-冠图 C_n^m 为 k-优美图。

例如，C_3^2 的 3-优美标号如图 3.4 所示。

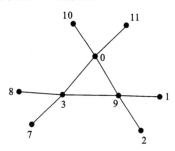

图 3.4　C_3^2 的 3-优美标号

B. D. Acharya[125]研究了 E 图的 k-优美性，获得了一个 E 图为 k-优美图的必要条件。

定理 3.1.9[125]　设 G 为一个具有 q 条边的 E 图，若 G 为 k-优美图，则有

（1）当 k 为偶数时，$q \equiv 0, 1 \pmod 4$；

（2）当 k 为奇数时，$q \equiv 0, 3 \pmod 4$。

证明　设 f 为图 $G = (V, E)$ 的一个 k-优美标号。由于 G 为 E 图，即任何点 $v(v \in V)$ 的度 $d(v)$ 为偶数，由 k-优美图的定义得知

$$\sum_{uv \in E} |f(u) - f(v)| = \sum_{i=0}^{q-1} (k + i)$$
$$= kq + \frac{q(q-1)}{2},$$

又因为
$$\sum_{uv \in E} |f(u) - f(v)| \equiv \sum_{uv \in E} [f(u) + f(v)] \pmod 2$$
$$\equiv \sum_{v \in V} d(v) f(v)$$
$$\equiv 0 \pmod 2,$$

从而有
$$kq + \frac{q(q-1)}{2} \equiv 0 \pmod 2.$$

由此可见，当 k 为偶数时，$\dfrac{q(q-1)}{2}$ 为偶数，即有 $q \equiv 0, 1 \pmod 4$ 成立。

当 k 为奇数时，若 q 为偶数，则 $\dfrac{q(q-1)}{2}$ 为偶数，即有 $q \equiv 0 \pmod 4$；若 q 为奇数，则 $\dfrac{q(q-1)}{2}$ 为奇数，即有 $q \equiv 3 \pmod 4$ 成立。定理证毕。

3.2　几类特殊优美标号

上一节介绍了图的 k-优美图，本节介绍几类特殊优美标号。作为 k-优美图的

一种推广形式,首先介绍(k,d)-优美图的概念。

3.2.1 (k,d)-优美图

B. D. Acharya 和 S. M. Hegde[21]提出了如下概念:

定义 3.2.1[21]　设$G=(V,E),q=|E|,k$和d为正整数,如果存在一个单射θ: $V \rightarrow \{0,1,2,\cdots,k+(q-1)d\}$,使得其导出映射$\theta'(xy)=|\theta(x)-\theta(y)|$为$E$到$\{k,k+d,k+2d,\cdots,k+(q-1)d\}$上的一个 1-1 对应,则称图$G$为一个$(k,d)$-优美图,并称$\theta$为图$G$的一个$(k,d)$-优美标号。

特殊地,$(1,1)$-优美图即为优美图,$(k,1)$-优美图即为k-优美图。

定理 3.2.1[22]　设k和d为任意正整数,则

(1) 完全二部图$K_{m,n}$为(k,d)-优美图;

(2) 设$n \geqslant 3$,完全图K_n为(k,d)-优美图当且仅当$k=d$且$n \leqslant 4$。

例如,$K_{2,3}$的(k,d)-优美标号如图 3.5 所示。

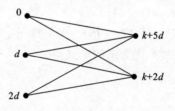

图 3.5　$K_{2,3}$的(k,d)-优美标号

定理 3.2.2[23]　设整数$m_i,n_i \geqslant 2$,且$\max\{m_i,n_i\} \geqslant 3$,$r$为正整数,则$G= K_{m1,n1} \bigcup K_{m2,n2} \bigcup \cdots \bigcup K_{mr,nr}$为一个$(k,d)$-优美图。

3.2.2 α-标号

A. Rosa[24]首先提出并研究了图的α-标号。

定义 3.2.2[24]　设$G=(V,E)$为一个优美图,f为图的一个优美标号,如果存在一个整数k,使得对任何边$e(e=xy \in E)$,均有$f(x) \leqslant k < f(y)$或者$f(y) \leqslant k < f(x)$成立,则称f为图G的一个α-标号。

可见,α-标号是一种特殊的优美标号。定义中k的值为导出边标号为 1 的边的两个端点标号的较小者。

定理 3.2.3[23]　设k和d均为正整数,则

(1) 若G有α-标号,则G为(k,d)-优美图;

(2) 若G为k-优美图,则G必为(kd,d)-优美图;

(3) 每个连通的(kd,d)-优美图必为k-优美图;

(4) 若G为一个(k,d)-优美图,且G不是二部图,则$k \leqslant (|E|-2)d$。

定理 3.2.4　若 G 有一个 α-标号,则 G 必为二部图。

证明　由定义知,存在一个 α 标号 f 和一个整数 k,使得对任何边 $e(e=xy\in E)$,均有 $f(x)\leqslant k<f(y)$ 或者 $f(y)\leqslant k<f(x)$ 成立。令

$$V_1=\{v\in V(G)\,|\,f(v)\leqslant k\},$$
$$V_2=\{v\in V(G)\,|\,f(v)\geqslant k+1\},$$

可见 $V(G)=V_1\bigcup V_2$ 为图 G 的二部点划分。定理证毕。

定理 3.2.5[23]　设 p 阶图 G 有 α-标号,$|E(G)|=n,d_1\geqslant d_2\geqslant\cdots\geqslant d_p$ 为图 G 的度序列,则有 $\gcd(d_1,d_2,\cdots,d_p,n)\left|\dfrac{n(n-1)}{2}\right.$。

图的 α-标号对于图的分解是非常有用的(参见文献[23])。

定理 3.2.6[23]　下面各类图均有 α 标号:

(1) 所有的路 P_n;

(2) 圈 C_n,其中 $n\equiv0(\mathrm{mod}4)$;

(3) 所有的毛虫树 T;

(4) 所有的 n-方体;

(5) $2C_{4m},3C_{4m},C_{4m}\bigcup C_{4n+2}\bigcup C_{4r+2}$;

(6) $C_{4m}\bigcup C_{4n}\bigcup C_{4r}$,其中 $m+n\leqslant r$;

(7) $C_{4m}\bigcup C_{4n}\bigcup C_{4r+2}\bigcup C_{4s+2}$,其中 $m\geqslant n+r+s+1$。

例如,$3C_4$ 的 α 标号$(k=5)$如图 3.6 所示。

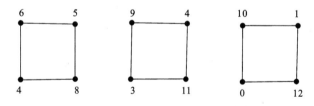

图 3.6　$3C_4$ 的 α 标号$(k=5)$

3.2.3　Skolem-优美标号

S. M. Lee 等[25]首先定义并研究了 Skolem-优美图。

定义 3.2.3[25]　设 $G=(V,E)$ 为一个图,$|V|=p$,$|E|=q$,如果存在一个单射 $f:V\rightarrow\{1,2,\cdots,p\}$,使得其导出的边标号 $f'(xy)=|f(x)-f(y)|$(其中 $xy\in E$)为 E 到 $\{1,2,\cdots,q\}$ 上的 1-1 对应,则 f 称为图 G 的一个 Skolem-优美标号,且称图 G 为 Skolem-优美图。

由上述定义可见,一个 (p,q)-图是 Skolem-优美图的必要条件是 $p\geqslant q+1$。一个连通图 G 是 Skolem-优美的当且仅当 G 是一棵优美树。虽然不连通的森林都不是优美图,但它们有可能是 Skolem-优美图。图 $K_{1,3}\bigcup K_{1,4}$ 的 Skolem-标号如图 3.7 所示。

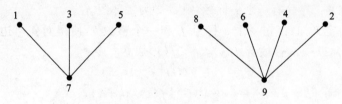

图 3.7　$K_{1,3} \bigcup K_{1,4}$ 的 Skolem-标号

定理 3.2.7[23]　（1）$K_{1,m} \bigcup K_{1,n}$ 是 Skolem-优美图当且仅当 m 和 n 至少其一为偶数；

（2）$K_{1,m} \bigcup K_{1,n} \bigcup K_{1,p}$ 是 Skolem-优美图当且仅当 m、n 和 p 至少其一为偶数。

定理 3.2.8[23]　（1）对任意正整数 m，$mK_{1,2}$ 为 Skolem-优美图；

（2）$mK_{1,2p}$ 为 Skolem-优美图当且仅当 $m \leqslant 4p+1$。

设整数 $k \geqslant 2$，$n_1, n_2, \cdots, n_k$ 为 k 个正整数，则用 $\mathrm{St}(n_1, n_2, \cdots, n_k)$ 表示 k 个边数分别为 $n_1, n_2, \cdots, n_k$ 的星之并。

定理 3.2.9[23]　（1）所有的 4-星 $\mathrm{St}(n_1, n_2, n_3, n_4)$ 都是 Skolem-优美图；

（2）所有的 5-星 $\mathrm{St}(n_1, n_2, n_3, n_4, n_5)$ 都是 Skolem-优美图。

S. P. Kishore[26]给出了 $\mathrm{St}(n_1, n_2, \cdots, n_k)$ 为 Skolem-优美图的一个必要条件，证明了：若 $\mathrm{St}(n_1, n_2, \cdots, n_k)$ 为 Skolem-优美图，则必有某个 n_i 为偶数或者 $k \equiv 0, 1$ (mod4)。并猜想该条件也是充分的，这一猜想至今未获证明或否定。

猜想 3.2.1[26]　$\mathrm{St}(n_1, n_2, \cdots, n_k)$ 为 Skolem-优美图的充要条件是：存在某个 n_i 为偶数或者 $k \equiv 0, 1$ (mod4)。

对于 n 阶路 P_n 相关的森林，文献[23]中列出了如下的结论：

定理 3.2.10[23]　设 m 和 n 均为正整数，则

（1）$P_n \bigcup K_{1,m}$ 为 Skolem-优美图当且仅当 $n=2$ 且 m 为偶数，或者 $n \geqslant 3$ 且 $m \geqslant 1$；

（2）nP_2 为 Skolem-优美图当且仅当 $n \equiv 0, 1$ (mod4)；

（3）当 $m+n \geqslant 5$ 时，$P_m \bigcup P_n$ 为 Skolem-优美图。

定理 3.2.11[23]　设 n_1、n_2 和 n_3 均为正整数，且 $n_1 < n_2 \leqslant n_3$，则

（1）当 $n_2 = t(n_1+2)+1$，且 n_1 为偶数时，$P_{n_1} \bigcup P_{n_2} \bigcup P_{n_3}$ 为 Skolem-优美图；

（2）当 $n_2 = t(n_1+3)+1$，且 n_1 为奇数时，$P_{n_1} \bigcup P_{n_2} \bigcup P_{n_3}$ 为 Skolem-优美图。

定理 3.2.12[23]　若图 G 是 Skolem-优美图，则 $G \vee \overline{K_n}$ 为优美图。

3.2.4　奇优美标号

R. B. Gnanajothi[27]首先定义并研究了图的奇优美性。

定义 3.2.4[27]　设 $G=(V,E)$ 为一个图，$|E|=q$，如果存在一个单射 $f:V\to$ $\{0,1,2,\cdots,2q-1\}$，使得其导出的边标号 $f'(xy)=|f(x)-f(y)|$（其中 $xy\in E$）为 E 到 $\{1,3,\cdots,2q-1\}$ 上的 1-1 对应，则称 G 为一个奇优美图（odd graceful graph），称 f 为图 G 的一个奇优美标号。

由上述定义不难看出，包含奇圈的图均不是奇优美图，因此，奇优美图必定为一个二部图。C_6 和 P_5 的奇优美标号如图 3.8 所示。

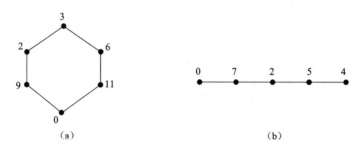

（a）　　　　　　　　　　　　　　　　（b）

图 3.8　C_6 和 P_5 的奇优美标号

文献[23]中综述了关于奇优美图的有关研究结论。

定理 3.2.13[23]　下列各图类均是奇优美图：

(1) 所有的路 P_n；

(2) 所有的偶圈 C_n；

(3) 所有的完全二部图 $K_{m,n}$；

(4) 所有的路 P_n 的冠图 $I(P_n)$；

(5) 所有的偶圈 C_n 的冠图 $I(C_n)$；

(6) mC_4，其中 $m\geq 1$；

(7) $C_n\times K_2$，其中 $n\equiv 0(\bmod 2)$；

(8) 所有的毛虫树 T；

(9) 所有的点数不超过 12 的树。

例如，一棵毛虫树的奇优美标号如图 3.9(a)所示，C_6 冠图的奇优美标号如图 3.9(b)所示，$3C_4$ 的奇优美标号如图 3.9(c)所示，$C_6\times K_2$ 的奇优美标号如图 3.9(d)所示。

猜想 3.2.2[23]　所有的树均是奇优美图。

定理 3.2.14[23]　(1) 具有一个公共点的若干个 C_4 组成的图是奇优美的；

(2) 具有一个公共点的若干个 C_6 组成的图是奇优美的。

由 3 个 C_4 具有一个公共点组成的图 G 的奇优美标号如图 3.10 所示。

设 $T(n)$ 表示 n 级梯子图，其定义为

$$V(T(n))=\{a_i\mid 0\leq i\leq n\}\bigcup\{b_i\mid 0\leq i\leq n\},$$

且 $E(T(n))=\{a_ia_{i+1}\mid 0\leqslant i\leqslant n-1\}\bigcup\{b_ib_{i+1}\mid 0\leqslant i\leqslant n-1\}\bigcup\{a_ib_i\mid 1\leqslant i\leqslant n-1\}$。

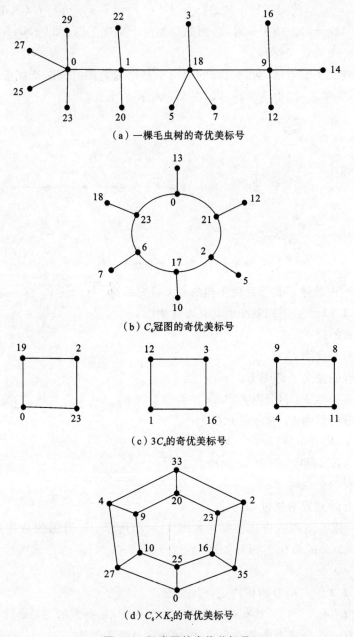

（a）一棵毛虫树的奇优美标号

（b）C_6 冠图的奇优美标号

（c）$3C_4$ 的奇优美标号

（d）$C_6\times K_2$ 的奇优美标号

图 3.9　四类图的奇优美标号

定理 3.2.15[23]　　所有的梯子图 $T(n)$ 都是奇优美的。

例如，$T(5)$ 的奇优美标号如图 3.11 所示。

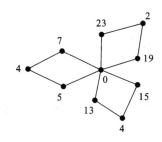

图 3.10　由 3 个 C_4 具有一个公共点组成的图 G 的奇优美标号

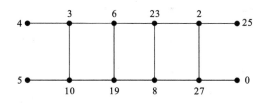

图 3.11　梯子图 $T(5)$ 的奇优美标号

定理 3.2.16[23]　所有的格子图及其细分图都是奇优美的。

3.2.5　准优美标号与几乎优美标号

A. Rosa[24] 首先定义并研究了一种类似于优美标号的标号。

定义 3.2.5[28]　设 $G=(V,E)$ 为一个图，$|E|=q$，如果存在一个单射 $f:V\to$ $\{0,1,2,\cdots,q+1\}$，使得其导出的边标号 $f'(xy)=|f(x)-f(y)|$（其中 $xy\in E$）为 E 到 $\{1,2,\cdots,q\}$ 或者 $\{1,2,\cdots,q-1,q+1\}$ 上的 1-1 对应，则称 G 为一个准优美图 (graceful-like graph)，称 f 为图 G 的一个准优美标号。

由上述定义不难看出，一个优美图也是准优美图，但反之不真。众所周知，一个 (p,q)-图为优美图时，必有 $p\leqslant q+1$。但当一个 (p,q)-图为准优美图时，必有 $p\leqslant q+2$。

定理 3.2.17[23]　下列各图类是准优美图：

(1) 路之并：$P_m\bigcup P_n$；

(2) 星之并：$S_m\bigcup S_n$；

(3) 星与路之并：$S_m\bigcup P_n$；

(4) $G\bigcup K_2$，其中 G 为优美图；

(5) $C_3\bigcup K_2\bigcup S_m$，其中 m 为偶数或者 $m\equiv 3\pmod 4$。

定理 3.2.18[23]　所有的圈 C_n 均是准优美图。

例如，$C_3\bigcup K_2\bigcup S_3$ 的准优美标号如图 3.12 所示，C_5 和 C_6 的准优美标号如图 3.13 所示。

下面介绍另一种类似于优美标号的标号，称之为几乎优美标号。

图 3.12　$C_3 \cup K_2 \cup S_3$ 的准优美标号

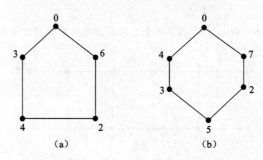

（a）　　　　　　　　　　（b）

图 3.13　C_5 和 C_6 的准优美标号

　　定义 3.2.6[23]　设 $G=(V,E)$ 为一个图，$|E|=q$，如果存在一个单射 $f: V \rightarrow \{0,1,2,\cdots,q-1,q+1\}$，使得其导出的边标号 $f'(xy)=|f(x)-f(y)|$（其中 $xy \in E$）为 E 到 $\{1,2,\cdots,q\}$ 或者 $\{1,2,\cdots,q-1,q+1\}$ 上的 1-1 对应，则称 G 为一个几乎优美图（almost graceful graph），称 f 为图 G 的一个几乎优美标号。

　　由上述定义可见，当一个 (p,q)-图为几乎优美图时，必有 $p \leqslant q+1$。

　　定理 3.2.19[23]　下列各图类均是几乎优美图：

　　（1）所有的圈 C_n；

　　（2）$P_n \vee \overline{K_m}, P_n \vee K_{1,m}$；

　　（3）完全二部图 $K_{m,n}$；

　　（4）$K_{1,m,n}, K_{2,2,m}, K_{1,1,m,n}$；

　　（5）$P_n \times P_3$，其中 $n \geqslant 3$。

　　例如，图 3.13 所示的 C_5 和 C_6 的准优美标号也可作为其几乎优美标号。$P_3 \times P_3$ 的两种几乎优美标号如图 3.14 所示。

3.2.6　ρ-标号与伪优美标号

　　为了研究完全图的分裂问题，A. Rosa[24] 首先提出并研究了图的 ρ-标号。

　　定义 3.2.7[24]　设 $G=(V,E)$ 为一个图，$|E|=q$，如果存在一个单射 $f: V \rightarrow \{0,1,2,\cdots,2q\}$，使得其导出的边标号 $f'(xy)=|f(x)-f(y)|$（其中 $xy \in E$）为 $\{a_1,a_2,\cdots,a_q\}$，其中 $a_i=i$ 或者 $a_i=2q+1-i$，则称 f 为图 G 的一个 ρ-标号。

　　例如，$(2K_2) \vee K_1$ 的一种 ρ 标号如图 3.15 所示。

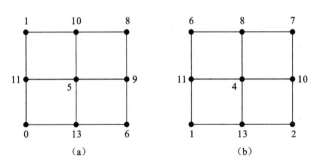

图 3.14　$P_3 \times P_3$ 的两种几乎优美标号

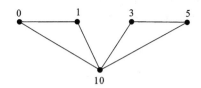

图 3.15　$(2K_2) \vee K_1$ 的一种 ρ 标号

由上述定义可见，一个优美图的优美标号也是其 ρ 标号，因此，具有 ρ 标号的图类较优美图更为广泛。

定理 3.2.20[23]　所有的龙虾树都有 ρ 标号。

Balakrishnan 等证明了：对任何正整数 n，$\overline{K_n} \vee 2K_2$ 有 ρ 标号。并提出如下猜想：

猜想 3.2.3[23]　对任何正整数 n 和 m，$\overline{K_n} \vee mK_2$ 都有 ρ 标号。

这一猜想尚未被证明或否定。下面介绍一种伪优美标号。

定义 3.2.8[28]　设 $G=(V,E)$ 为一个图，$|E|=q$，如果存在一个单射 $f:V \to \{0,1,2,\cdots,q-1,q+1\}$，使得其导出的边标号 $f'(xy)=|f(x)-f(y)|$（其中 $xy \in E$）为 $\{1,2,\cdots,q\}$，则称 f 为图 G 的一个伪优美(pseudograceful)标号。

R. Frucht[29] 研究图的伪优美标号，证明了下面的定理：

定理 3.2.21[29,23]　下列各图类均有伪优美标号：

(1) n 阶路 P_n，其中 $n \geqslant 3$；

(2) $C_3 \bigcup P_n$（其中 $n \neq 3$）和 $C_4 \bigcup P_n$（其中 $n \neq 1$）；

(3) $C_s \bigcup P_n$，其中 $s \geqslant 5$ 且 $n \geqslant \dfrac{s+7}{2}$；

(4) $C_s \bigcup S_n$，其中 $s=3$ 或 $s=4$，且 $n \geqslant 7$；

(5) 完全二部图 $K_{m,n}$，其中 $m \geqslant n \geqslant 2$；

(6) $P_m \vee \overline{K_n}$，其中 $m \geqslant 2$。

例如，$P_3 \vee \overline{K_2}$ 的伪优美标号如图 3.16(a)所示，$C_3 \bigcup P_4$ 和 $C_4 \bigcup P_4$ 的伪优美标号如图 3.16(b)所示。

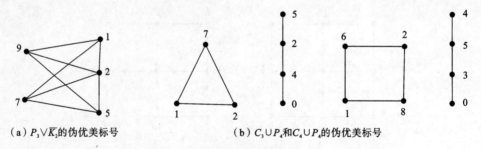

（a）$P_3 \vee \overline{K}_2$的伪优美标号   （b）$C_3 \cup P_4$和$C_4 \cup P_4$的伪优美标号

图 3.16　伪优美标号

定理 3.2.22[23]   完全图 K_m 是伪优美的当且仅当 $m = 1, 3, 4$。

例如，K_4 的一种伪优美标号如图 3.17 所示。

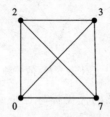

图 3.17　K_4 的伪优美标号

3.3　全优美图与上全优美图

S. P. Subbiah、J. Pandimadevi 和 R. Chithra[35]定义并研究了图的全优美性。

定义 3.3.1[35]   设 $G = (V, E)$ 为一个简单图，$|V| = p$，$|E| = q$，如果存在一个 1-1 映射 $f: V \cup E \rightarrow \{1, 2, \cdots, p+q\}$，使得 $f(uv) = |f(u) - f(v)|$ 对一切 $uv \in E$ 成立，则称 f 为图 G 的一个全优美标号，并称 G 为一个全优美图（total graceful graph）。

如果图 G 的一个全优美标号 f 满足 $f(E) = \{1, 2, \cdots, |E|\}$，则称 f 为图 G 的一个上全优美标号，并称 G 为一个上全优美图（super total graceful graph）。

例如，星图 $K_{1,n}$ 的上全优美标号如图 3.18 所示。

定理 3.3.1[35]   若 (p, q)-图 G 为一个上全优美图，则 $q \leqslant p - 1$。

证明   设 f 为图 G 的一个上全优美标号，由定义知

$$f(V(G)) = \{q+1, q+2, \cdots, q+p\},$$

由这些点标号导出的最大边标号 $q \leqslant p - 1$。

J. Hopscroft 和 M. S. Krishnamoorthy[36]提出以下猜想：

猜想 3.3.1[36]   所有树均为上全优美图。

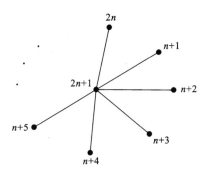

图 3.18　$K_{1,n}$ 的上全优美标号

这一猜想还未获得证明或否定,不过有一些树被证明是上全优美图。例如,路 P_{10} 的上全优美标号如图 3.19 所示。

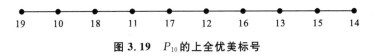

图 3.19　P_{10} 的上全优美标号

S. P. Subbiah 等人[35]给出了几类特殊树的上全优美标号。

令 $G=(V,E)$ 为一个简单图,则 $S(G)$ 表示图 G 的细分图,也就是在图 G 的每一条边 $e(e=uv)$ 上均增添一个新顶点 w,即删去边 uv 后增添两条边 uw 和 wv。

定理 3.3.2[35]　　对任何整数 $n(n\geqslant1)$,$S(K_{1,n})$ 为一个上全优美图。

例如,$S(K_{1,4})$ 的一个上全优美标号如图 3.20 所示。

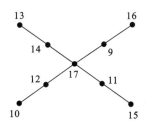

图 3.20　$S(K_{1,4})$ 的一个上全优美标号

下面介绍一类特殊图,即为 H-图。其定义如下:

设 P_n^1 和 P_n^2 为两条 n 阶路,记 $V(P_n^1)=\{u_1,u_2,\cdots,u_n\}$,$E(P_n^1)=\{u_iu_{i+1}\mid1\leqslant i\leqslant n-1\}$,$V(P_n^2)=\{v_1,v_2,\cdots,v_n\}$,$E(P_n^2)=\{v_iv_{i+1}\mid1\leqslant i\leqslant n-1\}$。在 $P_n^1\bigcup P_n^2$ 中,当 n 为奇数时,增添一条边 $e(e=u_{\frac{n+1}{2}}v_{\frac{n+1}{2}})$;当 n 为偶数时,增添一条边 $e(e=u_{\frac{n}{2}+1}v_{\frac{n}{2}})$,所得的 $2n$ 阶图称为 H-图。图 3.21 所示为两个 H-图。

定理 3.3.3[35]　　任何 H-图 G 的冠图 $I(G)$ 为一个上全优美图。

定理 3.3.4[35]　　任何路 P_n 的冠图 $I(P_n)$ 为一个上全优美图。

例如,$I(P_5)$ 的上全优美标号如图 3.22 所示。

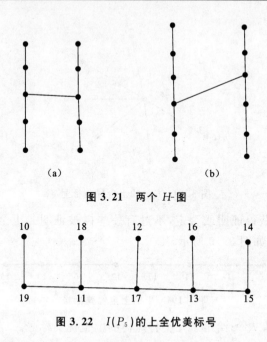

图 3.21　两个 H-图

图 3.22　$I(P_5)$ 的上全优美标号

3.4　边优美图与线优美图

在前面几节中,所介绍的标号有一个共同特点,就是对图的顶点进行标号,由此导出边的标号具有特定规律性。在本节中,将对图的边进行标号,由此导出点的标号具有特定规律性。

3.4.1　边优美图

在 1985 年,S. Lo[37] 首次提出并研究了图的边优美性。

定义 3.4.1[37]　设 $G = (V, E)$ 为一个图,$|V| = p$,$|E| = q$,如果存在一个 1-1 映射 $f: E \to \{1, 2, \cdots, q\}$,使得其导出的点标号 $f^+: V \to \{0, 1, 2, \cdots, p-1\} \pmod{p}$ 为 1-1 对应,其中 $f^+(u) = \sum_{uv \in E} f(uv)$,则称 f 为图 G 的一个边优美标号,并称图 G 为一个边优美图(edge graceful graph)。

下面是一个图为边优美图的必要条件。

定理 3.4.1　若 G 为一个 (p, q)-边优美图,则

$$q(q+1) \equiv \frac{p(p-1)}{2} \pmod{p}。$$

证明　设 f 为图 G 的一个边优美标号,由于每条边 $e(e = uv)$ 关联两个点 u 和 v,故 $f(uv)$ 在导出点标号 $f^+(u)$ 和 $f^+(v)$ 中各计算一次,考虑 G 中所有边优美标号之

和得

$$2 \sum_{e \in E(G)} f(e) \equiv \sum_{i=0}^{p-1} i (\bmod p),$$

即

$$q(q+1) \equiv \frac{p(p-1)}{2} (\bmod p)。$$

定理证毕。

下面是关于一些特殊图的边优美性的结论。

定理 3.4.2[35] （1）所有的奇圈 C_{2n+1} 都是边优美图；

（2）任意多个奇圈的乘积图为边优美图。

例如，C_7 的边优美标号如图 3.23 所示。

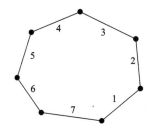

图 3.23 C_7 的边优美标号

定理 3.4.3[35] 完全图 K_n 为边优美图当且仅当 $n \equiv 0, 1, 3 (\bmod 4)$。

例如，K_4 为边优美标号，如图 3.24 所示。

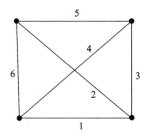

图 3.24 K_4 为边优美标号

猜想 3.4.1[36] 所有奇数阶树为边优美图。

对于树，J. Hopscroft 等[36] 提出的上述猜想未被证明或否定。当然，任何偶数阶树均不是边优美图，这是因为其不满足边优美的必要条件。一棵奇数阶毛虫树的边优美标号如图 3.25 所示。

定理 3.4.4[36] 设 C_n^k 为圈 C_n 的 k 次幂，则有

（1）完全 t 等部图 $K(n, n, n, \cdots, n)$ 为边优美图当且仅当 n 为奇数且 t 为奇数或为 4 的倍数。

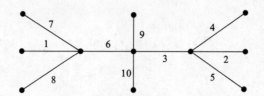

图 3.25　奇数阶毛虫树的边优美标号

(2) 当 $k \leqslant \left\lfloor \dfrac{n}{2} \right\rfloor - 1$ 时，C_n^k 为边优美图当且仅当 n 为奇数；当 $k \geqslant \left\lfloor \dfrac{n}{2} \right\rfloor$ 时，C_n^k 为边优美图当且仅当 n 为奇数或为 4 的倍数。

Lee 和 Seah 定义了一类图，称之为向阳花(sunflower)图，以 SF(n) 表示。

设 C_n 的顶点依次为 $\{v_1, v_2, \cdots, v_i, \cdots, v_n\}$（$1 \leqslant i \leqslant n$），增添 n 个新点 $\{u_1, u_2, \cdots, u_i, \cdots, u_n\}$，并将 u_i 与 v_i 和 v_{i+1} 邻接，其中记 $v_{n+1} = v_1$，所得的向阳花图记为 SF(n)。

例如，SF(8) 如图 3.26 所示。

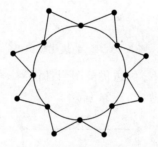

图 3.26　向阳花图 SF(8)

定理 3.4.5[35]　向阳花图 SF(n) 为边优美图当且仅当 n 为偶数。

Lee 和 Seah 等人还研究了圈并图、乘积图、多重图等图类的边优美性，获得如下结论：

定理 3.4.6[23]　(1) 当 n 为奇数时，$C_{2n} \bigcup C_{2n+1}$、$C_n \bigcup C_{2n+2}$ 和 $C_n \bigcup C_{4n}$ 均是边优美图；

(2) 当 k 和 n 均为奇数时，kC_n 为边优美图。

例如，$3C_3$ 的边优美标号如图 3.27 所示(可推广到任意奇数 C_3 之并)。

广义 Petersen 图 $P(n,k)$（$n \geqslant 5, 1 \leqslant k \leqslant n$）定义如下：
$$V(P(n,k)) = \{a_0, a_1, \cdots, a_{n-1}\} \bigcup \{b_0, b_1, \cdots, b_{n-1}\},$$
并且
$$E(P(n,k)) = \{a_i a_{i+1} \mid 0 \leqslant i \leqslant n-1\} \bigcup \{a_i b_i \mid 0 \leqslant i \leqslant n-1\} \bigcup \{b_i b_{i+k} \mid 0 \leqslant i \leqslant n-1\},$$
其中下标取模 n 的非负最小剩余。

图 3.27　$3C_3$ 的边优美标号

例如,广义 Petersen 图 $P(7,2)$ 如图 3.28 所示。

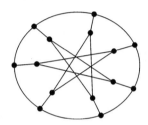

图 3.28　广义 Petersen 图 $P(7,2)$

定理 3.4.7[23]　广义 Petersen 图 $P(n,k)$ 为边优美图当且仅当 n 为偶数且 $k<\dfrac{n}{2}$。

特殊地,当 n 为偶数时,$P(n,1)=C_n\times P_2$ 为边优美图,但 Petersen 图 $P(5,2)$ 不是边优美的。

定理 3.4.8[23]　(1) 设 $m\geqslant 3,n\geqslant 3$,则 $C_m\times C_n$ 为边优美图当且仅当 m 和 n 均为奇数;

(2) 若 G 和 H 都是奇数阶的边优美正则图,则 $G\times H$ 为边优美图。

3.4.2　线优美图

R. B. Gnanajothi[38]定义了一种类似于边优美的标号,称之为线优美标号。

定义 3.4.2[38]　设 $G=(V,E)$ 为一个图,$|V|=n$,如果存在一个映射 $f:E\to\{0,1,\cdots,n\}$,使得其导出的点标号 $f':V\to\{0,1,\cdots,n-1\}$ 为 1-1 对应(其中 $f'(u)\equiv\sum\limits_{uv\in E}f(uv)(\bmod n)$ 取非负最小剩余),则称 f 为图 G 的一个线优美标号,且称 G 为一个线优美图。

定理 3.4.9　若 n 阶图 G 为一个线优美图,则 $n\not\equiv 2(\bmod 4)$。

证明　设 f 为图 G 的一个线优美标号,由定义知

$$2\sum_{uv\in E}f(uv)\equiv\sum_{i=0}^{n-1}i(\bmod n),$$

即存在整数 k,使得 $2\sum\limits_{uv\in E}f(uv)=\dfrac{n(n-1)}{2}+nk$ 为一个偶数,因此 $n\not\equiv 2(\bmod 4)$。定理证毕。

对于一些特殊图类,文献[4]中列出下面的结论:

定理 3. 4. 10[38] 　(1) 当 $n \neq 2 (\mathrm{mod} 4)$ 时,n 阶路 P_n 为线优美图;

(2) 当 $n \neq 2 (\mathrm{mod} 4)$ 时,n 阶圈 C_n 为线优美图;

(3) 当 $n \neq 1 (\mathrm{mod} 4)$ 时,$n+1$ 阶星 $K_{1,n}$ 为线优美图;

(4) P_n 的冠图为线优美图当且仅当 n 为偶数;

(5) 当 mn 为奇数时,mC_n 为线优美图;

(6) C_n 的冠图为线优美图当且仅当 n 为偶数;

(7) mC_4 为线优美图;

(8) $2K_{1,n}$ 为线优美图当且仅当 n 为奇数;

(9) 具有唯一一条弦的奇圈为线优美图。

下面对上述 9 条结论,分别给出一个特例,如图 3.29 至图 3.37 所示。

图 3. 29　P_5 的线优美标号

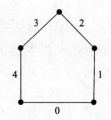

图 3. 30　C_5 的线优美标号

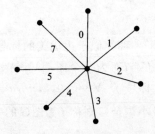

图 3. 31　$K_{1,7}$ 的线优美标号

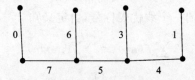

图 3. 32　P_4 冠图的线优美标号

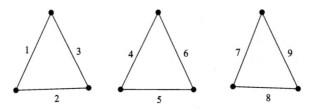

图 3.33 $3C_3$ 的线优美标号

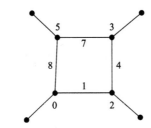

图 3.34 C_4 冠图的线优美标号

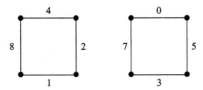

图 3.35 $2C_4$ 的线优美标号

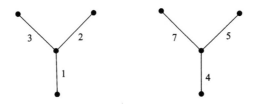

图 3.36 $2K_{1,3}$ 的线优美标号

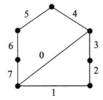

图 3.37 $C_7 + e$ 的线优美标号

R. B. Gnanajothi[38]还研究了树的线优美性,证明了当 $n \leqslant 9$ 且 $n \neq 6$ 时,n 阶树均为线优美图,并得出了下面的结论,提出了下面的猜想:

定理 3. 4. 11[38]　　恰有一个偶度点的树均为线优美图。

例如,图 3.38 给出了恰有一个偶度点树的线优美标号。

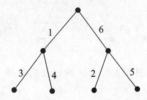

图 3.38　恰有一个偶度点树的线优美标号

猜想 3. 4. 2[38]　　当 $n \neq 2 \pmod 4$ 时,所有 n 阶树均为线优美图。

3.5　集优美图

在 1983 年 B. D. Acharya[39] 首先定义并研究了图的集优美。

设 X 为任意一个非空集合,则用 2^X 表示 X 的所有子集的集合,显然 2^X 中共有 $|2^X| = 2^{|X|}$ 个元素。若 X 和 Y 为两个集合,则用 $X \Delta Y$ 表示 X 与 Y 的对称差,即有

$$X \Delta Y = (X \cup Y) - (X \cap Y)。$$

定义 3. 5. 1[39]　　设 $G = (V, E)$ 为一个图,若存在一个非空集 X 和一个单射 $f : V \to 2^X$,使得其导出的边映射 $f^{\Delta}(uv) = f(u) \Delta f(v)$ 为 E 到 $2^X - \{\varnothing\}$ 上的一个 1-1 对应,则称图 G 为一个集优美图,并称 f 为图 G 的一个集优美标号。

由上述定义不难看出下面的结论:

定理 3. 5. 1　　若 $G = (V, E)$ 为一个集优美图,则存在正整数 m,使得 $|E| = 2^m - 1$。

B. D. Acharya[39] 曾提出如下猜想,M. Mollard 等[40] 证明了其正确性:

猜想 3. 5. 1　　对于任意整数 $m (m \geqslant 2)$,长度为 $n (n = 2^m - 1)$ 的圈 C_n 都是集优美图。例如,对于 $m = 2$ 和 $m = 3$,C_3 和 C_7 的集优美标号如图 3.39 所示。

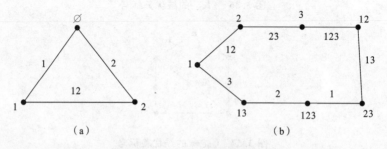

图 3.39　C_3 和 C_7 的集优美标号

对于 n 阶完全图 K_n,由定理 3.5.1 可得下面的结论:

定理 3.5.2 若 n 阶完全图 K_n 是集优美图,则必有 $n = \dfrac{1 + \sqrt{t}}{2}$ 且使得 $t = 2^{m+3} - 7$ 为一个完全平方数。

B. D. Acharya[39] 曾提出如下猜想,但 M. Mollard 等[40] 否定了其正确性。

猜想 3.5.2 当 $n = \dfrac{1 + \sqrt{t}}{2}$ 且 $t = 2^{m+3} - 7$ 为一个完全平方数时,K_n 是集优美图。

例如,K_6 的一个集优美标号如图 3.40 所示。

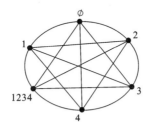

图 3.40 K_6 的一个集优美标号

3.6 有向优美图

前面提及的各类优美图均是无向图,本节介绍有向优美图。

定义 3.6.1[3] 设 $G = (V, A)$ 为一个有 p 个点、q 条弧的有向图,如果存在一个单射 $f : V \to \{0, 1, 2, \cdots, q\}$,使得对所有的弧 $e(e = uv \in A(G))$,由
$$f'(uv) = [f(v) - f(u)] (\bmod (q+1))$$
导出的映射 $f' : A \to \{1, 2, \cdots, q\}$ 是一个 1-1 对应,则称有向图 G 是一个优美图,并称 f 为一个优美标号。

定理 3.6.1[3] 有向圈 $\overrightarrow{C_n}$ 为优美图的充要条件是 $n \equiv 0 (\bmod 2)$。

从上述定义及定理中不难看出,一个无向图和它的一个定向有向图的优美性之间并没有必然的联系。例如:C_3 是优美图,但 $\overrightarrow{C_3}$ 不是优美的;C_6 不是优美图,但 $\overrightarrow{C_6}$ 是优美图。有向圈 $\overrightarrow{C_6}$ 的优美标号如图 3.41 所示。

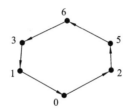

图 3.41 $\overrightarrow{C_6}$ 的优美标号

定义 3.6.2[3] 设 $\overrightarrow{C_n}$ 表示一个长为 n 的有向圈（C_n 的循环定向），则

(1) 将 m 个不交的 $\overrightarrow{C_n}$ 组成的图记为 $m\,\overrightarrow{C_n}$；

(2) 将恰有一个公共点的 m 个 $\overrightarrow{C_n}$ 组成的图记为 $m \cdot \overrightarrow{C_n}$；

(3) 将恰有一条公共弧的 m 个 $\overrightarrow{C_n}$ 组成的图记为 $m\text{-}\overrightarrow{C_n}$。

定理 3.6.2[3] $m\,\overrightarrow{C_3}$ 为优美图的必要条件是 m 为偶数。

例如，$2\,\overrightarrow{C_3}$ 的优美标号如图 3.42 所示。

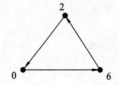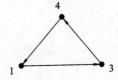

图 3.42 $2\,\overrightarrow{C_3}$ 的优美标号

更一般地，有下面的结论：

定理 3.6.3 $m\,\overrightarrow{C_n}$ 为优美图的必要条件是 mn 为偶数。

证明 记 $G = m\,\overrightarrow{C_n} = \overrightarrow{C_n^1} \bigcup \overrightarrow{C_n^2} \bigcup \cdots \bigcup \overrightarrow{C_n^m}$，其中 $\overrightarrow{C_n^i}$ 的顶点按定向依次记为 v_{ij}（$j=1,2,\cdots,n$），$q=|A(G)|=mn$。设 f 为图 G 的一个优美标号，令 $f(v_{ij})=x_{ij}$（$i=1,2,\cdots,m;j=1,2,\cdots,n$），记 $x_{i,n+1}=x_{i,1}$。由定义知

$$0 = \sum_{i=1}^{m}\sum_{j=1}^{n}(x_{i,j+1}-x_{i,j}) \equiv \sum_{k=1}^{mn}k(\mathrm{mod}(mn+1))$$

$$\equiv \frac{mn(mn+1)}{2}(\mathrm{mod}(mn+1)),$$

由此导出 mn 为偶数，定理证毕。

猜想 3.6.1[3] 当 mn 为偶数时，$m\,\overrightarrow{C_n}$ 为优美图。

定理 3.6.4[3] $m \cdot \overrightarrow{C_3}$ 为优美图的必要条件是 m 为偶数。

例如，$2 \cdot \overrightarrow{C_3}$ 和 $4 \cdot \overrightarrow{C_3}$ 的优美标号（参见文献[3]）如图 3.43 所示。

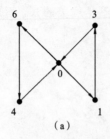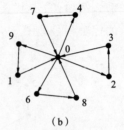

(a)　　　　　　　　　　(b)

图 3.43 $2 \cdot \overrightarrow{C_3}$ 和 $4 \cdot \overrightarrow{C_3}$ 的优美标号

更一般地，类似于定理 3.6.3 的证明，不难得出下面的结论：

定理 3.6.5　$m \cdot \overrightarrow{C_n}$ 为优美图的必要条件是 mn 为偶数。

猜想 3.6.2[3]　当 m 为偶数时，$m \cdot \overrightarrow{C_3}$ 为优美图。

在 2000 年，Jirimutu[41] 证明了这一猜想是正确的。此外，文献[42]证明了下面的结论，并提出了下面的猜想：

定理 3.6.6[42]　对任何正整数 n 和 m，$n \cdot \overrightarrow{C_{2m}}$ 均是优美图。

猜想 3.6.3[42]　对任何偶数 n 和奇数 m，$n \cdot \overrightarrow{C_m}$ 均是优美图。

S. M. Hegde 等人[43]证明并推广了上述猜想，即证明了：对任何偶数 n 和正整数 m，$n \cdot \overrightarrow{C_m}$ 均是优美图。他们还研究了若干不同长度的圈具有一个公共点的图类的优美性，获得了更为一般性的结论。

定义 3.6.3[43]　设有两组整数 $n_1, n_2, \cdots, n_k$ 和 $m_1, m_2, \cdots, m_k (m_1 \geqslant m_2 \geqslant \cdots \geqslant m_k \geqslant 3)$，有 n_i 个长度为 $m_i (i = 1, 2, \cdots, k)$ 的有向圈（循环定向），这 $\sum\limits_{i=1}^{k} n_i$ 个有向圈具有一个公共点，这样的图记为 $D = D(n_1, n_2, \cdots, n_k; m_1, m_2, \cdots, m_k)$。

定理 3.6.7[43]　对任何两组正整数 $n_1, n_2, \cdots, n_k$ 和 $m_1, m_2, \cdots, m_k (m_1 \geqslant m_2 \geqslant \cdots \geqslant m_k \geqslant 3)$，$D = D(n_1, n_2, \cdots, n_k; m_1, m_2, \cdots, m_k)$ 是优美图当且仅当 $\sum\limits_{i=1}^{k} n_i m_i$ 为偶数。

例如，图 $D_1 = (2, 2; 4, 4)$ 和 $D_2 = (1, 3; 5, 3)$ 的优美标号分别如图 3.44 和图 3.45 所示（参见文献[43]）。

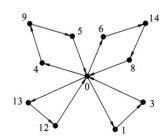

图 3.44　$D_1 = (2, 2; 4, 4)$ 的优美标号

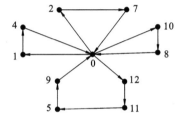

图 3.45　$D_2 = (1, 3; 5, 3)$ 的优美标号

定理 3.6.8[3]　　当 m 为偶数时，$m\text{-}\overrightarrow{C_3}$ 为优美图。

$m\text{-}\overrightarrow{C_3}$ 的优美标号如图 3.46 所示。

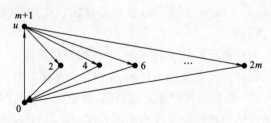

图 3.46　$m\text{-}\overrightarrow{C_3}$ 的优美标号

第4章 和谐图与算术图

前两章介绍了优美图及其几种变化形式的概念、性质和主要结论。优美图及其几种变化形式均是一种"差式标号",本章将介绍和谐图与算术图的相关概念和结论,这类标号属于"和式标号"。

4.1 和谐图的概念与性质

1980 年,R. L. Graham 和 N. J. A. Sloane[44]首先提出并研究了一种类似于优美标号的新标号方式,这种标号与纠错码问题相关,称之为和谐标号(或调和标号),从而产生了和谐图的概念。

定义 4.1.1[44] 设 $G=(V,E)$ 为一个简单图,$|E|=q$,如果存在一个单射 $f:V \to \{0,1,2,\cdots,q-1\}$(当 G 为一棵树时,恰好只有两个点的标号相同),使得由其导出的映射

$$f'(uv) \equiv [f(u)+f(v)] \pmod{q} \quad (这里取非负最小剩余)$$

为 E 到 $\{0,1,2,\cdots,q-1\}$ 上的一个 1-1 对应,则称 f 为图 G 的一个和谐标号(或调和标号),并称 G 为一个和谐图(harmonious graph)。

例如,图 $C_3 \times P_2$ 的和谐标号如图 4.1 所示,一棵树的和谐标号如图 4.2 所示。

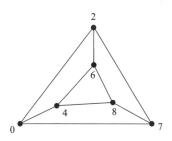

图 4.1 图 $C_3 \times P_2$ 的和谐标号

由上述定义容易得出下面的性质:

定理 4.1.1 设 G 为一个和谐图,其边数 q 为偶数,如果 $\forall v \in V(G)$,均有 $\deg(v) \equiv 0 \pmod{2^k}$,则有 $q \equiv 0 \pmod{2^{k+1}}$。

证明 设 f 为图 $G(G=(V,E))$ 的一个和谐标号。由定义知

$$\sum_{uv \in E}[f(u)+f(v)] = \sum_{v \in V}\deg(v)f(v) \equiv 0 \pmod{2^k},$$

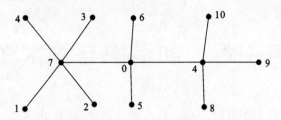

图 4.2　一棵树的和谐标号(两个点标号为 4)

并且

$$\sum_{uv \in E} [f(u) + f(v)] \equiv \sum_{i=0}^{q-1} i (\text{mod} q) \equiv \frac{q(q-1)}{2} (\text{mod} q)。$$

从而存在整数 r,使得

$$\frac{q(q-1)}{2} + qr = \frac{q}{2}(2r + q - 1) \equiv 0 (\text{mod} 2^k)。$$

注意到 q 为偶数,有

$$\gcd(2r + q - 1, 2) = 1,$$

因此

$$\frac{q}{2} \equiv 0 (\text{mod} 2^k),$$

即

$$q \equiv 0 (\text{mod} 2^{k+1})。$$

定理证毕。

利用上述定理给出的必要条件,在特定情况下可以说明一个图不是和谐图。

例如,考察乘积图 $G = K_{1,7} \times K_2$ 的和谐性。

不难看出,$|E(G)| = 22$,且 $\forall v \in V(G)$,$\deg(v) = 2$ 或者 $\deg(v) = 8$。若 G 为一个和谐图,由定理 4.1.1 有 $|E(G)| \equiv 0 (\text{mod} 4)$,矛盾。因此,图 $G = K_{1,7} \times K_2$ 不是和谐图。

文献[45]中推广了上述定理,证明了下面的结论:

定理 4.1.2[45]　设 G 为一个具有 p 个点、q 条边的和谐图,其度序列为 d_1, $d_2, \cdots, d_p$,则有

$$\frac{q(q-1)}{2} \equiv 0 (\text{mod} \gcd(d_1, d_2, \cdots, d_p, q))。$$

图的和谐标号可以加强为下面的形式,称为序列标号。

定义 4.1.2[3]　设 $G = (V, E)$ 为一个具有 p 个点、q 条边的简单图,如果存在一个单射 $f: V \to \{0, 1, 2, \cdots, q-1\}$(当 G 为树时也包括 q),使得由其导出的边映射 $f'(uv) = f(u) + f(v)$ 为 E 到 $\{k, k+1, k+2, \cdots, k+q-1\}$ 上的 1-1 对应,则称 f 为图 G 的一个序列标号。

由上述定义不难看出,一个图的序列标号也是和谐标号(取模),从而有下面的定理:

定理 4.1.3[3]　任何具有序列标号的图均为和谐图。

当然,一个图的和谐标号不一定是序列标号,如图 4.1 所示的和谐标号就不是序列标号,但至今还未能发现一个没有序列标号的和谐图。从而有下面的猜想,这一猜想至今未被证明或否定。

猜想 4.1.1　任何一个和谐图都具有序列标号。

例如,Petersen 图的序列标号如图 4.3 所示(参见文献[3])。

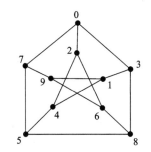

图 4.3　Petersen 图的序列标号

4.2　几类特殊和谐图

本节分类综述关于和谐图的部分结论,主要是针对一些特殊图的和谐性问题。

4.2.1　树

人们对和谐图的研究远不及对优美图的研究。只有部分特殊的树被证明是和谐图。对一般树来说,证明了点数不超过 26 的所有树都是和谐图。

定理 4.2.1[3]　所有的路和星都是和谐图。

事实上,所有的路和星都有序列标号。例如,图 4.4 所示 P_8 和 P_9 的和谐标号,图 4.5 所示星 $K_{1,n}$ 的和谐标号,均是序列标号。

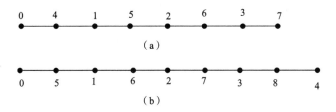

图 4.4　P_8 和 P_9 的序列标号

在上述 P_8 和 P_9 的序列标号中,分别取模 7 和模 8,则得到和谐标号。

如果将一棵树 T 的所有悬挂点删去后得到一条路,则称 T 为一棵毛虫树;如果将一棵树 T 的所有悬挂点删去后得到一棵毛虫树,则称 T 为一棵龙虾树。

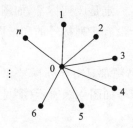

图 4.5　$K_{1,n}$ 的序列标号

R. L. Graham 和 N. J. A. Sloane[44] 研究了毛虫树的和谐性,证明了下面的结论,并且文献[3]中证明了毛虫树均有序列标号。

定理 4.2.2[44]　所有的毛虫树都是和谐图。

猜想 4.2.1　所有的龙虾树都是和谐图。

这一猜想至今未被证明或否定。例如,一棵具有 $q=11$ 条边的龙虾树的和谐标号如图 4.6 所示(恰有两个标号为 2 的点)。

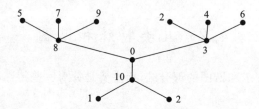

图 4.6　一棵龙虾树的和谐标号

4.2.2　圈及其相关图

定理 4.2.3[3]　n 阶圈 C_n 为和谐图当且仅当 $n\equiv1,3(\bmod 4)$。

事实上,所有的奇圈都有序列标号,从而有和谐标号。如图 4.7 所示为 C_9 的序列标号,取模 9 的非负最小剩余,得到其和谐标号。

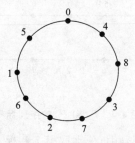

图 4.7　C_9 的序列标号

定理 4.2.4[44]　所有的轮图 $W_n=C_n \vee K_1$ 均为和谐图。

例如，W_6 的和谐标号如图 4.8 所示。

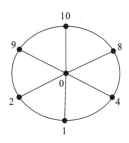

图 4.8　W_6 的和谐标号

如果在一个轮图 $W_n = C_n \vee K_1$ 的圈 C_n 上每个点均增加一条悬挂边，所得的图 H_n 称为 Helm-图。

定理 4.2.5[23]　所有的 Helm-图均为和谐图。

例如，一个 Helm-图的和谐标号如图 4.9 所示。

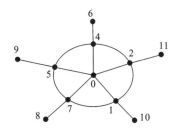

图 4.9　一个 Helm-图的和谐标号

K. M. Koh 等[46]定义了如下几类新图，将一个 Helm-图的悬挂点（依次）连接成一个圈，并在该圈的每个点上增加一条悬挂边，所得的图称为 Web-图。类似地，如果再将一个 Web-图的悬挂点（依次）连接成一个圈，并在该圈的每个点上增加一条悬挂边，所得的图记为 $W(3,n)$，当有 t 个长为 n 的圈时，记为 $W(t,n)$。

定理 4.2.6[27]　当 n 为奇数时，所有的 Web-图 $W(2,n)$ 为和谐图。

M. A. Seoud 和 M. Z. Youssef[47]定义了两类新图，即闭 Helm-图和 Flower-图。

如果将一个 Helm-图的悬挂点（依次）连接成一个圈，所得的图称为闭 Helm-图；如果将一个 Helm-图的每一个悬挂点均与 Helm-图的中心点邻接，所得的图称为 Flower-图。闭 Helm-图和 Flower-图分别如图 4.10 和图 4.11 所示。

定理 4.2.7[47]　当圈长为奇数时，所有的闭 Helm-图和 Flower-图均为和谐图。

S. D. Xu[48]研究带有一条弦的圈 $C_n + e$ 的和谐性，证明了除了 $C_6 + e_0$（其中 e_0 为 C_6 的对角线）之外均为和谐图，即有下面的结论：

定理 4.2.8[48]　除了 $C_6 + e_0$（其中 e_0 为 C_6 的对角线）之外，所有的 $C_n + e$ 均为和谐图。

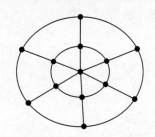

图 4.10　闭 Helm-图

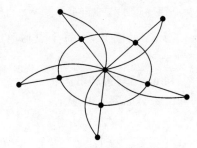

图 4.11　Flower-图

　　P. Deb 等[49]定义了类似的几类新图,一个圈 C_n 带有 k 条具有一个公共点的弦图,记为 $C(n,k)$。一般地,对于给定的整数 $n(n \geqslant 5)$ 和 $k(k \geqslant 1)$,$C(n,k)$ 并不是唯一的,但 $C(n,n-3)=F_n$ 是唯一的,即为 n 阶扇图。当 $k=1$ 时,由上述定理知其和谐性。当 $k \geqslant 2$ 时,P. Deb 等[49]证明了许多 $C(n,k)$ 图均是和谐图,从而提出了下面的猜想:

　　猜想 4.2.2[49]　　当 $k \geqslant 2$ 时,所有的 $C(n,k)$ 图均是和谐图。

　　这一猜想未能获得证明或否定。例如,一个 $C(7,2)$ 图的和谐标号(也是序列标号)如图 4.12 所示。

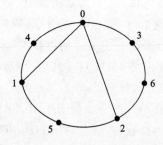

图 4.12　一个 $C(7,2)$ 图的和谐标号

　　令 $C_n^{(t)}$ 表示 t 个 n-圈具有一个公共点的图,R. L. Graha 和 N. J. A. Sloane[44]证明了下面的结论:

定理 4.2.9[44]　$C_3^{(t)}$ 为和谐图当且仅当 $t \not\equiv 2 \pmod 4$。

M. Seoud 和 M. Youssef 证明了：① 若 G 为 C_3 和 C_n 具有一个公共点的图，则 G 为和谐图当且仅当 $n \equiv 1 \pmod 4$；② 设 G 为 C_m 和 C_n 具有一个公共点的图，若 G 为和谐图，则 $m+n \equiv 0 \pmod 4$。进一步提出下面的猜想：

猜想 4.2.3　设 G 为 C_m 和 C_n 具有一个公共点的图，若 $m+n \equiv 0 \pmod 4$，则 G 为和谐图。

R. M. Figueroa-Centeno 等[50]证明了下面的结论：

定理 4.2.10[50]　若 G 为和谐图，则由奇数个 G 具有一个公共点（相同点）所得的图是和谐图。

例如，K_4 为一个和谐图（其和谐标号为 0,1,2,4），3 个 K_4 具有一个公共点的图也是和谐图，其和谐标号如图 4.13 所示。

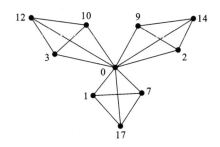

图 4.13　3 个 K_4 组成的和谐图

S. D. Xu[51]研究了一类所谓的三角蛇图，具有 n 个三角形的三角蛇图 $T(n)$ 如图 4.14 所示。

图 4.14　三角蛇图 $T(n)$

定理 4.2.11[51]　三角蛇图 $T(n)$ 为和谐图当且仅当 $n \not\equiv 2 \pmod 4$。

Grace 研究了圈 C_n 的冠图 Q_n 的和谐性，证明了：当 n 为奇数时，Q_n 为和谐图。并猜想：当 n 为偶数时，Q_n 也是和谐图。这一猜想被 B. Liu 和 X. Zhang[52]所证明。

定理 4.2.12[52]　对任意整数 $n(n \geqslant 3)$，Q_n 都是和谐图。

例如，冠图 Q_8 的和谐标号如图 4.15 所示。

4.2.3　乘积及其相关图

这里主要介绍路、圈和星之间的乘积及相关图的和谐性。在 1980 年，R. L. Graham 和 N. J. A. Sloane[44]首先证明了：当 $m \geqslant 3$ 时，梯子图 $P_m \times P_2$ 均为和谐图。

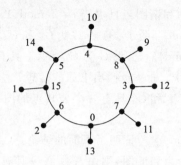

图 4.15　冠图 Q_8 的和谐标号

后来 D. Jungreis 和 M. Reid[53]推广了这一结论,得出了下面的结论:

定理 4.2.13[53]　当 $(m,n) \neq (2,2)$ 时,$P_m \times P_n$ 均为和谐图。

另一类重要的乘积图是 $C_m \times P_n$,R. L. Graham 和 N. J. A. Sloane[44]证明了下面的结论:

定理 4.2.14[44]　当 n 为奇数时,所有的 $C_m \times P_n$ 均为和谐图。

但当 n 为偶数时,情况较为复杂,R. L. Graham 等使用计算机证明了 $C_4 \times P_2$ 不是和谐。更一般地,他们得到了下面的结论:

定理 4.2.15[54]　当 $m \neq 4$ 时,$C_m \times P_2$ 均为和谐图。

例如,$C_5 \times P_2$ 的和谐标号如图 4.16 所示。

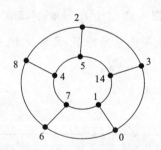

图 4.16　$C_5 \times P_2$ 的和谐标号

定理 4.2.16[53]　当 $n \geqslant 3$ 时,$C_4 \times P_n$ 均为和谐图。

到目前为止,当 m 为偶数时,$C_m \times P_n$ 的和谐性问题并没有完全解决。还有另一类乘积图就是 $C_m \times C_n$,这类乘积图的和谐性问题较为困难,已知的结果较少。

如果在 $P_n \times P_2$ 中,将对角点邻接起来,得到的图称为 Möbius 梯子图,记为 M_n。J. A. Gallian[55]证明了除 M_3 之外,所有的 Möbius 梯子图都是和谐图。即有下面的定理:

定理 4.2.17[55]　当 $m \neq 3$ 时,Möbius 梯子图 M_n 均为和谐图。

例如,Möbius 梯子图 M_4 的和谐标号如图 4.17 所示。

设 S_m 表示 $m+1$ 阶星图,令 $B_m = S_m \times P_2$,Grace 和 Reid 研究了这一类图的优

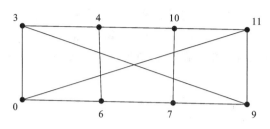

图 4.17　M_4 的和谐标号

美性与和谐性,得到了下面的结论:

定理 4.2.18[56]　对任何正整数 m,B_{2m} 均为和谐图。

由定理 4.1.1 知,B_{4m+3} 不是和谐图。J. A. Gallian 等人曾经猜想:B_{4m+1} 是和谐图。这一猜想被 R. B. Gnanajothi[38] 所证明。对于乘积图 $K_m \times P_n$,已知的结论不多,但 Reid 证明了 $K_4 \times P_n$ 为和谐图。

4.2.4　完全(多部)图及其相关图

对于完全图和完全多部图的和谐性,已有下面的结论(参见文献[23]):

定理 4.2.19[23]　(1) n 阶完全图 K_n 为和谐图当且仅当 $n \leqslant 4$;

(2) 完全二部图 $K_{m,n}$ 为和谐图当且仅当 $m=1$ 或 $n=1$;

(3) 完全三部图 $K_{1,m,n}$ 为和谐图;

(4) 完全四部图 $K_{1,1,m,n}$ 为和谐图。

此外,当 $m \equiv n \equiv p \equiv 2 \pmod 4$ 时,由定理 4.1.1 知,完全三部图 $K_{m,n,p}$ 不是和谐图。

具有一个公共点的 m 个 K_n 组成的图称为风车图,记为 $K_n^{(m)}$。在 1982 年,D. F. Hsu[57] 研究了这类图的和谐性,得出下面的结论:

定理 4.2.20[57]　对任意整数 $m(m \geqslant 1)$,风车图 $K_4^{(m)}$ 为和谐图。

猜想 4.2.4[44]　风车图 $K_n^{(2)}$ 为和谐图当且仅当 $n=4$。

例如,$K_4^{(2)}$ 的和谐标号如图 4.18 所示。

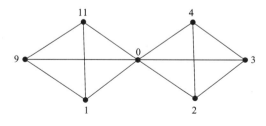

图 4.18　$K_4^{(2)}$ 的和谐标号

R. L. Graham 和 N. J. A. Sloane[44] 提出的上述猜想尚未完全解决,但他们证明

了当 $n=6$ 或者 n 为奇数时,猜想成立。B. Liu[58]得出了如下结论:

定理 4.2.21[58] 设 $n=2^a p_1^{a_1} p_2^{a_2} \cdots p_k^{a_k}$,其中 $a, a_1, a_2, \cdots, a_k$ 均为正整数,p_1,$p_2, \cdots, p_k$ 为不同的奇质数,并且存在 j,使得 a_j 为奇数,$p_j \equiv 3 \pmod 4$,则 $K_n^{(2)}$ 不是和谐图。

定理 4.2.22[58] 当 $n \equiv 5 \pmod 8$,或者 $n \equiv 0 \pmod 4$ 且 $3n = 4^e(8k+7)$ 时,$K_n^{(3)}$ 不是和谐图。

作为风车图的一种推广,K. M. Koh 等人[46]在研究优美图时提出了新的图类,令 $B(n, r, m)$ 表示 m 个 K_n 具有一个公共的 K_r 所组成的图。特殊地,当 $r=1$ 时,$B(n, r, m) = K_n^{(m)}$。一个自然的问题是:当 n、r、m 取何值时,$B(n, r, m)$ 为和谐图? M. Seoud 和 M. Youssef[59]得出了下面的结论:

定理 4.2.23[59] 对于任意正整数 m,$B(3, 2, m)$ 和 $B(4, 3, m)$ 均为和谐图。

证明 (1) $B(3, 2, m)$ 的和谐标号如图 4.19 所示。

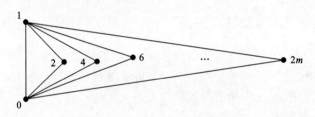

图 4.19 $B(3, 2, m)$ 的和谐标号

(2) 由于 $B(4, 3, m) = K_3 \vee \overline{K_m}$,记 $V(K_3) = \{v_0, v_1, v_2\}$,$V(\overline{K_m}) = \{u_1, u_2, \cdots, u_m\}$,定义 $B(4, 3, m)$ 的一个和谐标号如下:

$$f(v) = \begin{cases} i, & \text{当 } v = v_i (0 \leqslant i \leqslant 2) \text{ 时;} \\ 3i+1, & \text{当 } v = u_i (1 \leqslant i \leqslant m) \text{ 时;} \end{cases}$$

因此,$B(4, 3, m)$ 为和谐图。定理证毕。

事实上,通过上述定理的证明不难看出,如果一个图 G 存在序列标号,则联图 $G \vee \overline{K_m}$ 为和谐图。例如,由定理 4.2.1 知,所有的路 P_n 和星 S_n 都有序列标号,从而 $P_n \vee \overline{K_m}$ 和 $S_n \vee \overline{K_m}$ 都是和谐图。

4.2.5 不连通图

记 r 个点不交的图 G 的并图为 rG。I. Cahit[60]和 M. A. Seoud 等人[61]研究了若干个不交的圈并图的和谐性,证明了如下的结论:

定理 4.2.24[60-61] (1) 当 r 和 s 均为奇数时,rC_s 为和谐图;

(2) 当 r 或者 s 为偶数时,rC_s 不是和谐图;

(3) 当且仅当 $n \geqslant 4$ 时,$C_n \bigcup C_{n+1}$ 为和谐图。

M. Seoud 等人[61]还提出了如下的猜想:

猜想 4.2.5[61]　当 $n \geqslant 3$ 时，$C_3 \bigcup C_{2n}$ 是和谐图。

B. Liu 和 X. Zhang[45] 研究若干个不交的完全图之并的和谐性，得到了如下结论，并提出了如下的猜想：

猜想 4.2.6[45]　当 $m \equiv 0 (\bmod 4)$ 时，mK_3 不是和谐图。

定理 4.2.25[45]　（1）当 $n=3$，且 m 为奇数时，mK_n 为和谐图；

（2）当 n 为奇数，且 $m \equiv 2 (\bmod 4)$ 时，mK_n 不是和谐图。

证明　（1）对 m 个 K_3 的顶点标号为：$\{0,1,2\}, \{3,4,5\}, \{6,7,8\}, \cdots, \{3m-3, 3m-2, 3m-1\}$。当 m 为奇数时，上述标号为 mK_n 的和谐标号。

（2）当 n 为奇数，且 $m \equiv 2 (\bmod 4)$ 时，mK_n 不满足和谐图的必要条件，即定理 4.1.1，从而 mK_n 不是和谐图。

例如，$3K_3$ 的和谐标号如图 4.20 所示。

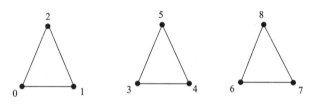

图 4.20　$3K_3$ 的和谐标号

更为一般地，M. Z. Youssef 还证明了：若 G 为和谐图，且 m 为奇数，则 mG 也是和谐图。

4.2.6　联图

同优美图一样，对于联图的和谐性，已有一些结论。R. L. Graham 和 N. J. A. Sloane[44] 证明了扇图 $P_n \vee K_1$ 和双扇图 $P_n \vee \overline{K_2}$ 都是和谐的。更一般地，M. Reid 证明了 $P_n \vee \overline{K_p}$ 是和谐图。G. Sethuraman 等人[62] 证明了下面的结论，并提出一个开问题（未解决的问题）。

定理 4.2.26[62]　（1）对任意正整数 n，$P_n \vee K_2$ 为和谐图；

（2）对任意正整数 m 和 n，$K_{m,n} \vee K_1$ 为和谐图。

问题 4.2.1[62]　$S_m \vee P_n$ 和 $P_m \vee P_n$ 是否均为和谐图？

下面的结论参见文献[23]。

定理 4.2.27[23]　（1）$K_{m,n} \vee K_2$ 是和谐图；

（2）$S_n \vee \overline{K_t}$ 为和谐图；

（3）当 $n \equiv 2,4,6 (\bmod 8)$ 时，$C_n \vee \overline{K_2}$ 不是和谐图；

（4）$(2K_2) \vee \overline{K_n}$ 为和谐图当且仅当 n 为偶数。

定理 4.2.28[23]　（1）$S_m \vee S_n$ 为和谐图；

（2）当 n 为奇数时，$C_n \vee \overline{K_t}$ 为和谐图；

（3）$K_{m,n}+e$ 为和谐图。

例如，$C_3 \vee \overline{K_2}=K_5-e$ 和 $K_{3,3}+e$ 的和谐标号如图 4.21 所示。

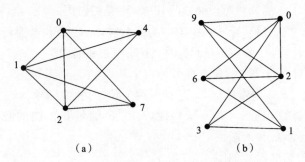

（a）　　　　　　　　　　（b）

图 4.21　$C_3 \vee \overline{K_2}$ 和 $K_{3,3}+e$ 的和谐标号

4.2.7　其他图类

除了上述归纳的几类图外，有一些其他图类的和谐性也被研究过。

如果将 P_m 的一个端点邻接到 C_n 的一个点上，所得的图称为龙图（dragon），记为 $D_{m,n}$。龙图 $D_{1,3}$ 的和谐标号如图 4.22 所示。

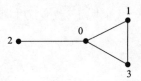

图 4.22　龙图 $D_{1,3}$ 的和谐标号

M. A. Seoud 和 M. Z. Youssef[63]研究龙图及相关图的和谐性，得出下面的结论：

定理 4.2.29[63]　（1）当 $m+n$ 为奇数时，$D_{m,n}$ 不是和谐图；

（2）设 $G=D_{m,n} \bigcup H$（其中 H 为若干圈之并），若 G 的阶为奇数，则 G 不是和谐图。

设整数 $n \geqslant 3, k \geqslant 2$，如果增加边来邻接 P_n 中所有距离为 k 的点对，所得的图记为 P_n^k。M. Seoud、A. E. I. Abdel Maqsoud 和 J. Sheeha[61]研究了这类图的和谐性，证明了如下结论，并提出下面的猜想：

定理 4.2.30[61]　所有的 P_n^2 和 P_n^3 均是和谐图。

例如，P_6^2 的和谐标号如图 4.23 所示。

猜想 4.2.7[61]　当 $k \geqslant 4$ 时，P_n^k 不是和谐图。

这一猜想被否定，M. Z. Youssef 首先发现了 P_8^4 为和谐图。

对于广义 Petersen 图 $P(n,k)$，虽然其优美性问题尚未解决，但 S. M. Lee、

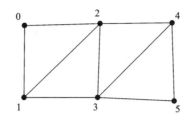

图 4.23　P_6^2 的和谐标号

F. Saba和 G. C. Sun[64]证明了其和谐性,即有下面的结论:

定理 4.2.31[64]　所有的广义 Petersen 图 $P(n,k)$ 均为和谐图。

令 $S_p(k)$ 表示将 p 条长为 k 的路中各取一个端点均邻接到一个新点所成的图,称为 p-星图。I. Cahit[60]证明了以下的结论:

定理 4.2.32[60]　(1) 当 p 为奇数时,$S_p(k)$ 为和谐图;

(2) 当 p 为偶数且 $k=2$ 时,$S_p(k)$ 为和谐图。

例如,$S_3(1)$ 的和谐标号如图 4.24 所示。

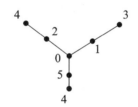

图 4.24　$S_3(1)$ 的和谐标号

设 $G=(V,E)$ 为一个简单图,图 G 的全图 $T(G)$ 定义为:$V(T(G))=V\cup E$,并且 $E(T(G))=\{xy\,|\,x$ 与 y 相邻或相关联$\}$。

R. Balakrishnan、A. Selvam 和 V. Yegnanarayanan[65]研究了全图的和谐性,证明了所有路的全图均为和谐图。

定理 4.2.33[65]　所有路 P_n 的全图 $T(P_n)$ 均为和谐图。

事实上,由于 $T(P_n)=P_{2n-1}^2$,因此 $T(P_n)$ 为和谐图。如 $T(P_5)$ 的和谐标号如图 4.25 所示。

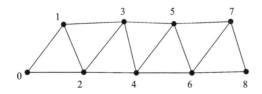

图 4.25　$T(P_5)$ 的和谐标号

4.3　算　术　图

前面已知，如果一个图 G 存在序列标号，则显然 G 有和谐标号。作为序列标号的一种推广形式，B. D. Acharya 和 S. M. Hegde[66] 提出了如下关于算术图的概念。

4.3.1　算术图的基本概念

定义 4.3.1[66]　设 G 为一个 (p,q)-图，如果存在一个映射 $f:V(G) \rightarrow N$（非负整数集）及非负整数 k 和 d，满足：

(1) 当 $u \neq v$ 时，$f(u) \neq f(v)$，其中 $u,v \in V(G)$，

(2) $\{f(u)+f(v) \,|\, uv \in E(G)\} = \{k, k+d, k+2d, \cdots, k+(q-1)d\}$，

则称 f 为图 G 的一个算术标号，称图 G 为一个 (k,d)-算术图，简称为算术图 (arithmetic graph)。

由上述定义可见，当 $d=1$ 时，一个 G 的 (k,d)-算术标号 f 就是 G 的序列标号，从而，任何一个 $(k,1)$-算术图必定是和谐图。

值得注意的是，图 G 为算术图，是指存在非负整数 k 和 d，使得 G 为 (k,d)-算术图。因此，任何一个 (k,d)-算术图都是算术图。但反之不然，即一个算术图不一定是 (k,d)-算术图，这与 k 和 d 的值有关。例如，K_3 是一个 $(1,1)$-算术图而不是 $(1,2)$-算术图。K_3 的 $(1,1)$-算术标号和 K_4 的 $(2,1)$-算术标号如图 4.26 所示。

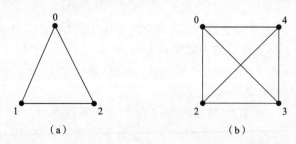

图 4.26　K_3 的 $(1,1)$-算术标号和 K_4 的 $(2,1)$-算术标号

容易得出下面的结论：

定理 4.3.1　若 G 为一个 (k,d)-算术图，则对任何正整数 r 和 t，G 为一个 $(rk+2t, rd)$-算术图。

证明　若 G 为一个 (k,d)-算术图，设 f 为图 G 的一个 (k,d)-算术标号，则可定义：$\forall v \in V(G), g(v)=rf(v)+t$。因为 r 和 t 均为正整数，故 g 为图 G 的一个 $(rk+2t, rd)$-算术标号，即 G 为一个 $(rk+2t, rd)$-算术图。证毕。

例如，一个图 G 的 $(1,1)$-算术标号，通过 $g=3f+1$ 线性变换可得到图 G 的

(5,3)-算术标号,如图 4.27 所示。

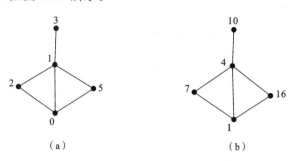

（a）　　　　　　　　　　　（b）

图 4.27 （1,1)-算术标号与(5,3)-算术标号

上述定理反映了 (k,d)-算术图的一个标号特点。更进一步,若 f 为一个 (k,d)-算术图 G 的一个 (k,d)-算术标号。令 $b=\min\{f(v)\,|\,v\in V(G)\}$,且对任意 $v\in V(G)$,令 $g(v)=f(v)-b$,可见 g 为图 G 为一个 $(k-2b,d)$-算术标号。若在 g 下所有点的标号的最大公因数为 a,则令 $f_0=\dfrac{1}{a}g$ 时,f_0 为图 G 的一个 $\left(\dfrac{k-2b}{a},\dfrac{d}{a}\right)$-算术标号。从而有得到下面的结论:

定理 4.3.2 设 G 为一个 p 阶算术图,$V(G)=\{v_1,v_2,\cdots,v_p\}$,则存在图 G 的一个算术标号 f,满足:

(1) 存在 $v\in V(G)$,使得 $f(v)=0$;

(2) $\gcd(f(v_1),f(v_2),\cdots,f(v_p))=1$。

且称上述算术标号 f 为 G 的一个基本标号。如对图 4.27 中的 2 个图,左边的 (1,1)-算术标号为基本标号,而右边的(5,3)-算术标号为非基本标号。

设 G 为一个 p 阶 (k,d)-算术图,令 $A(G)$ 表示 G 的全体 (k,d)-算术标号的集合,对于每个 $f\in A(G)$,令

$$f_{\max}(G)=\max\{f(v)\,|\,v\in V(G)\},\quad \theta(G)=\min\{f_{\max}(G)\,|\,f\in A(G)\},$$

则称 $\theta(G)$ 为图 G 的 (k,d)-算术指数,并称满足 $f_{\max}(G)=\theta(G)$ 的 (k,d)-算术标号 f 为 G 的一个极小 (k,d)-算术标号。

定理 4.3.3[66] 对于任意非负整数 k 和 d,若 G 为一个 p 阶 (k,d)-算术图,则有

$$\theta(G)\geqslant p-1,$$

并且此下界是最好可能的。

事实上,对于 G 的任意一个 p 阶 (k,d)-算术标号 f,由于 f 为 $V(G)\to N$ 上的单射,故由定义知 $\theta(G)\geqslant p-1$,且此下界是最好可能的。如图 4.28 所示的图 $G=K_2\vee\overline{K}_{p-2}$,可见 $\theta(G)=p-1$。

4.3.2 算术图的若干特征

对于一个 (k,d)-算术图 G,下面就 k 和 d 关系、算术标号 f 及图的结构进行

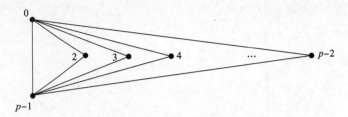

图 4.28　图 $G = K_2 \vee \overline{K}_{p-2}$ 的极小算术标号

讨论。

定理 4.3.4[66]　设 G 为一个 (k,d)-算术图,若 k 为奇数且 d 为偶数,则 G 是一个二部图。

证明(反证法)　假设 G 中包含一个奇圈 $C_{2n-1} = (v_1, v_2, \cdots, v_{2n-1})$,令 f 为图 G 的一个 (k,d)-算术标号,由定义知

$$f(v_i) + f(v_{i+1}) = k + l_i d, \quad i = 1, 2, \cdots, 2n-2,$$

且
$$f(v_{2n-1}) + f(v_1) = k + l_{2n-1} d_。$$

因此有
$$2 \sum_{i=1}^{2n-1} f(v_i) = \sum_{i=1}^{2n-2} [f(v_i) + f(v_{i+1})] + [f(v_{2n-1}) + f(v_1)]$$
$$= (2n-1)k + d \sum_{i=1}^{2n-1} l_i。$$

这与 k 为奇数且 d 为偶数相矛盾。定理证毕。

定理 4.3.5[66]　设 G 为一个连通的 (k,k)-算术图,对 G 任意一个 (k,k)-算术标号 f,存在 $v \in V(G)$ 使 $f(v) = 0$ 的充要条件是:$f(u) \equiv 0 \pmod{k}$ 对任意 $u \in V(G)$ 成立。

由上述定理可得下面的两个推论:

推论 4.3.1　设 G 为一个连通的 $(1,1)$-算术图,则对 G 的任意一个 $(1,1)$-算术标号 f,均存在 $v \in V(G)$ 使得 $f(v) = 0$。

推论 4.3.2　设 G 为一个连通的 $(2,2)$-算术图,则对 G 的任意一个 $(2,2)$-算术标号 f,均有 $f(v) \equiv 0 \pmod{2}$ 对任意 $v \in V(G)$ 成立。

定理 4.3.6[66]　设 G 为一个连通的 (k,k)-算术图,若 G 为二部图且不是星图,f 为 G 的任意一个 (k,k)-算术标号,则对任意 $v \in V(G)$,$f(v) \neq 0$。

由上述定理可得下面的两个推论:

推论 4.3.3　除星图外,任何连通二部图均不是 $(1,1)$-算术图或 $(2,2)$-算术图。

推论 4.3.4　设 G 为一个连通的 $(1,1)$-算术图或 $(2,2)$-算术图,则 G 为一个星图或者 G 中包含一个三角形。

定理 4.3.7[66]　设 $G = (V, E)$ 为一个 (p,q)-图,若 G 为一个 (k,d)-算术图,且 k 和 d 不同为偶数,则存在分析 $V = V_1 \bigcup V_2$,记 $E(V_1, V_2) = \{uv \in E \mid u \in V_1, v \in V_2\}$,使得 V_1 与 V_2 之间的边数 $e(V_1, V_2) = |E(V_1, V_2)|$ 满足

（1）当 k 和 d 均为奇数时，$e(V_1,V_2)=\left\lceil\dfrac{q}{2}\right\rceil$；

（2）当 k 为偶数且 d 为奇数时，$e(V_1,V_2)=\left\lfloor\dfrac{q}{2}\right\rfloor$；

（3）当 k 为奇数且 d 为偶数时，$e(V_1,V_2)=q$。

证明　设 f 为 G 为一个 (k,d)-算术标号。令
$$V_1=\{u\in V(G)\mid f(u)\equiv 0(\mathrm{mod}2)\},$$
$$V_2=\{u\in V(G)\mid f(u)\equiv 1(\mathrm{mod}2)\}.$$
可见　　　　　　$E(V_1,V_2)=\{uv\in E\mid f(u)+f(v)\equiv 1(\mathrm{mod}2)\},$

因此，由定义知，$e(V_1,V_2)$ 等于 $A=\{k,k+d,k+2d,\cdots,k+(q-1)d\}$ 中奇数的数目。由于 k 和 d 不同为偶数，因此有以下 3 种情况：

（1）当 k 和 d 均为奇数时，A 中元素奇偶相间，且首项 k 为奇数；

（2）当 k 为偶数且 d 为奇数时，A 中元素奇偶相间，且首项 k 为偶数；

（3）当 k 为奇数且 d 为偶数时，A 中元素全为奇数。

不难看出，定理成立。

定理 4.3.4 也可作为定理 4.3.7(3)的一个推论。

4.3.3　E 图

定理 4.3.8[66]　设 G 为一个 (p,q)-E 图，若 G 为一个 (k,d)-算术图，则有
$$q[2k+(q-1)d]\equiv 0(\mathrm{mod}4).$$

证明　对于 G 的任意一个 (k,d)-算术标号 f，由定义得知
$$\sum_{v\in V(G)}d(v)f(v)=\sum_{xy\in E(G)}\big[f(x)+f(y)\big]$$
$$=\sum_{i=0}^{q-1}(k+id)$$
$$=kq+\frac{q(q-1)}{2}d,$$

因为 G 为 E 图，即对任意 $v\in V(G)$，$d(v)$ 为偶数，故 $kq+\dfrac{q(q-1)}{2}d$ 为偶数，从而有
$$q[2k+(q-1)d]\equiv 0(\mathrm{mod}4),$$
定理证毕。

由上述定理可得下面的两个推论：

推论 4.3.5　设 G 为一个 (p,q)-E 图，且为 (k,d)-算术图，$q\equiv 2(\mathrm{mod}4)$，则 $d\equiv 0(\mathrm{mod}2)$。

推论 4.3.6　设 G 为一个 (p,q)-E 图，$q\equiv 3(\mathrm{mod}4)$，若 k 为偶数，d 为奇数，则 G 不是 (k,d)-算术图。

4.3.4　完全图与圈

B. D. Acharya 和 S. M. Hegde[66]研究了一些特殊图,包括完全图、圈、树和完全二部图等的算术标号。对于 n 阶完全图 K_n,当 $n \leqslant 4$ 时,K_n 为算术图。如图 4.26 所示为 K_3 和 K_4 的算术标号。对于 $n \geqslant 5$,他们提出了如下猜想:

猜想 4.3.1[66]　　当 $n \geqslant 5$ 时,K_n 不是算术图。

对于 n 阶圈 C_n,则得出了下面的结论:

定理 4.3.9[66]　　(1) $C_{4t}(t \geqslant 1)$ 为算术图;

(2) $C_{4t+2}(t \geqslant 1)$ 不是算术图;

(3) 对任何非负整数 r 和正整数 d,$C_{4t+1}(t \geqslant 1)$ 是 $(2dt+2r, d)$-算术图;

(4) 对任何非负整数 r 和正整数 d,$C_{4t+3}(t \geqslant 1)$ 是 $((2t+1)d+2r, d)$-算术图。

例如,C_4 与 C_5 的算术标号如图 4.29 所示。

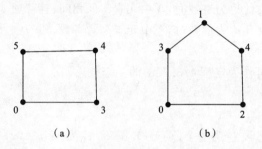

（a）　　　　　　　　（b）

图 4.29　C_4 的 $(3,2)$-算术标号和 C_5 的 $(2,1)$-算术标号

再如,在定理 4.3.9(4)中,当 $d=2, r=0$ 时,C_7 的 $(6,2)$-算术标号如图 4.30 所示。

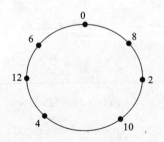

图 4.30　C_7 的 $(6,2)$-算术标号

对于奇圈,上述定理中所指的是否为所有的 (k,d)-算术标号参数呢? 对此,B. D. Acharya和 S. M. Hegde[66]提出了如下猜想:

猜想 4.3.2[66]　　设整数 $t \geqslant 1$。

(1) 若 C_{4t+1} 是 (k,d)-算术图,则存在整数 $r(r \geqslant 0)$,使得 $k=2dt+2r$ 成立;

(2) 若 C_{4t+3} 是 (k,d)-算术图,则存在整数 $r(r \geqslant 0)$,使得 $k=(2t+1)d+2r$

成立。

文献[67]证明了这两个猜想均是正确的,从而完整地回答了一个奇圈是否为 (k,d) -算术图的问题。

定理 4.3.10[67] 设 k、d 和 t 均为正整数,若 C_{4t+1} 是 (k,d) -算术图,则有 $k \geqslant 2dt$ 且 k 为偶数。

证明 设 f 为 C_{4t+1} 的一个 (k,d) -算术标号。记

$$V(C_{4t+1}) = \{v_i \mid 1 \leqslant i \leqslant 4t+1\},$$

且

$$E(C_{4t+1}) = \{v_i v_{i+1} \mid 1 \leqslant i \leqslant 4t\} \bigcup \{v_{4t+1} v_1\}。$$

令 $x_i = f(v_i)$,其中 $1 \leqslant i \leqslant 4t+1$。由定义知

$$2 \sum_{i=1}^{4t+1} x_i = \sum_{i=1}^{4t} (x_i + x_{i+1}) + (x_{4t+1} + x_1)$$
$$= \sum_{i=0}^{4t} (k + id)$$
$$= (4t+1)k + 2t(4t+1)d,$$

因此不难看出,k 为偶数。

另一方面,由算术图的定义知道,存在 $4t+1$ 个数 $a_i (1 \leqslant i \leqslant 4t+1)$ 为 $0,1,2,$ $\cdots,4t$ 的一个排列,使得下式成立:

$$\begin{cases} x_1 + x_2 = k + a_1 d \\ x_2 + x_3 = k + a_2 d \\ x_3 + x_4 = k + a_3 d \\ \vdots \\ x_{4t} + x_{4t+1} = k + a_{4t} d \\ x_{4t+1} + x_1 = k + a_{4t+1} d \end{cases}$$

不妨设 x_1 为 $\{x_i \mid 1 \leqslant i \leqslant 4t+1\}$ 中的最小者。在上式中不难发现,对每个 i,均有 $x_i \equiv x_1 \pmod{d}$。令 $x_i = x_1 + p_i d$,其中 $i = 1,2,\cdots,4t+1$。

由于 $\{p_i \mid 1 \leqslant i \leqslant 4t+1\}$ 是一组两两互异的非负整数,故有

$$\sum_{i=1}^{4t+1} p_i \geqslant 0 + 1 + 2 + \cdots + 4t = 2t(4t+1),$$

从而有

$$\sum_{i=1}^{4t+1} x_i = \sum_{i=1}^{4t+1} (x_1 + p_i d)$$
$$\geqslant (4t+1)x_1 + 2t(4t+1)d,$$

由前面知

$$(4t+1)k + 2t(4t+1)d = 2 \sum_{i=1}^{4t+1} x_i \geqslant 2[(4t+1)x_1 + 2t(4t+1)d],$$

由此导出

$$k \geqslant 2dt + 2x_1 \geqslant 2dt。$$

至此,定理证毕。

定理 4.3.11[67]　　设 k、d 和 t 均为正整数,若 C_{4t+3} 是 (k,d)-算术图,则 $k-(2t+1)d$ 为非负偶数。

证明　　类似于上述定理的证明过程,可得到

$$\sum_{i=1}^{4t+2}(x_i + x_{i+1}) + (x_{4t+3} + x_1) = \sum_{i=0}^{4t+2}(k + id),$$

即有

$$2\sum_{i=1}^{4t+3}x_i = \sum_{i=0}^{4t+2}(k + id)$$

$$= (4t+3)k + (2t+1)(4t+3)d。$$

由此可见,k 与 d 具有相同的奇偶性,故 $k-(2t+1)d$ 为偶数。

另一方面,不妨设 x_1 为 $\{x_i \mid 1 \leqslant i \leqslant 4t+3\}$ 中的最小者。与上一个定理证明类似地得到:对每个 i,均有 $x_i \equiv x_1 (\bmod d)$。令 $x_i = x_1 + P_i d$,其中 $i = 1,2,\cdots,4t+3$。由于 $\{P_i \mid 1 \leqslant i \leqslant 4t+3\}$ 是一组两两互异的非负整数,故有

$$\sum_{i=1}^{4t+3}P_i \geqslant 0 + 1 + 2 + \cdots + 4t = (2t+1)(4t+3),$$

$$\sum_{i=1}^{4t+3}x_i = \sum_{i=1}^{4t+3}(x_1 + P_i d) \geqslant (4t+3)x_1 + (2t+1)(4t+3)d,$$

从而有

$$2\sum_{i=1}^{4t+3}x_i = (4t+3)k + (2t+1)(4t+3)d$$

$$\geqslant 2(4t+3)x_1 + 2(2t+1)(4t+3)d,$$

由此导出

$$k \geqslant (2t+1)d + 2x_1 \geqslant (2t+1)d,$$

故 $k-(2t+1)d$ 为非负整数。至此,定理证毕。

4.3.5　完全二部图

定理 4.3.12　　对于任意正整数 k 和 d,若 $k = k_1 + k_2$,$0 \leqslant k_1 < k_2$,则星图 $K_{1,b}$ 有 (k,d)-算术标号 f,且使得 $k_1, k_2 \in f(K_{1,b})$。

记 $V(K_{1,b}) = \{u_1, v_1, v_2, \cdots, v_b\}$,其中 u_1 为 $K_{1,b}$ 的中心点。令 $f(u_1) = k_1, f(v_i) = k_2 + (i-1)d$ $(1 \leqslant i \leqslant b)$。不难看出:$f$ 为 $K_{1,b}$ 的 (k,d)-算术标号,且 $k_1, k_2 \in f(K_{1,b})$。

更一般地,对于完全二部图 $K_{a,b}(2 \leqslant a \leqslant b)$,也有类似的结论:

定理 4.3.13[66]　　对于任意正整数 k 和 d,若 $k = k_1 + k_2$,$0 \leqslant k_1 < k_2$,则 $K_{a,b}(2 \leqslant a \leqslant b)$ 有 (k,d)-算术标号 f,且使得 $k_1, k_2 \in f(K_{a,b})$。

例如,$K_{4,5}$ 的 $(10,2)$-算术标号($10 = 1 + 9$)如图 4.31 所示。

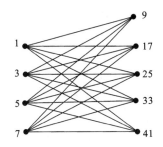

图 4.31　$K_{4,5}$ 的 $(10,2)$-算术标号

4.3.6　其他图类

对于树,已证明了下面的结论:

定理 4.3.14[66]　所有的毛虫树均为算术图。

例如,一棵毛虫树的 $(2,3)$-算术标号如图 4.32 所示。

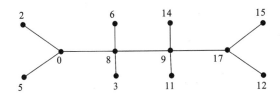

图 4.32　一棵毛虫树的 $(2,3)$-算术标号

定理 4.3.15[66]　所有的格图 $L_{m,n}=P_m\times P_n$ 均为算术图。

例如,$L_{4,3}=P_4\times P_3$ 的 $(27,3)$-算术标号如图 4.33 所示。

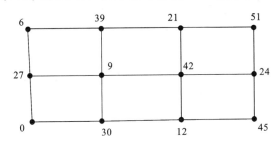

图 4.33　$L_{4,3}$ 的 $(27,3)$-算术标号

定理 4.3.16[66]　对任何整数 $k(k\geqslant 1)$ 和 $r(r\geqslant 0)$,完全三部图 $K_{1,a,b}$ 是一个 $(k+2r,k)$-算术图。

4.4　加性 (k,d)-序列图

本节介绍一种新的序列标号,称之为加性 (k,d)-序列标号。这类标号不同于前

面介绍过的序列标号,与算术图有着密切关系。

4.4.1　基本概念

首先引进几个概念、术语和符号(参见文献[66])。

定义 4.4.1　设 $G=(V,E)$ 为一个图,图 G 的一个标号(映射)$f:V\rightarrow N$(非负整数集)如果满足条件

(1) $\forall u,v\in V$,若 $f(u)\neq f(v)$,则 $f(u)\neq f(v)$,

(2) 由 f 导出的边标号(映射)$f^{+}(uv)=f(u)+f(v)$ 为 E 到 N 上的一个单射,
则称 f 为图 G 的一个加性标号(additively labeling)。

例如,C_4 的两种标号如图 4.34 所示,(a)为非加性标号,(b)为加性标号。

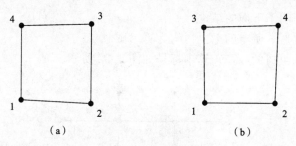

(a)　　　　　　　　　　　　　　(b)

图 4.34　C_4 的两种标号

由上述定义知,一个图的算术标号总是加性标号,但反之不然。

设 f 为图 $G=(V,E)$ 的一个加性标号,为了方便,记 f^{+} 总表示由 f 导出的边标号,即对一切 $uv\in E,f^{+}(uv)=f(u)+f(v)$。

$$f(G)=\{f(v)\mid v\in V(G)\},\quad f^{+}(G)=\{f^{+}(uv)\mid uv\in E(G)\}。$$

定义 4.4.2[66]　设 $G=(V,E)$ 为一个 (p,q)-图,f 为图 G 的一个加性标号,$k(k\geqslant 0)$ 和 $d(d\geqslant 1)$ 均为整数,如果

$$f(G)\bigcup f^{+}(G)=\{k,k+d,k+2d,\cdots,k+(p+q-1)d\},$$

则称 f 为图 G 的一个加性 (k,d)-序列标号,并称图 G 为一个加性 (k,d)-序列图。

特殊地,当 $d=1$ 时,加性 (k,d)-序列标号也被称为 k-序列加性标号,具有 k-序列加性标号的图称为 k-序列加性图[68]。

由上述定义中不难看出,由于 $d\geqslant 1$,$\{k,k+d,k+2d,\cdots,k+(p+q-1)d\}$ 中共有 $p+q$ 个不同的数,故 $f(G)\bigcap f^{+}(G)=\varnothing$,并且对任意 $v\in V,f(v)\neq 0$。

4.4.2　加性 (k,d)-序列标号与算术图

定理 4.4.1[66]　设 G 为一个 (p,q)-图,F 为图 G 的一个加性 (k,d)-序列标号,则

(1) $k\equiv 0(\bmod d)$;

（2）对任意 $u \in V(G)$，令 $f(u) = \dfrac{F(u)}{d}$，则 f 为 G 的一个加性 $(r,1)$-序列标号（或称 r 序列加性标号），其中 $k = rd$。

上述定理反映的加性 (k,d)-序列标号的一个重要特征，就是 $k \equiv 0 (\bmod d)$。当然，如果给出图 G 的一个加性 $(r,1)$-序列标号 f，则 $F = df$ 为 G 的一个加性 (rd,d)-序列标号。

例如，$G = K_4 - e$ 的一个加性 $(1,1)$-序列标号和加性 $(3,3)$-序列标号如图 4.35 所示。

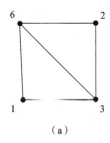 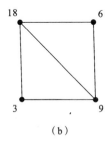

（a）　　　　　　　　　　　（b）

图 4.35　图 G 的加性 $(1,1)$-序列标号和加性 $(3,3)$-序列标号

一个加性 (k,d)-序列标号与算术图之间有下面的关系：

定理 4.4.2[66]　设 G 为一个加性 (k,d)-序列图，则 $G \vee K_1$ 为一个 (k,d)-算术图。

设 f 为 G 的一个加性 (k,d)-序列图，$V(K_1) = \{v_0\}$，定义：

$$F(v) = \begin{cases} 0, & \text{当 } v = v_0 \text{ 时;} \\ f(v), & \text{当 } v \in V(G) \text{时}。 \end{cases}$$

可见，F 为图 $G \vee K_1$ 的一个 (k,d)-算术标号。

D. W. Bange[68] 证明了所有的路 P_n 均为加性 $(1,1)$-序列图，从而由上述定理得出下面的结论：

定理 4.4.3[66]　所有的扇图 $F_{n+1} = P_n \vee K_1$ 均为 $(1,1)$-算术图。

例如，P_4 的加性 $(1,1)$-序列标号和 $F_5 = P_4 \vee K_1$ 的 $(1,1)$-算术标号如图 4.36 所示。

定理 4.4.4[66]　设 G 为一个 (p,q)-图且具有加性 (k,d)-序列标号，如果 G 的每个点的度均为奇数，则有

$$(p+q)[2k+(p+q-1)d] \equiv 0 (\bmod 4)。$$

证明　令 $H = G \vee K_1$，可见 $|E(H)| = p+q$，且 H 为一个 E 图，由定理 4.4.2 知，H 为一个 (k,d)-算术图，根据定理 4.3.8 得知结论成立，定理证毕。

正如定理 4.4.2 一样，一个 (k,d)-算术图可以通过下面的方法扩展得到另一个 (k,d)-算术图。

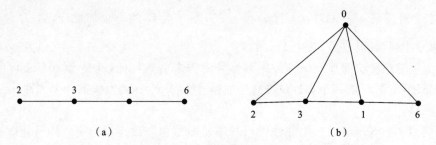

图 4.36　P_4 的加性 $(1,1)$-序列标号和 F_5 的 $(1,1)$-算术标号

定理 4.4.5　设 G 为一个 (p,q)-图且具有 (k,d)-算术标号 f，令 P 为 $f(G)$ 的递增排列，将 P 扩充成递增等差数列 Q，使得 P 与 Q 的首项相同，且末项相同。

记 $Y=\{a_1,a_2,\cdots,a_r\}$，其中 $r=|Q\backslash P|$，则对任意正整数 t，$H=(G\cup \overline{K_r})\vee \overline{K_t}$ 是一个 (k,d)-算术图。

证明　令 $g:Y\rightarrow(Q\backslash P)$ 为一个 1-1 对应，$X=\{x_1,x_2,\cdots,x_t\}$，$s=\min\{f(G)\}$。定义图 H 上的一个映射 F 如下：

$$
F(v)=\begin{cases}
f(v), & \text{当 } v\in V(G) \text{ 时;}\\
g(a_i), & \text{当 } v=a_i \text{ 时;}\\
k+qd-s+d(p+r)(i-1), & \text{当 } v=x_i \text{ 时。}
\end{cases}
$$

不难验证，F 为图 H 的一个 (k,d)-算术标号，故 H 为 (k,d)-算术图。定理证毕。

例如，图 4.37 所示为一个图 G 及其 $(1,1)$-算术标号。

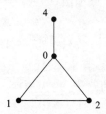

图 4.37　图 G 及其 $(1,1)$-算术标号

对应在定理 4.4.5 中，$P=\{0,1,2,4,\}$，$Q=\{0,1,2,3,4\}$，故 $r=|Q\backslash P|=1$，由定理得知 $H=(G\cup \overline{K_1})\vee \overline{K_t}$ 为 $(1,1)$-算术图。$s=0$，取 $t=2$，按照定理给予的标号方法如图 4.38 所示。

4.4.3　(k,d,α)-算术图

设 G 为一个 (k,d)-算术图，$A_{k,d}(G)$ 表示 G 的全体 (k,d)-算术标号的集合，则
$$\theta_{k,d}(G)=\min\{f_{\max}(G)\mid f\in A_{k,d}(G)\},$$
且
$$\theta'_{k,d}(G)=\min\{f^+_{\max}(G)\mid f\in A_{k,d}(G)\}。$$

定义 4.4.3[66,69]　（1）设 G 为一个 (k,d)-算术图，如果 $\theta_{k,d}(G)\leqslant\alpha$，则称 G 为一

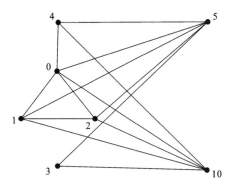

图 4.38　图 H 的一个 $(1,1)$-算术标号

个 (k,d,α)-算术图；

(2) 设 G 为一个 (p,q)-图,如果存在正整数 k,使得 G 为一个 $(k,1,\alpha)$-算术图 (其中当 G 为树时,$\alpha=q$;否则 $\alpha=q-1$),则称 G 为 k-序列的。

T. Grace[69] 研究了 k-序列图,证明了下面的结论：

定理 4.4.6[69]　设 $n\geqslant3$,则存在整数 k $(k\geqslant1)$,使得 C_n 为 $(k,1,n-1)$-算术图 的充要条件是 n 为奇数。

定义 4.4.4[66]　设 G 为一个 (p,q)-图,k 和 d 均为正整数,如果存在一个单射 $f:V(G)\rightarrow N$,使得 $f(G)\in\{0,1,2,\cdots,k+(q-1)d\}$,并且由 f 导出的边标号 $g_f(uv)$ $=|f(u)-f(v)|$ 满足 $g_f(G)=\{k,k+d,k+2d,\cdots,k+(q-1)d\}$,则称 f 为图 G 的 一个 (k,d)-优美标号,称 G 为一个 (k,d)-优美图。

特殊地,当 $d=1$ 时,$(k,1)$-优美图为 k-优美图;当 $k=d=1$ 时,$(1,1)$-优美图为 通常的优美图。

定义 4.4.5[66]　设 G 为一个 (k,d)-优美图,如果存在一个 (k,d)-优美标号 f 及 一个正整数 $m(m=m(f))$,使得 $\forall uv\in E(G)$,均有 $f(u)\leqslant m$ 且 $f(v)\geqslant m+1$,或者 $f(v)\leqslant m$ 且 $f(u)\geqslant m+1$,则称 f 为图 G 的一个 (k,d)-平衡标号,图 G 为一个 (k,d)-平衡图,并称正整数 $m(m=m(f))$ 为 f 的特征值。

当然,同一个图的不同 (k,d)-平衡标号有不同的特征值。例如,图 4.39 所示 $K_{1,3}$ 的细分图中,两种平衡标号有不同的特征值(参见文献[66])。

定理 4.4.7[66]　设 G 为一个 (k,d)-平衡图,并且为一个 (p,q)-偶图,f 为图 G 的一个 (k,d)-平衡标号,令

$$F(v)=\begin{cases}f(v), & \text{当 } f(v)\leqslant m(f)\text{时；}\\ k+(q-1)d+m(f)+1-f(v), & \text{当 } f(v)\geqslant m(f)+1 \text{ 时。}\end{cases}$$

则 F 为图 G 的一个 $(m(f)+1,d)$-算术标号。

这一定理表明,具有 (k,d)-平衡标号的二部图一定为算术图。

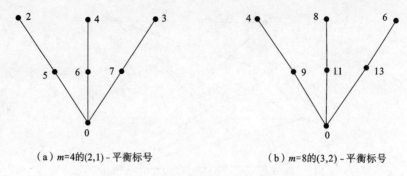

（a）$m=4$的$(2,1)$ - 平衡标号　　　　　　（b）$m=8$的$(3,2)$ - 平衡标号

图 4.39　$K_{1,3}$的细分图的两种平衡标号

第5章 和图与整和图

上一章介绍图的和谐标号与算术标号。本章介绍图的另一种"和式标号",包括几种特殊的标号,也是以标号之和的形式将图的结构联系起来,主要有和图、整和图、模和图,以及几种它们的变化形式。

5.1 和 图

5.1.1 和图的概念

1990 年,F. Harary[70] 提出并研究了和图,其定义如下:

定义 5.1.1[70] 设 $G=(V,E)$ 为一个简单图,如果存在一个正整数集 S,以及一个 1-1 映射 $f:V \to S$,使得 $uv \in E$ 当且仅当 $f(u)+f(v) \in S$ 成立,则称 G 为一个和图(sum graph),记为 $G=G^+[S]$。

由上述定义可见,如果 G 为一个和图,则 G 是由 S 所唯一确定的。由于 V 与 S 存在 1-1 对应关系,故常常将 V 与 S 等同起来,并记 $G=G^+[S]$。

例如,若取 $S=\{1,2,3,4,5\}$,则得到一个 5 阶和图 $G^+[S]$,如图 5.1 所示。

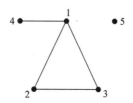

图 5.1 一个 5 阶和图

对于一个给定的图 $G \neq K_1$,如果 G 是一个和图,则 G 中必有孤立点。这是因为 $G=G^+[S]$ 时,S 中的最大正整数(对应)点必为孤立点。存在孤立点是任何非平凡的和图的重要特征,因此,有下面的结论:

引理 5.1.1 任何 $\delta \geqslant 1$ 的图都不是和图。

顺便指出,在上述定义中要求 S 是一个正整数集,如果将 S 定义在一个有限的正实数集,则同样定义得到实和图,F. Harary 等人[71] 证明了下面的结论:

引理 5.1.2[71]   任何实和图均为和图。

与和图相类似,D. Bergstrand 等人[72] 定义了积图的概念,即在定义 5.1.1 中,设

S 为一个不包含 1 的正整数集,且将"$f(u)+f(v)\in S$"改为"$f(u)f(v)\in S$"。他们证明了下面的引理:

引理 5.1.3[72]　　任何积图均为和图。

一个非平凡的和图均包含孤立点。一个自然的问题是:一个非平凡的和图中,至少有多少个孤立点? 或者说,对于一个给定的图 G,至少要增加多少个孤立点才能成为一个和图? 当然,当图 G 本身就是和图时,无须再增添孤立点;当 G 不是和图时,增添一些孤立点而得到一个和图。下面定义和数的概念。

定义 5.1.2[70]　　设 $G=(V,E)$ 为一个简单图,存在一个最小的非负整数 s,使得图 $G\cup\overline{K_s}$ 为和图,则称 $s=\sigma(G)$ 为图 G 的和数(sum number)。

由定义看出,当且仅当 G 为和图时,$\sigma(G)=0$。一般地,有

$$\sigma(G)=\min\{s\,|\,G\cup\overline{K_s}\text{为一个和图}\}。$$

例如,不难验证:$\sigma(K_1)=0,\sigma(K_2)=1,\sigma(K_3)=2$,如图 5.2 所示。

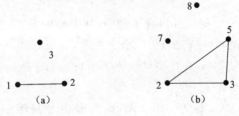

图 5.2　　$\sigma(K_2)=1,\sigma(K_3)=2$

5.1.2　关于和数的一些结论

一般来说,对于一个给定图 G,要确定其和数 $\sigma(G)$ 往往是较为困难的。前面已知,对于任何 $\delta\geqslant1$ 的图 G,均有 $\sigma(G)\geqslant1$。F. Harary[70] 在研究树的和数时,曾提出猜想:对任何非平凡的树 T,均有 $\sigma(T)=1$。这一猜想被 M. N. Ellingham[73] 证明,即有下面的结论:

定理 5.1.1[73]　　对任何非平凡的树 T,均有 $\sigma(T)=1$。

这一定理表明,在 $\delta\geqslant1$ 的图中,树是和数最小的图类。当然,满足 $\sigma(G)=1$ 的图不只有树,存在众多的图类满足 $\sigma(G)=1$。例如,在 C_4 中增加一条悬挂边所得的图记为 H,$\sigma(H)=1$ 时如图 5.3 所示。

这样就自然产生一个非常困难的问题:如何刻画和数为 1 的连通图? W. Smyth[74] 研究了和数较小的图,得出了下面的结论:

定理 5.1.2[74]　　设 G 为一个 n 阶简单图,若 $|E(G)|>\dfrac{n^2}{4}$,则 $\sigma(G)\geqslant2$。

这一结论表明和数为 1 的图没有"太多"的边数。W. Smyth 还提出猜想:任何两个和数为 1 的图之并,其和数等于 1。这一猜想虽然未被证明或否定,但 Kratochvil

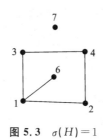

图 5.3 $\sigma(H)=1$

等人提出如下更为一般的猜想(参见文献[23]):

猜想 5.1.1[23] 对于任意两个图 G 和 H,均有

$$\sigma(G \cup H) \leqslant \sigma(G) + \sigma(H) - 1.$$

对于一般图和数的界限,知道得不多,T. Hao[75]给出了一个依于图的度序列的下界。

定理 5.1.3[75] 设 G 为一个 n 阶图,其序列为 $d_1 \leqslant d_2 \leqslant \cdots \leqslant d_n$,则有

$$\sigma(G) > \max\{d_i - i \mid 1 \leqslant i \leqslant n\}.$$

对于完全图的和数,不难看出,$\sigma(K_1)=0$,$\sigma(K_2)=1$ 和 $\sigma(K_3)=2$,如图 5.2 所示。当 $n \geqslant 4$ 时,D. Bergstrand 等人[76]确定了所有 n 阶完全图的和数。

定理 5.1.4[76] 当 $n \geqslant 4$ 时,$\sigma(K_n)=2n-3$。

由上述定理可得出如下推论:

推论 5.1.1 当 $n \geqslant 4$ 时,$\sigma(K_n - e) \leqslant 2n-4$。

Y. He 等人[77]确定了完全二部图 $K_{m,n}$ 的和数。

定理 5.1.5[77] 对于任意整数 m 和 n,若 $n \geqslant m \geqslant 2$,则有

$$\sigma(K_{m,n}) = \left\lceil \frac{n}{p} + \frac{(p+1)(m-1)}{2} \right\rceil,$$

其中 $p = \left\lceil \sqrt{\frac{2n}{m-1} + \frac{1}{4}} - \frac{1}{2} \right\rceil$ 为满足不等式

$$\frac{(p-1)p(m-1)}{2} < n \leqslant \frac{(p+1)p(m-1)}{2}$$

的唯一整数。

对于轮图 $W_n = C_n \vee K_1$,M. Miller 等人[78]证明了下面的结论:

定理 5.1.6[78] (1) 当 n ($n \geqslant 4$)为偶数时,$\sigma(W_n) = \frac{n}{2} + 2$;

(2) 当 n ($n \geqslant 5$)为奇数时,$\sigma(W_n) = n$。

对于完全多部图,M. Miller 等人确定了一种特殊的情况,即每部点数均为 2 的完全 n 部图(参见文献[23]),即有下面的结论:

定理 5.1.7[23] 对于完全 n 部图 $G = K(2,2,\cdots,2)$,有 $\sigma(G) = 4n-5$。

对于 n 阶圈 C_n，F. Harary[79] 确定了其和数。

定理 5.1.8[79]　　对所有的圈 $C_n(n \geqslant 3)$，有

$$\sigma(C_n) = \begin{cases} 3, & \text{当 } n=4 \text{ 时；} \\ 2, & \text{当 } n \neq 4 \text{ 时。} \end{cases}$$

例如，C_5 的标号如图 5.4 所示。

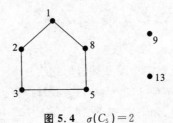

图 5.4　　$\sigma(C_5) = 2$

对于一般图的和数，目前还没有一个好的上界，下面的定理给出一个自然而平凡的界限：

定理 5.1.9　　对于任意 n 阶图 G，若 $m = |E(G)| \geqslant 1, \delta(G) \geqslant 1$，则 $1 \leqslant \sigma(G) \leqslant m$。

证明　　下界是明显的，下面证明其上界。只需证明 $H = G \vee \overline{K_m}$ 为和图即可。

设　　　　　$V(G) = \{v_1, v_2, \cdots, v_n\}$，　　$V(\overline{K_m}) = \{u_1, u_2, \cdots, u_m\}$，

　　　　　　$V(H) = V(G) \bigcup V(\overline{K_m})$，　　$E(G) = \{e_1, e_2, \cdots, e_m\}$。

定义图 H 的和标号 f 如下：

$$f(v_i) = 10^{i-1}, \quad 1 \leqslant i \leqslant n。$$

对于每个 $e_j = (v_{j_1}, v_{j_2}) \in E(G)$，令

$$f(u_j) = 10^{j_1} + 10^{j_2}, \quad 1 \leqslant j \leqslant m。$$

不难验证，f 为图 H 的和标号，即 $H = G \vee \overline{K_m}$ 为和图，定理证毕。

上述定理给出的上界对一些特殊图是可达的。当然，对一些特定的图来说，可能得到一些更好的上界。例如，由定理 5.1.7 可得出下面的结论：

定理 5.1.10[23]　　对于完全 n 部图 $G = K(2, 2, \cdots, 2)$，有 $\sigma(G-e) \leqslant 4n-6$。

5.1.3　若干问题

J. Goodell 和 A. Beveridge 等人提出并研究了一个图的跨度（参见文献[23]）。

定义 5.1.3　　设 $G = (V, E)$ 为一个图，$s = \sigma(G)$ 为其和数。

若 f 为和图 $G \vee \overline{K_s}$ 的一个和图标号，则称 f 为图 G 的一个优和标号。

若 f 为图 G 的一个优和标号，令

　　$f_{\max}(G) = \max\{f(v) \mid v \in V(G)\}$，　　$f_{\min}(G) = \min\{f(v) \mid v \in V(G)\}$，

则称 $d_f(G) = f_{\max}(G) - f_{\min}(G)$ 为图 G 在 f 下的标号差；

若令　　　　　　$\text{Spum}(G) = \min\{d_f(G) \mid f \text{ 为图 } G \text{ 的优和标号}\}$，

则称 Spum(G)为图 G 的跨度。

定理 5.1.11[23]   (1) 当 $n \geqslant 4$ 时，Spum(K_n)$=4n-6$；

(2) 当 $n \geqslant 4$ 时，Spum(C_n)$\leqslant 4n-10$。

当然，C_n 的跨度尚未完全确定，其上界有待于进一步改进。例如，图 5.4 表明 Spum(C_5)$\leqslant 7$。

定理 5.1.12[23]   对任意 n 阶和图 G，存在一个和标号 f，使得

$$f_{\max}(G) = \max\{ f(v) \mid v \in V(G) \} \leqslant 4^n。$$

问题 5.1.1[23]   如何确定圈的跨度 Spum(C_n)？

M. Miller 提出下面的问题（参见文献[23]）：

问题 5.1.2[23]   对于任意图 G，是否一定存在一个优和标号 f，使得 $f_{\min}(G) = 1$？

问题 5.1.3[23]   设 $s > 1$，如何找出一类 n 阶和图 G，使得 $\sigma(G)$ 与 n^s 同阶？

5.2 整 和 图

1994 年，F. Harary[79] 首次将和图的概念推广到整数集上，从而产生了类似于和图的整和图以及整和数的概念。本节主要介绍整和图及整和数的概念和相关结论。

5.2.1 整和图的概念

与和图相类似，整和图及整和数可定义如下：

定义 5.2.1[79]   设 $G=(V,E)$ 为一个简单图，如果存在一个整数集 S，以及一个 1-1 映射 $f: V \rightarrow S$，使得 $uv \in E$ 当且仅当 $f(u)+f(v) \in S$ 成立，则称 G 为一个整和图（integral sum graph），记为 $G=G^+[S]$。

类似于和数，图 G 的整和数定义为

$$\zeta(G) = \min\{ m \in N \mid G \bigcup mK_1 \text{ 为一个整和图} \}。$$

其中 N 为全体非负整数集。显然，当且仅当 G 为整和图时，$\zeta(G)=0$。

由定义可知，当 G 为一个和图时，G 必为一个整和图，但反之不然。从而有下面的结论：

引理 5.2.1   对任何图 G，均有 $\zeta(G) \leqslant \sigma(G)$。

由定义同样可见，如果 G 为一个整和图，则 G 是由 S 所唯一确定的。由于 V 与 S 存在 1-1 对应关系，故常常将 V 与 S 等同起来，当给定一个有限整数集 $S \subseteq Z$ 时，图 $G=G^+[S]$ 便唯一确定。

例如，取 $S=\{-1,-2,0,1,2\}$ 时，整和图 $G=G^+[S]$ 如图 5.5 所示。

5.2.2 关于整和图（数）的一些结论

下面针对不同的特殊图类，分别介绍整和图（数）的相关结论及问题。

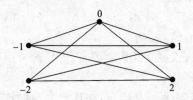

图 5.5　一个整和图 $G = G^+[S]$

5.2.2.1　完全图

首先对于完全图 K_n,当 $1 \leqslant n \leqslant 3$ 时,K_n 为整和图。事实上,$K_1 = G^+[0]$,$K_2 = G^+[0,1]$,$K_3 = G^+[-1,0,1]$。当 $n \geqslant 4$ 时,K_n 不是整和图,F. Harary[79] 提出了如下猜想:

猜想 5.2.1[79]　当 $n \geqslant 4$ 时,$\zeta(K_n) = \sigma(K_n) = 2n - 3$。

B. Xu[80] 和 Z. Chen[81] 证明了这一猜想是正确的。即有下面的结论成立:

定理 5.2.1[81,80]　当 $n \geqslant 4$ 时,有 $\zeta(K_n) = \sigma(K_n) = 2n - 3$。

5.2.2.2　圈和轮图

A. Sharary[82] 证明了下面的结论:

定理 5.2.2[82]　(1) 当 $n \geqslant 3$ 且 $n \neq 4$ 时,所有的圈 C_n 均为整和图,且 $\zeta(C_4) = 3$；
(2) 当 $n \geqslant 5$ 时,所有的 n 阶轮图 $W_{n-1} = C_{n-1} \vee K_1$ 均为整和图。

例如,$W_4 = G^+[0,-1,-2,1,2]$,$C_5 = G^+[2,1,-2,3,-1]$,整和标号如图 5.6 所示。

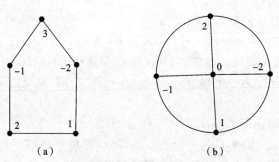

图 5.6　C_5 和 W_4 的整和标号

5.2.2.3　树

不难证明,星和路都是整和图。

定理 5.2.3　所有的星 $K_{1,n}$ 和路 P_n 都是整和图。

证明　由于 $K_{1,n}=G^+[0,1,3,5,\cdots,2n-1]$，故 $K_{1,n}$ 为整和图。

由于 $P_1=G^+[0]$，$P_2=G^+[0,1]$，$P_3=G^+[0,1,2]$，故 P_1、P_2 和 P_3 均为整和图；当 $n\geqslant 4$ 时，$P_n=G^+[a_1,a_2,\cdots,a_n]$，其中 $a_1=1$，$a_2=2$，$a_i=a_{i-2}-a_{i-1}(3\leqslant i\leqslant n)$，故 P_n 为整和图。定理证毕。

例如，$K_{1,n}$ 和 P_6 的整和标号如图 5.7 所示。

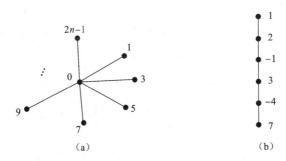

图 5.7　$K_{1,n}$ 和 P_6 的整和标号

更进一步，S. C. Liaw 等人[84]证明了所有的毛虫树都是整和图。即有下面的结论：

定理 5.2.4[84]　　所有的毛虫树都是整和图。

基于上述定理，F. Harary[79]曾提出如下猜想：

猜想 5.2.2[79]　满足整和数 $\zeta(T)=0$ 的树均为毛虫树。

B. Xu[80]否定了这一猜想，构造了一类 3-路树 $P(m,n,t)$，即为三条路 P_m、P_n 和 P_t 恰好具有一个公共端点所成的图，证明了 $P(m,n,t)$ 为整和图。$P(6,5,4)$ 的整和标号如图 5.8 所示。

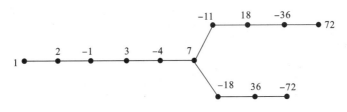

图 5.8　$P(6,5,4)$ 的整和标号

定理 5.2.5[80]　　所有的 3-路树 $P(m,n,t)$ 均为整和图。

Z. Chen[83]推广了上述定理，将星图 $K_{1,n}$ 的每一条边扩展成一条路，所得到的图是整和图，即 n 条路具有一个公共端点的树是整和图。

定理 5.2.6[83]　　具有一个公共端点的 n 条路所组成的树是整和图。

定理 5.2.7[83]　　若一棵树 T 中任何两个非 2 度点之间的距离都不小于 4，则 T 为整和图。

在一些星图中各取一个叶点，将它们都邻接到一个新的点，所得的树称为芭蕉树（参见文献[23]）。

定理 5.2.8[23]　　所有的芭蕉树都是整和图。

Z. Chen[83] 和 S. C. Liaw 等人[84]研究树的整和性时提出如下猜想：

猜想 5.2.3[83,84]　　所有的树都是整和图。

到目前为止，这一猜想尚未被证明或否定，这或许是整和图中最重要的猜想。

5.2.2.4　完全二部图及 $K_n - E(K_r)$

W. Yan 和 B. Liu(参见文献[23])研究完全二部图 $K_{m,n}$ 的整和数，证明了如下结论：

定理 5.2.9　　当 $m \geq 2$ 时，有 $\zeta(K_{m,m}) = 2m - 1$。

定理 5.2.10　　设 $n = \dfrac{(i+1)(im-i+2)}{2}$，若 $n > m \geq 2$，则有

$$\zeta(K_{m,n}) = \sigma(K_{m,n}) = (m-1)(i+1) + 1。$$

定理 5.2.11　　设正整数 n、m 和 i 满足

$$\frac{(i+1)(im-i+2)}{2} < n < \frac{(i+2)[(i+1)m-i+1]}{2},$$

则有　　　　　　$$\zeta(K_{m,n}) = \sigma(K_{m,n}) = \left\lceil \frac{(m-1)(i+1)(i+2) + 2n}{2i+2} \right\rceil。$$

以上三个定理完整地确定了完全二部图的整和数。对于另一类图 $K_n - E(K_r)$ $(n \geq r)$，即为 K_n 删去其中一个 K_r 的所有边所得的图。

顺便指出，B. Xu 在文献[80]中表达：当 $n \geq 4$ 时，$\zeta(K_n - e) = 2n - 4$。其实这一结论是不正确的。图 5.9 所示的 $K_4 - e$ 的一个整和标号表明，$\zeta(K_4 - e) \leq \sigma(K_4 - e) \leq 3$。

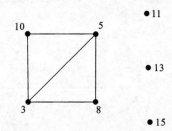

图 5.9　$K_4 - e$ 的一个整和标号

更为一般地，W. He 和 H. Mi 等人[85]分别给出了如下结论：

定理 5.2.12[85]　　设 $n(n \geq 5)$ 和 $r(r \geq 2)$ 均为整数，则

(1) 当 $r = n$ 或者 $r = n - 1$ 时，有 $\zeta(K_n - E(K_r)) = 0$；

(2) 当 $r = n - 2$ 时，有 $\zeta(K_n - E(K_r)) = n - 2$；

(3) 当 $n - 3 \geq r \geq \left\lceil \dfrac{2n}{3} \right\rceil - 1$ 时，有 $\zeta(K_n - E(K_r)) = n - 1$；

(4) 当 $\left\lceil \dfrac{2n}{3} \right\rceil - 1 > r \geq \dfrac{n}{2}$ 时，有 $\zeta(K_n - E(K_r)) = 3n - 2r - 4$；

(5) 当 $\left\lceil\dfrac{2n}{3}\right\rceil-1\geqslant\dfrac{n}{2}>r\geqslant2$ 时，有 $\zeta(K_n-E(K_r))=2n-4$。

5.2.2.5　不连通图

B. Xu[80] 研究了一些不连通图的整和性，首先获得如下结论：

定理 5.2.13[80]　若 G_1 和 G_2 为两个不交的图，且 $\Delta(G_i)\leqslant|V(G_i)|-2$ $(i=1,2)$，则有

$$\zeta(G_1\bigcup G_2)\leqslant\zeta(G_1)+\zeta(G_2)。$$

证明　设 $k_1=\zeta(G_1)$ 和 $k_2=\zeta(G_2)$，由定义知 $H_1=G_1\bigcup k_1K_1$ 和 $H_2=G_2\bigcup k_2K_1$ 都是整和图。令 $f_i(i=1,2)$ 为 H_i 的整和标号，由于 $\Delta(G_i)\leqslant|V(G_i)|-2$ $(i=1,2)$，故对一切 $v\in V(H_i)$，有 $f_i(v)\neq0$，其中 $i=1,2$。

令 $M=\max\{|f_1(v)||v\in V(H_1)\}$，定义 $H_1\bigcup H_2$ 的一个整和标号 f 如下：

$$f(v)=\begin{cases}f_1(v)，&\text{当 }v\in V(H_1)\text{时；}\\(2M+1)f_2(v)，&\text{当 }v\in V(H_2)\text{时。}\end{cases}$$

可见 $H_1\bigcup H_2=(G_1\bigcup G_2)\bigcup(k_1+k_2)K_1$ 是一个整和图，定理证毕。

由上述定理可得下面的推论：

推论 5.2.1　若 G_1 和 G_2 均为整和图，且 $\Delta(G_i)\leqslant|V(G_i)|-2$ $(i=1,2)$，则 $G_1\bigcup G_2$ 也是一个整和图。

推论 5.2.2　若 $2G$ 和 $3G$ 均为整和图，则对一切整数 m $(m\geqslant2)$，mG 也是一个整和图。

推论 5.2.3　对一切整数 m $(m\geqslant1)$，mK_3 是一个整和图。

由于 $K_3=G^+[-1,0,1]$，由推论 5.2.2 知，只需 $2K_3$ 和 $3K_3$ 的整和标号即可。$2K_3$ 和 $3K_3$ 的整和标号分别如图 5.10 和图 5.11 所示。

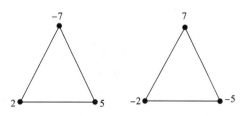

图 5.10　$2K_3$ 的整和标号

定理 5.2.14　对任意树 T 和星 $K_{1,n}$，$T\bigcup K_{1,n}$ 是一个整和图。

证明　当 $T=K_1$ 时，定理显然成立。

下设 $T\neq K_1$。由定理 5.1.1 知，$\sigma(T)=1$，即 $T\bigcup K_1$ 为一个和图，令 g 为图 $T\bigcup K_1$ 的一个和图标号。

记 $M=\max\{g(v)|v\in V(T\bigcup K_1)\}$，　$m=\min\{g(v)|v\in V(T\bigcup K_1)\}$，

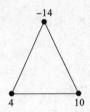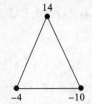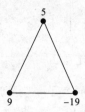

图 5.11　$3K_3$ 的整和标号

注意到 $M=g(v_0)$ 时 v_0 为 $T\cup K_1$ 的孤立点。记 $V(T\cup K_{1,n})=V(T)\cup\{a_0,a_1,\cdots,a_n\}$，其中 a_0 为 $K_{1,n}$ 的中心点。定义图 $T\cup K_{1,n}$ 的标号如下：

$$f(v)=\begin{cases} g(v), & \text{当 } v\in V(T)\text{时}; \\ M, & \text{当 } v=a_0 \text{ 时}; \\ m-iW, & \text{当 } v=a_i(1\leqslant i\leqslant n)\text{时}。 \end{cases}$$

不难验证，f 为图 $T\cup K_{1,n}$ 的整和标号，即 $T\cup K_{1,n}$ 为整和图，定理证毕。

例如，取和图 $P_5\cup K_1=G^+[2,11,1,12,13,25]$，即 $M=25,m=1$。按上述定理可给出图 $P_5\cup K_{1,6}$ 的整和标号，如图 5.12 所示。

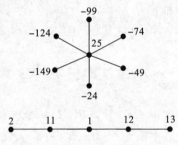

图 5.12　$P_5\cup K_{1,6}$ 的整和标号

定理 5.2.15[80]　任何三个星图之并是一个整和图。

证明　设 $G=K_{1,m}\cup K_{1,n}\cup K_{1,t}$。记

$V(K_{1,m})=\{a_0,a_1,\cdots,a_m\}$，　$V(K_{1,n})=\{b_0,b_1,\cdots,b_n\}$，　$V(K_{1,t})=\{c_0,c_1,\cdots,c_t\}$，

其中 a_0、b_0 和 c_0 分别为 $K_{1,m}$、$K_{1,n}$ 和 $K_{1,t}$ 的中心点。定义图 G 的一个标号 f 如下：

$$f(a_0)=2,\quad f(a_i)=2i-1,\quad i=1,2,\cdots,m;$$
$$f(b_0)=2m+1,\quad f(b_i)=1-i(2m+1),\quad i=1,2,\cdots,n;$$
$$f(c_0)=x_0,\quad f(c_i)=1-n(2m+1)-ix_0,\quad i=1,2,\cdots,t,\quad x_0\geqslant2n(2m+1)。$$

不难验证，f 为图 G 的一个整和标号，即图 G 为整和图，定理证毕。

例如，设 $G=K_{1,4}\cup K_{1,5}\cup K_{1,6}$，按上述定理可得图 G 的整和标号，如图 5.13 所示。即 $m=4,n=5,t=6$，取 $x_0=100\geqslant2n(m+1)$。

由推论 5.2.1、定理 5.2.14 和定理 5.2.15，可得出下面一般性的结论：

定理 5.2.16[80]　若一个森林的每个分支均为整和图，则这个森林也是整和图。

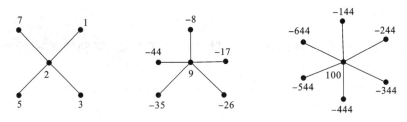

图 5.13 $G=K_{1,4}\cup K_{1,5}\cup K_{1,6}$ 的整和标号

为此, B. Xu[80] 提出了如下猜想:

猜想 5.2.4[80]　所有的不连通森林都是整和图。

由定理 5.2.16 知, 此猜想弱于猜想 5.2.3, 但仍是一个未解决的问题。

L. S. Melnikov 和 A. V. Pyatkin[86] 研究了正则图的整和性, 证明了除 C_4 之外, 所有的 2-正则图(若干圈之并)都是整和图, 即有下面的结论:

定理 5.2.17[86]　设 G 为一个 2-正则图, 且 $G\neq C_4$, 则 G 为一个整和图。

5.2.2.6　圈的冠图及其细分图

G. Santhosh 和 G. Singh 研究了圈的冠图及其细分图的整和性, 获得了下面的定理(参见文献[23])。一个图 G 的冠图 $I(G)$ 是指在 G 的每个点处增添一条悬挂边所得的图。一个图 G 的细分图是指在 G 的每条边上增添一个新的点所得的图。

定理 5.2.18[23]　(1) 当 $n\geq 4$ 时, C_n 的冠图 $I(C_n)$ 均是整和图;

(2) 当 $n\geq 3$ 时, $I(C_n)$ 的细分图均是整和图。

事实上, $I(C_3)$ 也是整和图, $I(C_3)$ 的整和标号如图 5.14 所示。由推论 5.2.3 及定理 5.2.18, 可得出下面的推论:

推论 5.2.4　若 G 为一个 2-正则图, 则有

(1) G 的冠图 $I(G)$ 为一个整和图;

(2) $I(G)$ 的细分图也是一个整和图。

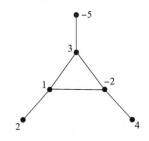

图 5.14　$I(C_3)$ 的整和标号

定理 5.2.19[23]　任何 3-正则图都不是整和图。

5.2.2.7　整和图的若干性质

前面介绍了一些特殊的整和图,但对一般图来说,整和图具有什么特性? Z. Chen[87]通过研究得出下面几个主要结论(参见文献[23]):

定理 5.2.20[23]　任何简单图均是一个连通整和图的导出子图。

这一结论也可表达为:对任何图 G,存在一个连通的整和图 H 及 $S \subseteq V(H)$,使得 $G \cong H[S]$。例如,C_4 不是整和图,则可扩充成一个连通的整和图,如图 5.15 所示。

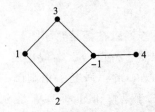

图 5.15　C_4 连通扩充成整和图

定理 5.2.21[23]　设 G 为一个 n 阶整和图,且 $n \geqslant 4$,则 G 中至多存在两个度为 $n-1$ 的点。

由上述定理可直接得出下面的推论:

推论 5.2.5　对任意图 G,$G \vee K_3$ 均不是整和图。

定理 5.2.22[23]　设 G 为一个 p 阶连通的整和图,$q = |E(G)|$,若 $\Delta(G) \leqslant p-2$,则有

$$q \leqslant \frac{p(3p-2)}{8} - 2。$$

5.2.3　整和图的整半径问题

L. S. Melnikov 和 A. V. Pyatkin[86]定义了一个整和图 G 的整半径 $r(G)$。

定义 5.2.2[86]　设 $G = (V, E)$ 为一个整和图,$A(G)$ 表示图 G 的全体整和标号的集合,若 $f \in A(G)$,则 $f_{\max}(G) = \max\{|f(v)| : v \in V(G)\}$,则称

$$r(G) = \min\{f_{\max}(G) | f \in A(G)\}$$

为整和图 G 的整半径。

由定义可知,任何整和图 G 都有唯一的整半径 $r(G)$。例如,$r(K_3) = 1$ 但 $r(P_3) = 2$,如图 5.16 所示。

文献[23]中提出下面两个问题:

问题 5.2.1　令 $r(n) = \max\{r(G) | G$ 为 n 阶图$\}$,是否存在常数 C,使得 $r(n) \leqslant Cn$?

问题 5.2.2　令 $r(n) = \max\{r(G) | G$ 为 n 阶图$\}$,当 $n \geqslant 3$ 时,是否有 $r(n) = p_{n-2}$? 其中 p_{n-2} 表示第 $n-2$ 个质数。

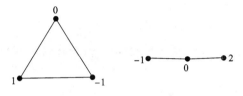

图 5.16　$r(K_3)=1, r(P_3)=2$

例如,参考图 5.16,不难验证,$r(3)=2$,且 $r(4)=3$,其极图如图 5.17 所示。

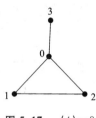

图 5.17　$r(4)=3$

5.2.4　超图

M. SoTnntag 和 H. M. Teichert[88,89] 将图的和数与整和数的概念引入超图中,获得了如下结论。超图的和数与整和数定义参见文献[88,89]。

定理 5.2.23[88]　对于任意一棵非平凡的超树 T,均有 $\sigma(T)=1$。

定理 5.2.24[89]　当 $d \geqslant 3$ 时,任何 d-一致超树是一个整和图。

定理 5.2.25[89]　当 $n \geqslant d+2$ 时,G 为 n 阶完全 d-一致超图,则有
$$\sigma(G)=d(n-d)+1。$$

特殊地,当 $d=2$ 时,$n \geqslant 4$,则 $\sigma(G)=2n-3$ 为 n 阶完全图的和数。

定理 5.2.26[89]　设 G 为 n 阶完全 d-一致超图,则有

(1) 当 $n-1 \leqslant d \leqslant n$ 时,G 的整和数 $\zeta(G)=0$;

(2) 当 $d \leqslant n-2$ 时,有
$$(d-1)(n-d-1) \leqslant \zeta(G) \leqslant d(n-d)+1。$$

猜想 5.2.5[89]　设 G 为 n 阶完全 d-一致超图,若 $d \leqslant n-2$,则有
$$\zeta(G)=\sigma(G)。$$

这一猜想至今未能证明或否定。

5.3　模　和　图

5.3.1　模和图的概念

作为和图概念的一种推广,J. Boland 和 R. Laskar 等人[90] 提出并研究了模和图,

其定义如下：

定义 5.3.1[90]　设 $G=(V,E)$ 为一个简单图，如果存在一个正整数 n 和一个单射 $f:V \to \{1,2,\cdots,n-1\}$，使得对任意两点 x 和 y，满足：$xy \in E$ 当且仅当 $f(x)+f(y) \equiv f(z)(\bmod n)$（存在 $z \in V$），则称 f 为图 G 的一个模和标号，称 G 为一个模和图（mod sum graph），简称一个 MSG。

由上述定义不难看出下面的引理：

引理 5.3.1　任何和图均是一个模和图。

但反之不然。例如，C_4 为一个模和图（取模为 $n=5$），但不是和图，如图 5.18 所示。

图 5.18　C_4 的模和标号（取模为 $n=5$）

5.3.2　几类特殊的模和图

J. Boland 和 R. Laskar 等人[90]研究了树的模和性，证明了下面的结论：

定理 5.3.1[90]　设整数 $n \geqslant 3$，所有的 n 阶树都是模和图。

对任何树 $T \neq K_1$，T 不是和图。但其均为模和图。

例如，一棵双星树 $S(5,3)$ 的模和标号如图 5.19 所示（取模为 $n=52$）。

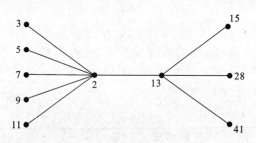

图 5.19　双星树 $S(5,3)$ 的模和标号（取模为 $n=52$）

所有的路 $P_m=(a_1 a_2 a_3 \cdots a_m)$（$m \geqslant 3$）的模和标号如下：

令 $a_1=1,a_2=2,a_i=a_{i-2}+a_{i-1}$（$3 \leqslant i \leqslant m$），取 $n=a_{n-1}+a_n-1$ 为模。

P_9 的模和标号如图 5.20 所示。取 $n=34+55-1=88$ 为模。

图 5.20　P_9 的模和标号（取模为 $n=88$）

所有星图 $K_{1,n}$ 的模和标号如图 5.21 所示。

记 $V(K_{1,n})=\{v_0,v_1,v_2,\cdots,v_n\}$，其中 v_0 为其中心点。令 $v_0=4,v_i=4i-1$，其中 $1\leqslant i\leqslant n$，取模为 $4n$。

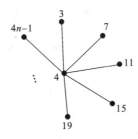

图 5.21　$K_{1,n}$ 的模和标号(取模为 $4n$)

一棵毛虫树的模和标号可按图 5.22 的标号方法进行标号。

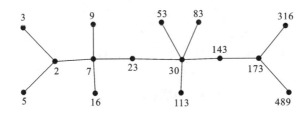

图 5.22　一棵毛虫树的标号(取模为 $173+489-2=660$)

定理 5.3.2[90]　设整数 $n\geqslant4$，所有的 n 阶圈 C_n 都是模和图。

例如，C_4 为模和图，其模和标号如图 5.18 所示，C_7 的模和标号如图 5.23 所示。

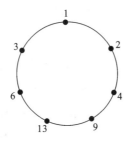

图 5.23　C_7 的模和标号(取模为 $n=18$)

定理 5.3.3　对任意整数 $n\geqslant1$，$K_{2,n}$ 是一个模和图。

证明　记 $K_{2,n}=\overline{K}_2 \vee \overline{K}_n$，$V(\overline{K}_2)=\{u_1,u_2\}$，$V(\overline{K}_n)=\{v_1,v_2,\cdots,v_n\}$，定义 $K_{2,n}$ 的一个标号 f 如下：$f(u_1)=3,f(u_2)=6,f(v_i)=3i-2(1\leqslant i\leqslant n)$。取模为 $3n$，不难验证：f 为图 $K_{2,n}$ 的一个模和标号。定理证毕。

例如，$K_{2,6}$ 的模和标号如图 5.24 所示。

对于完全图 K_p，J. Boland 和 R. Laskar 等人[90]证明了其均不是模和图，即有以

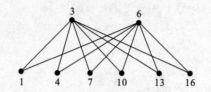

图 5.24　$K_{2,6}$ 的模和标号(取模为 18)

下定理:

　　定理 5.3.4[90]　当 $p \geqslant 2$ 时,K_p 不是模和图。

　　证明(反证法)　若 K_p 为模和图,f 为其一个模和标号。不妨假设

$$V(K_p) = \{v_1, v_2, \cdots, v_p\}, \quad f(v_1) = \max\{f(v_i) \mid 1 \leqslant i \leqslant p\},$$

$$f(v_p) = \min\{f(v_i) \mid 1 \leqslant i \leqslant p\},$$

由于 $v_1 v_p \in E(K_p)$,由定义知存在整数 $n > f(v_1)$ 和点 $v_j \in V(K_p)$,满足

$$f(v_1) + f(v_p) \equiv f(v_j) \pmod{n},$$

由此导出 $f(v_j) < f(v_p)$,这与假设相矛盾。定理证毕。

　　对于轮图 $W_n = C_n \vee K_1$,J. Boland 发现 W_4 是模和图(如图 5.25 所示),便提出如下猜想:

　　猜想 5.3.1[90]　当 $p \geqslant 4$ 时,W_p 为模和图。

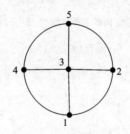

图 5.25　W_4 的模和标号(取模为 $n = 6$)

　　这一猜想被 M. Sutton 等人[91]否定,他们证明了下面的结论:

　　定理 5.3.5[91]　当 $n \neq 4$ 时,所有的轮图 W_n 均不是模和图。

　　定理 5.3.6[91]　当 $n \geqslant 3$ 时,所有的 $K_{n,n}$ 不是模和图。

　　令 $m(m \geqslant 1)$ 和 $n(n \geqslant 2)$ 均为整数,$H_{m,n}$ 表示一个完全 n-等部图,其每部点数均为 m。例如,$H_{2,3}$ 如图 5.26 所示。

　　定理 5.3.7[91]　当 $n > m \geqslant 3$ 时,$H_{m,n}$ 不是模和图。

　　J. Ghoshal 等人[92]研究了一个图扩充成模和图的问题,证明了如下结论:

　　定理 5.3.8[92]　任何图均是一个连通模和图的导出子图。

　　例如,K_4 不是模和图,但可扩充成一个连通的模和图,如图 5.27 所示。

　　定理 5.3.9[92]　设 G 为一个 n 阶简单图,若 G 中至少有两个 $n-1$ 度点,则 G 不

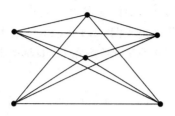

图 5.26　$H_{2,3}$ 示意图

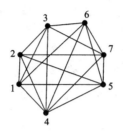

图 5.27　一个包含 K_4 的模和图(取模为 $n=8$)

是模和图。

由此可得出下面的推论:

推论 5.3.1　对任意图 $G,G \vee K_2$ 不是模和图。

5.3.3　模和数

类似于图的和数,可定义一个图的模和数如下:

定义 5.3.2[90]　设 $G=(V,E)$ 为一个简单连通图,图 G 的模和数 $\rho(G)$ 定义为

$$\rho(G)=\min\{m \in N \mid G \bigcup mK_1 \text{ 为一个模和图}\}。$$

由定义可见,一个图 G 为模和图当且仅当 $\rho(G)=0$。

M. Sutton 和 M. Miller 等人[91]研究了完全多部图的模和性,并确定了完全图的模和数。

定理 5.3.10[91]　当 $n \geqslant 4$ 时,$\rho(K_n)=n$。

M. Sutton 和 A. Draganova 等人[93]确定了轮图的模和数。

定理 5.3.11[93]　当 $n \geqslant 5$ 时,轮图 $W_n=C_n \vee K_1$ 的模和数为

$$\rho(W_n)=\begin{cases} n, & \text{当 } n \equiv 1(\mathrm{mod}2) \text{时;} \\ 2, & \text{当 } n \equiv 0(\mathrm{mod}2) \text{时。} \end{cases}$$

当 $n=3$ 时,由于 $W_3=K_4$,故 $\rho(W_3)=4$。又由图 5.25 所示,W_4 是一个模和图,即 $\rho(W_4)=0$。因此,所有轮图的模和数已被确定。对于扇图 $F_n=P_n \vee K_1$,当 n 为奇数时,A. Draganova 确定了其模和数,并提出如下问题(参见文献[23]):

定理 5.3.12　当 $n \geqslant 5$ 且 n 为奇数时,$\rho(F_n)=n$。

问题 5.3.1　当 n 为偶数时,如何确定 $\rho(F_n)$?

由于所有圈 $C_n(n\geqslant4)$ 都是模和图,A. Draganova 提出如何确定圈的 t-冠图的模和数问题。一个圈 C_n 的 t-冠图($C_n^{(t)}$)是指在 C_n 的每个点上均增加 t 条悬挂边所得到的图。$C_4^{(3)}$ 如图 5.28 所示。

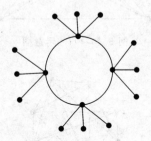

图 5.28　C_4 的 3-冠图($C_4^{(3)}$)

问题 5.3.2　如何确定 $\rho(C_n^{(t)})$?

C. D. Wallance[94] 研究了完全二部图 $K_{m,n}$ 的模和数,获得如下结论:

定理 5.3.13[94]　(1) 当 n 为偶数且 $n\geqslant2m$ 时,$K_{m,n}$ 为模和图;

(2) 当 n 为奇数且 $n\geqslant3m-3$ 时,$K_{m,n}$ 为模和图;

(3) 当 $3\leqslant m\leqslant n<2m$ 时,$\rho(K_{m,n})=m$。

上述定理并未完全解决所有完全二部图 $K_{m,n}$ 的模和数,因此提出如下问题:

问题 5.3.3　如何确定所有完全二部图 $K_{m,n}$ 的模和数 $\rho(K_{m,n})$?

C. D. Wallance[94] 还研究了完全 m-部图 $K(n_1,n_2,\cdots,n_m)$ 的模和数,证明了下面的结论,并提出了两个相关猜想。

定理 5.3.14[94]　若存在 n_i 和 n_j,满足 $n_i<n_j<2n_i$,则完全 m-部图 $K(n_1,n_2,\cdots,n_m)$ 不是模和图。

猜想 5.3.2[94]　当 $3m-3>n\geqslant m\geqslant3$ 时,有 $\rho(K(n_1,n_2,\cdots,n_m))=n$。

猜想 5.3.3[94]　若 $n_1>n_2>\cdots>n_m$,且 $G=K(n_1,n_2,\cdots,n_m)$ 不是模和图,则有
$$(m-1)n_m\leqslant\rho(G)\leqslant(m-1)n_1。$$

以上两个猜想均未能证明或否定。

5.4　广义(模)和图

本章前三节主要介绍了和图、整和图及模和图的概念,并由此产生了相关的参数(和数、整和数及模和数)。本节介绍模和图(或者和图)的一种推广形式。

5.4.1　广义和图概念

M. Sutton[95] 在 2001 年将和图及整和图的概念进行了推广,得出广义和图的

概念。

定义 5.4.1[95]　设 $G_p=(V,E)$ 为一个给定的简单图,如果存在一个图 $G=G_p\bigcup$ $\overline{K_i}=(V\bigcup V_i,E)$、一个非负整数集 S 和一个 1-1 映射 $f:V\bigcup V_i\rightarrow S$,使得对任意 u,v $\in V,uv\in E$ 当且仅当 $f(u)+f(v)\in S$ 成立,则称 G 为 G_p 的一个广义和图。图 G_p 的广义和数 $\sigma^*(G_p)$ 定义为

$$\sigma^*(G_p)=\min\{i\in N\,|\,G=G_p\bigcup\overline{K_i}\,\text{为图}\,G_p\,\text{的一个广义和图}\},$$

其中 N 表示非负整数集。

由上述定义可见,当一个图 G_p 就是其本身的广义和图时,$\sigma^*(G_p)=0$,此时称 G_p 为广义和图。且不难看出下面的两个引理:

引理 5.4.1　任何和图均是广义和图。

但反之不然。一个 $n(n\geqslant2)$ 阶和图必包括孤立点,但广义和图未必包含孤立点。例如,任何星图 $K_{1,n}$ 均是广义和图,其标号如图 5.29 所示。

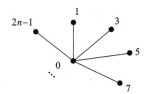

图 5.29　$K_{1,n}$ 为广义和图

引理 5.4.2　在一个广义和图 G 的标号中包含 0 标号当且仅当

$$\Delta(G)=|V(G)|-1。$$

引理 5.4.3　对于任何图 G,均有

$$\sigma^*(G)\leqslant\sigma(G)。$$

值得注意的是:① 一个给定图 G 的广义和图并不是唯一的。当然 G 的所有广义和图之间只相差若干个孤立点。② 若 H 为一个图 G 的一个广义和图,不能说 H 为一个广义和图,除非 H 为自身的广义和图。

例如,$H=K_3\bigcup\overline{K_1}$ 为 K_3 的一个广义和图(标号如图 5.30(a)所示),但 H 不是广义和图,因为 H 不是 H 的广义和图。而 $G=H\bigcup\overline{K_1}=K_3\bigcup\overline{K_2}$ 为 H 的一个广义和图(标号如图 5.30(b)所示)。

一个和图与一个广义和图之间有着必然的联系。除了已经知道的和图必为广义和图之外,还有下面的结论:

定理 5.4.1　G 为和图当且仅当 $G\vee K_1$ 为广义和图。

证明　若 G 为一个和图,f_1 为图 G 的和图标号,定义 $G\vee K_1$ 的一个广义和图标号 f 如下:

$$f(v)=\begin{cases}f_1(v),&\text{当}\,v\in V(G)\text{时};\\0,&\text{当}\,v\in V(K_1)\text{时}。\end{cases}$$

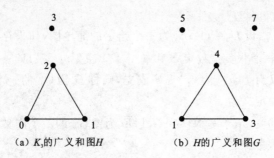

（a） K_3 的广义和图 H　　　　　　（b） H 的广义和图 G

图 5.30　K_3 与 H 的广义和图

因此，$G \vee K_1$ 为一个广义和图。

反之，若 $G \vee K_1$ 为一个广义和图，f 为 $G \vee K_1$ 的一个广义和图标号，令 $f(u) = \max\{f(v) \mid v \in V(G \vee K_1)\}$，则由定义知，$u$ 点为 G 中孤立点。因此，记 $V(K_1) = \{w\}$ 时，因 $uw \in E(G \vee K_1)$，得 $f(u) + f(w) \leqslant f(u)$，即有 $f(w) = 0$。即在 $G \vee K_1$ 中 w 与 G 中所有点均邻接。故 $f|_G$ 为图 G 的一个和图标号。定理证毕。

5.4.2　广义和数

前面已知，星图 $K_{1,n}$ 是一个广义和图，即 $\sigma^*(K_{1,n}) = 0$。当一棵树 $T \neq K_{1,n}$ 时，由于 $\sigma^*(T) \leqslant \sigma(T) = 1$，且由引理 2 知 $\sigma^*(T) \neq 0$，因此有下面的结论：

定理 5.4.2　对于任意一棵 n（$n \geqslant 2$）阶树 T，有

$$\sigma^*(T) = \begin{cases} 0, & \text{当 } T = K_{1,n-1} \text{ 时；} \\ 1, & \text{当 } T \neq K_{1,n-1} \text{ 时。} \end{cases}$$

引理 5.4.4　对任意 n 阶图 G，若 $\Delta(G) \leqslant n-2$，则 $\sigma^*(G) \geqslant \delta(G)$。

证明　当 $\delta(G) = 0$ 时，显然成立。下设 $\delta(G) \geqslant 1$。

记 $\sigma^*(G) = m$，f 为图 $G \cup \overline{K_m}$ 的广义和图标号。记 v 点为在 f 下 G 中所有点标号最大者，$N(v) = \{v_1, v_2, \cdots, v_t\}$，其中 $t = d(v) \geqslant \delta(G)$。因为 $\Delta(G) \leqslant n-2$，则由引理 5.4.2，$f(u) \neq 0$ 对一切 $u \in V(G)$ 成立。由定义知，对每个 i（$1 \leqslant i \leqslant t$），均有

$$f(v) + f(v_i) \in M = \{f(w) \mid w \in V(\overline{K_m})\}，$$

即 $\sigma^*(G) = m = |M| = t \geqslant \delta(G)$。引理证毕。

类似于上述引理，不难证明下面的引理：

引理 5.4.5　对任意 n 阶图 G，有 $\sigma^*(G) \geqslant \delta(G) - 1$。

对于圈 C_n（$n \geqslant 3$），则有下面的结论：

定理 5.4.3　设整数 $n \geqslant 3$，则有

$$\sigma^*(C_n) = \begin{cases} 1, & \text{当 } n = 3 \text{ 时；} \\ 2, & \text{当 } n \geqslant 4 \text{ 时。} \end{cases}$$

证明　（1）当 $n = 3$ 时，由于 K_2 不是和图，由定理 5.4.1 知 $C_3 = K_2 \vee K_1$ 不是广

义和图,即 $\sigma^*(C_3) \geqslant 1$。由图 5.30(a)所示知,$\sigma^*(C_3) \leqslant 1$。故 $\sigma^*(C_3) = 1$。

(2) 当 $n \geqslant 5$ 时,由引理 5.4.4 知,$\sigma^*(C_n) \geqslant 2$。由定理 5.1.8 得知,$\sigma^*(C_3) \leqslant \sigma(C_n) = 2$。故 $\sigma^*(C_n) = 2$。

(3) 当 $n = 4$ 时,一方面,由引理 5.4.4 知,$\sigma^*(C_4) \geqslant 2$。另一方面,如图 5.31 所示,$C_4 \bigcup \overline{K}_2$ 是 C_4 的一个广义和图,即 $\sigma^*(C_4) \leqslant 2$。从而 $\sigma^*(C_4) = 2$。定理证毕。

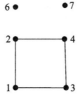

图 5.31 C_4 的一个广义和图

对于一些特殊图,如完全图 K_n、轮图 W_n 和扇图 F_n,则有下列结论:

定理 5.4.4 设整数 $n \geqslant 3$,则有 $\sigma^*(K_n) = n - 2$。

证明 一方面,由引理 5.4.5 知,$\sigma^*(K_n) \geqslant n - 2$。另一方面,可以定义 K_n 的一个广义和图 $H = K_n \bigcup \overline{K}_{n-2}$ 的标号 f 如下:

$$f(V(K_n)) = \{0, 1, 2, \cdots, n-1\}, \quad f(V(\overline{K}_{n-2})) = \{n, n+1, n+2, \cdots, 2n-3\}。$$

因此,$\sigma^*(K_n) \leqslant n - 2$。故 $\sigma^*(K_n) = n - 2$。定理证毕。

例如,K_5 的广义和图标号如图 5.32 所示。

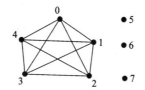

图 5.32 K_5 的广义和图标号

对于轮图 $W_n = C_n \vee K_1$,则有下面的结论:

定理 5.4.5 设整数 $n \geqslant 5$,则有 $\sigma^*(W_n) = 2$。

证明 由引理 5.4.5 知,$\sigma^*(W_n) \geqslant 2$。另一方面,由定理 5.1.8 知,当 $n \geqslant 5$ 时 $\sigma(C_n) = 2$,即 $C_n \bigcup \overline{K}_2$ 为和图,从而存在 $H = C_n \bigcup \overline{K}_2$ 的一个和图标号 f。记 $V(W_n \bigcup \overline{K}_2) - V(V(H)) = \{v_0\}$,则可定义图 W_n 的广义和图 $W_n \bigcup \overline{K}_2$ 标号如下:

$$g(v) = \begin{cases} f(v), & \text{当 } v \in V(H) \text{时;} \\ 0, & \text{当 } v = v_0 \text{ 时。} \end{cases}$$

因此,$W_n \bigcup \overline{K}_2$ 为 W_n 的一个广义和图,即 $\sigma^*(W_n) \leqslant 2$。定理证毕。

对于扇图 $F_n = P_n \vee K_1$,类似于定理 5.4.5 的证明,不难得到下面的结论:

定理 5.4.6 设整数 $n \geqslant 3$,且 n 为奇数,则有 $\sigma^*(F_n) = 1$。

例如,按照圈和路的和图标号方法,可得到轮图和扇图的广义和图标号,如图 5.33 所示。

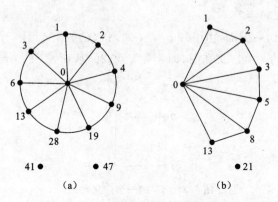

(a)　　　　　　　　　　　　　(b)

图 5.33　轮图和扇图的广义和图标号

事实上,类似于定理 5.4.5 的证明,可以将定理 5.4.6 推广,得出下面的结论:

定理 5.4.7　对于任意非平凡树 T,均有 $\sigma^*(T \vee K_1)=1$。

例如,一棵树 T 的和图与 $T \vee K_1$ 的广义和图标号如图 5.34 所示。

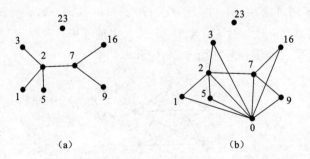

(a)　　　　　　　　　　　　　(b)

图 5.34　T 的和图与 $T \vee K_1$ 的广义和图标号

5.4.3　广义模和图

正如和图与广义和图一样,模和图的概念也可延伸到广义模和图,其定义如下:

定义 5.4.2　设 $G_p=(V,E)$ 为一个给定的简单图,如果存在一个图 $G=G_p \bigcup \overline{K_i}$ $=(V \bigcup V_i, E)$、一个非负整数集 $S=\{0,1,2,\cdots,n-1\}$、一个单射 $f:V \bigcup V_i \to S$ 和一个点 $w \in V(G)$,满足:对任意 $u,v \in V$,$uv \in E$ 当且仅当 $f(u)+f(v) \equiv f(w)(\bmod n)$,则称 G 为 G_p 的一个广义模和图。图 G_p 的广义模和数 $\rho^*(G_p)$ 定义为

$$\rho^*(G_p)=\min\{i \in N \mid G=G_p \bigcup \overline{K_i} \text{为图 } G_p \text{ 的一个广义模和图}\},$$

其中 N 表示非负整数集。

同样地,由上述定义可见,当一个图 G_p 就是其本身的广义模和图时,$\rho^*(G_p)=$

0,此时简称 G_p 为广义模和图。且不难看出下面的两个引理：

引理 5.4.6　对任何图 G,均有 $\rho^*(G) \leqslant \rho(G)$。

引理 5.4.7　任何模和图均是广义模和图。

反之不然。例如,由定理 5.3.11 知,当 $n \geqslant 5$ 时,所有的轮图 W_n 均不是模和图,即其模和数 $\rho(G) > 0$,但其为广义模和图。例如,W_7 的广义模和图标号如图 5.35 所示(取模为 $n = 18$)。

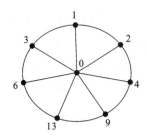

图 5.35　W_7 的广义模和图标号(取模为 $n = 18$)

下面考察几类特殊的广义模和图。

首先由定理 5.3.1 及引理 5.4.7 得到下面的结论:

推论 5.4.1　所有的树均是广义模和图,即 $\rho^*(T) = 0$ 对任何树都成立。

例如,一棵双星树 $S(3,3)$ 的广义模和图标号如图 5.36 所示(取模为 $n = 28$)。

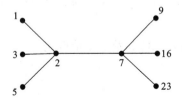

图 5.36　$S(3,3)$ 的广义模和图标号(取模为 $n = 28$)

由于所有的圈 $C_n (n \geqslant 4)$ 都是模和图,C_3 是广义模和图,因此有下面的推论:

推论 5.4.2　所有的 $C_n (n \geqslant 3)$ 都是广义模和图。

定理 5.4.8　所有的完全图 K_n 都是广义模和图。

事实上,K_n 的广义模和图标号只需取 $\{0,1,2,\cdots,n-1\}$,模为 n。

虽然当 $n \geqslant 5$ 时,轮图 $W_n = C_n \vee K_1$ 都不是模和图,但它们都是广义模和图。以下结论参见文献[23]。

定理 5.4.9[23]　所有的轮图 W_n 都是广义模和图。

定理 5.4.10[23]　对于扇图 $F_n = P_n \vee K_1$,当 $n \geqslant 5$ 且 n 为奇数时,F_n 为广义模和图。

例如,F_6 和 F_7 的广义模和标号如图 5.37 所示。

对于完全二部图或完全多部图,则有下面的结论:

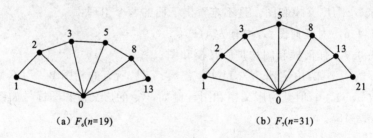

图 5.37　两个扇图的广义模和标号

定理 5.4.11[23]　（1）当 $m \geqslant 3n-3 \geqslant 6$ 且 m 为奇数时，$K_{m,n}$ 为广义模和图；

（2）当 $m \geqslant 2n \geqslant 6$ 且 m 为偶数时，$K_{m,n}$ 为广义模和图。

定理 5.4.12[23]　完全 n 等部图 $K(2,2,\cdots,2)$ 为广义模和图。

5.4.4　相关问题

本节给出了一些特殊图的广义和数，但有一些特殊图的广义和数尚不知道，这里列出部分未解决的相关问题。

问题 5.4.1　如何确定所有的完全二部图 $K_{m,n}$ 的广义和数与广义模和数？

关于这个问题虽然有了一些结论，但没有完整地解决。即使是正则完全二部图 $K_{n,n}$ 的广义和数与广义模和数，也没有确定。

问题 5.4.2　如何确定所有的完全 n 等部图 $H_{2,n} = K(2,2,2,\cdots,2)$ 的广义和数？

顺便指出，完全二部图 $K_{m,n}$ 的和数也未能确定。

第6章 几类特殊标号

前几章介绍了几种标号图,包括优美图、和谐图、算术图、和图及其变化形式的概念、性质和相关参数。本章将选择几种具有代表性的图特殊标号概念及相关结论进行简单介绍。

6.1 素 标 号

图的素标号概念最先是由 Entringer 在 1980 年提出的,后来由 Toutt 和 Dabboucy 等人在一篇论文中正式定义(参见文献[96])。

6.1.1 素标号与素图的概念

首先给出图的素标号及素图的定义如下:

定义 6.1.1[96] 设 $G=(V,E)$ 为一个简单图,如果存在一个 1-1 映射 $f:V\rightarrow\{1,2,\cdots,|V|\}$,使得当 $uv\in E$ 时,$\gcd(f(u),f(v))=1$ 成立,则称 G 为一个素图(prime graph),并称 f 为图 G 的一个素标号(prime labeling)。

由上述定义不难看出,当 $n\geqslant4$ 时,K_n 不是素图。或者说,一个素图的完全子图不是太大。一个图 G 的最大完全子图的阶数称为 G 的团数,记为 $\omega(G)$。

引理 6.1.1 若 n 阶图 G 的团数 $\omega(G)\geqslant\dfrac{n}{2}+2$,则 G 不是素图。

证明(反证法) 假若 G 是素图,则存在 G 的一个素标号 f,在 f 下 G 的最大完全子图中至少有两个偶数,这与素图的定义相矛盾。证毕。

上述引理所给出的条件下界是可达的。例如,存在一个 4 阶素图 G(如图 6.1 所示),使得 $\omega(G)=3$。

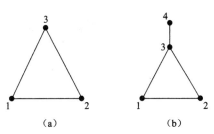

图 6.1 两个素图

引理 6.1.2 完全图 K_n 为素图当且仅当 $n \leqslant 3$。

K_2 和 K_3 显然是素图,当 $n \geqslant 4$ 时由引理 6.1.1 知其不是素图。

对于给定的一个正整数 n,在所有的 n 阶素图中,边数最多的素图称为极大素图,记为 G_n。在同构意义下,G_n 是唯一的一个图。G_n 也可以定义如下:

$$V(G_n) = \{1, 2, \cdots, n\}, \quad E(G_n) = \{ij \mid \gcd(i, j) = 1\}.$$

例如,$G_i = K_i (i = 1, 2, 3)$,G_4、G_5 和 G_6 分别如图 6.2 中(a)、(b)和(c)所示。

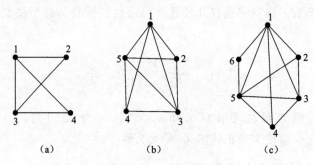

(a)   (b)   (c)

图 6.2　三个极大素图

不难看出,n 阶极大素图 G_n 的边数等于 $1 \sim n$ 中无序互质(素)数对的数目。这是一个数论问题。当然,任何 n 阶素图均是 G_n 的一个生成子图。

素图中一个重要的问题或许就是 Entringer 提出的一个猜想,即素树猜想。

猜想 6.1.1(素树猜想)　所有的树均是素图。

虽然已围绕这一猜想进行了许多研究工作,证明了一些特殊树都是素图,但这一猜想至今未能完全解决。

6.1.2　树

下面首先讨论树的素标号问题。对于星图和路,显然都是素图。对于毛虫树,已证明其为素图,即有下面的结论:

定理 6.1.1[23]　所有的毛虫树都是素图。

例如,一棵毛虫树的素标号如图 6.3 所示。

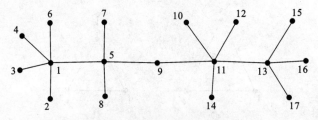

图 6.3　一棵毛虫树的素标号

具有一个公共端点的 n 条路组成的树称为 n-路树。如果这 n 条路的长度分别为

$k_1,k_2,\cdots,k_n$，则将这棵树记为 $T(k_1,k_2,\cdots,k_n)$。

定理 6.1.2[23]　所有的 n-路树 $T(k_1,k_2,\cdots,k_n)$ 均是素图。

例如，3-路树 $T(3,4,5)$ 的素标号如图 6.4 所示。

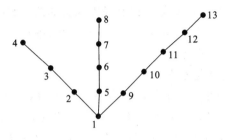

图 6.4　$T(3,4,5)$ 的素标号

定理 6.1.3[23]　所有的完全二叉树 $T_2(n)$ 都是素图。

例如，一棵完全二叉树 $T_2(3)$ 的素标号如图 6.5 所示。

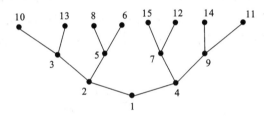

图 6.5　一棵完全二叉树 $T_2(3)$ 的素标号

M. A. Seoud 和 A. E. I. Abdel 等人还证明了所有的花树都是素图（参见文献 [23]）。花树的定义参见定义 2.2.8。

定理 6.1.4[23]　所有的花树都是素图。

例如，一棵花树的素标号如图 6.6 所示。

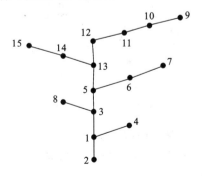

图 6.6　一棵花树的素标号

对于一般树来说，目前只知道不超过 35 个点的树都是素图。因此，对树的素标号目前还只是对一些特殊树的探讨，这与素树猜想相差很远。

6.1.3 圈与相关图

下面介绍与圈相关的图类。

T. Deretsky 和 S. M. Lee 等人[97]研究与圈相关的图类,证明了下面的定理:

定理 6.1.5[97]　　设 $n(n \geqslant 3)$ 和 $k(k \geqslant 2)$ 均是整数,则有

(1) 所有的圈 C_n 均是素图;

(2) 所有的 $C_n \bigcup C_{2k}$ 均是素图。

证明　(1) 这是显然的,只需将 $1 \sim n$ 依次在 C_n 上标号,即为其素标号。

(2) 若 $\gcd(n+1, n+2k) = 1$,则在 $C_n \bigcup C_{2k}$ 中,将其 C_n 上的点依次标号为 $1 \sim n$,并将 C_{2k} 上的点依次标号为 $n+1 \sim n+2k$,即为 $C_n \bigcup C_{2k}$ 的素标号。

若 $\gcd(n+1, n+2k) \neq 1$,由于 $n+1$ 与 $n+2k$ 具有不同的奇偶性,即有 $\gcd(n+1, n+2k) \neq 2$,从而 $\gcd(n+1, n+2k) = d \geqslant 3$,故 $\gcd(2k-1, n+2k) = d \geqslant 3$,因此,$\gcd(2k+1, n+2k) = 1$。此时在 $C_n \bigcup C_{2k}$ 中,将其 C_{2k} 上的点依次标号为 $1 \sim 2k$,并将 C_n 上的点依次标号为 $2k+1 \sim n+2k$,即为 $C_n \bigcup C_{2k}$ 的素标号。定理证毕。

例如,依照上述定理的证明,$C_3 \bigcup C_8$ 和 $C_5 \bigcup C_4$ 的素标号分别如图 6.7 和图 6.8 所示。

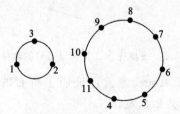

图 6.7　$C_3 \bigcup C_8$ 的素标号

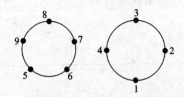

图 6.8　$C_5 \bigcup C_4$ 的素标号

对于两个不交的圈之并,有下面的结论:

定理 6.1.6　设 $n(n \geqslant 3)$ 和 $m(m \geqslant 3)$ 均是整数,则 $C_m \bigcup C_n$ 为素图当且仅当 m 和 n 至少其一为偶数。

证明　由定理 6.1.5(2)知充分性成立。下证必要性(反证法)。

假若 m 和 n 均为奇数,且使得 $C_m \bigcup C_n$ 为素图,由于在 $[1, m+n]$ 中恰有 $\dfrac{m+n}{2}$ 个

偶数,故在 $C_m \bigcup C_n$ 的素标号下,必有 C_m 中至少包含 $\dfrac{m+1}{2}$ 个偶数或者 C_n 中至少包含 $\dfrac{n+1}{2}$ 个偶数。从而有两个标号为偶数的点相邻,这与素标号的定义相矛盾。定理证毕。

定理 6.1.7　设 $n(n \geqslant 3)$ 为整数,轮图 $W_n = C_n \vee K_1$ 为素图当且仅当 n 为偶数。

证明　当 n 为偶数时,W_n 的素标号如图 6.9 所示。反之,若 W_n 为素图,f 为其一个素标号,在 f 下 W_n 中心点的标号必为奇数,故在 C_n 上的偶数个数不少于奇数个数。若偶数个数多于奇数个数,则必有两偶数点在 C_n 上相邻,矛盾。因此,C_n 上偶数个数等于奇数个数,即 n 为偶数。定理证毕。

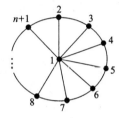

图 6.9　W_n 的素标号

如果在一个轮图 $W_n = C_n \vee K_1$ 的外部圈 C_n 上每个点均增加一条悬挂边,所得的图 H_n 称为 Helm-图,如图 6.10 所示的图为 H_6。M. A. Seoud 等证明了这类图是素图。

定理 6.1.8[23]　所有的 Helm-图 H_n 均是素图。

例如,H_6 的素标号如图 6.10 所示。

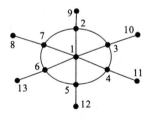

图 6.10　H_6 的素标号

如果在圈 C_n 的每个点均黏接(重合)一条长为 m 的路的一个端点,所得的图记为 $C_n \oplus P_m$。特殊地,当 $m=1$ 时,$C_n \oplus P_1$ 也称为 C_n 的冠图。例如,$C_7 \oplus P_2$ 如图 6.11 所示。

特殊地,当 $m=1$ 时,有下面的推论:

推论 6.1.1　任何圈 C_n 的冠图都是素图。

定理 6.1.9[23]　对任意整数 $n(n \geqslant 3)$ 和 $m(m \geqslant 1)$,$C_n \oplus P_m$ 均是一个素图。

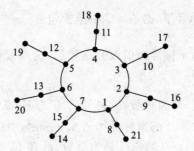

图 6.11　$C_7 \oplus P_2$ 的素标号

M. A. Seoud 等人[98]定义了一类图 $S_n^{(m)}$，即将 C_n 中的每两个相邻点分别邻接到 P_{m-2} 的一个端点所得的图。例如，$S_5^{(4)}$ 的素标号如图 6.12 所示。

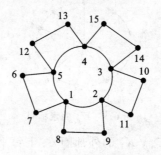

图 6.12　$S_5^{(4)}$ 的素标号

定理 6.1.10[98]　　对任意整数 $n(n \geqslant 3)$ 和 $m(m \geqslant 3)$，$S_n^{(m)}$ 均为素图。

定理 6.1.11[23]　　下列几类图是素图：

(1) 具有一条弦的圈；

(2) 具有一个公共点的 m 个 n-圈 $C_n^{(m)}$；

(3) 梯子图 L_n（如图 6.13 所示）。

例如，$C_5^{(3)}$ 和 L_4 的素标号如图 6.13 所示。

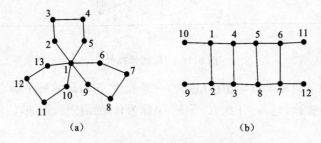

（a）　　　　　　　　　　（b）

图 6.13　$C_5^{(3)}$ 和 L_4 的素标号

定理 6.1.12[23]　　具有一条 P_k-弦的圈是素图。

图 6.14 所示为具有一条 P_3-弦的圈 C_9。

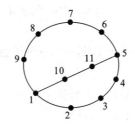

图 6.14　具有一条 P_3-弦的圈 C_9

6.1.4　联图及相关图

作为一种特殊的联图,M. A. Seoud 等人还考察了完全二部图的素标号,获得了下面的结论(参见文献[23]):

定理 6.1.13　(1) 对任意整数 $n(n \geqslant 1)$,$K_{2,n}$ 为一个素图;

(2) 当 $n \neq 3,7$ 时,$K_{3,n}$ 为一个素图;

(3) 当 $m \geqslant 3$ 时,$P_n \vee \overline{K_m}$ 不是素图;

(4) $P_n \vee \overline{K_2}$ 为素图当且仅当 $n=2$ 或者 n 为奇数;

(5) 所有的扇图 $F_n = P_n \vee K_1$ 均为素图;

(6) $L_n \vee K_1$(其中 L_n 为梯子图)为素图;

(7) $C_n \vee \overline{K_2}$ 为素图当且仅当 $n=3$。

在一个图 G 中,如果增加边将所有距离为 2 的点对邻接起来,所得的图记为 G^2。M. A. Seoud 等人[98]证明了几类图不是素图。

定理 6.1.14[98]　下面几类图不是素图:

(1) 所有的 $C_m \vee C_n$;

(2) 当 $n \geqslant 4$ 时,C_n^2;

(3) 当 $n=6$ 或者 $n \geqslant 8$ 时,P_n^2。

顺便指出,P_5^2 和 P_7^2 是素图,其标号如图 6.15 所示。

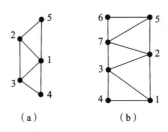

(a)　　　　　　　　(b)

图 6.15　P_5^2 和 P_7^2 的素标号

S. M. Lee 等人[96]定义了图的一点并运算。设 $G_1,G_2,\cdots,G_n$ 为一组图,每个 G_i 上取定一个点 $v_i(i=1,2,\cdots,n)$,将 $v_1 = v_2 = \cdots = v_n$ 等同成一个点,所得的图称为

G_1，G_2，$\cdots$，G_n 的一点并图。由于 v_i 在 G_i 中的取法不同，一般来说，一点并图不是唯一的图。

定理 6.1.15[96]　　当每个 G_i（$i=1,2,\cdots,n$）均是路或圈时，G_1，G_2，$\cdots$，G_n 的任何一点并图均是素图。

定理 6.1.16[96]　　当 n 为奇数时，任何多个轮图 W_n 的一点并图均不是素图。

由此，S. M. Lee 等人[96] 提出如下猜想：

猜想 6.1.2[96]　　当 n 为偶数且 $n \neq 4$ 时，任何多个轮图 W_n 的一点并图均是素图。

当 $n \equiv 2 (\mathrm{mod}4)$，且若干 W_n 中所等同的点均为 W_n 中心点时，此一点并图即为 $G =(mC_n) \vee K_1$，上述猜想对这类图被证明是正确的[99]。例如，$G=(2C_6) \vee K_1$ 的素标号如图 6.16 所示。

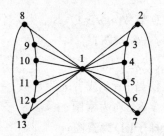

图 6.16　　$G=(2C_6) \vee K_1$ 的素标号

6.1.5　乘积图及相关图

首先对于格子图 $P_m \times P_n$，Vilfred 和 Somasundaram 等人证明了其部分格子图是素图（参见文献[23]），即有下面的结论：

定理 6.1.17[23]　　（1）当 n 为一个质数，且 $n>m$，$m \leqslant 3$ 时，$P_m \times P_n$ 为一个素图；
（2）当 $2n+1$、$n+1$ 或者 $n+2$ 这三者之一为质数时，$P_m \times P_n$ 为一个素图。

例如，$P_3 \times P_5$ 的素标号如图 6.17 所示。

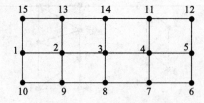

图 6.17　　$P_3 \times P_5$ 的素标号

对于乘积图，Vilfred 和 Somasundaram 等人提出了如下两个猜想（参见文献[23]）：

猜想 6.1.3[23]　当 $n \geqslant 2$ 时,所有的 $P_n \times P_2$ 是素图。

猜想 6.1.4[23]　当 n 为素数且 $n > m$ 时,$P_m \times P_n$ 是素图。

定理 6.1.18[23]　具有一条公共边的若干圈组成的图是一个素图。

例如,由 4 个圈具有一条公共边组成的图如图 6.18 所示。

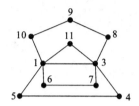

图 6.18　具有一条公共边的 4 个圈组成的图

6.1.6　点素图

T. Deretsky 和 S. M. Lee 等人[97]提出并研究了图的另一种素标号问题。其定义如下:

定义 6.1.2[97]　设 $G = (V, E)$ 为一个简单图,如果存在一个单射 $f: E \to \{1, 2, \cdots, |E|\}$,满足:对任意度不小于 2 的点 $v \in V$,与 v 点关联的所有边为 $e_1, e_2, \cdots, e_d, d = d(v) \geqslant 2$,均有 $\gcd(f(e_1), f(e_2), \cdots, f(e_d)) = 1$ 成立,则称 f 为图 G 的一个点素标号,并称 G 为一个点素图。

T. Deretsky 和 S. M. Lee 等人[97]证明了所有的连通图均具有点素标号。

定理 6.1.19[97]　所有的连通图 G 均为点素图。

由于这一定理,点素图的研究仅是针对非连通图,考虑最多的是森林和 2-正则图。

定理 6.1.20[97]　下面的图均为点素图:

(1) 森林;

(2) $C_{2k} \bigcup C_n$;

(3) $C_{2k+1} \bigcup C_n \bigcup C_m$;

(4) $C_{2t} \bigcup C_{2m} \bigcup C_{2n} \bigcup C_k$。

例如,$C_6 \bigcup C_6 \bigcup C_5$ 的一个点素标号如图 6.19 所示。

定理 6.1.21[97]　(1) 设图 G 恰好有两个分支,其中之一不是奇圈,则 G 为一个点素图;

(2) 若 G 为一个 2-正则图,且 G 中至少有两个奇圈,则 G 不是点素图。

基于上述定理,对于 2-正则图,T. Deretsky 和 S. M. Lee 等人[97]提出了下面的猜想:

猜想 6.1.5[97]　若 G 为一个 2-正则图,则 G 为点素图当且仅当 G 不包含两个奇圈。

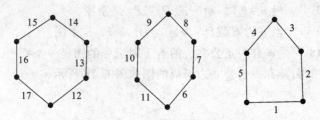

图 6.19 $C_6 \cup C_6 \cup C_5$ 的点素标号

对于这一猜想,只证明了一些情况。如证明了当 G 至多有 7 个分支时,猜想是正确的。

6.2 亲切标号

6.2.1 亲切标号的概念

I. Cahit[99] 提出了图的亲切标号的概念。

定义 6.2.1[99] 设 $G = (V, E)$ 为一个简单图,如果存在一个映射(标号)$f : V \to \{0, 1\}$,并由 f 导出的边映射(标号)f' 为 $f'(xy) = |f(x) - f(y)|$,满足

(1) 在 f 下标号为 0 与标号为 1 的点数相差不超过 1,

(2) 在 f' 下标号为 0 与标号为 1 的边数相差不超过 1,

则称 f 为图 G 的一个亲切标号(cordial labeling),并称 G 为一个亲切图。

例如,$K_{3,4}$ 的一个亲切标号如图 6.20 所示。

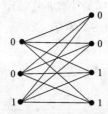

图 6.20 $K_{3,4}$ 的一个亲切标号

由上述定义不难证明下面的结论:

定理 6.2.1 设 $G = (V, E)$ 为一个 E 图,若 $|E(G)| \equiv 2 \pmod 4$,则 G 不是亲切图。

证明(反证法) 假若 G 是亲切图,设 $|E(G)| \equiv 4k + 2$,记 f 为 G 的一个亲切标号,由定义知,在 f' 下标号为 1 的边数为

$$\sum_{xy \in E} |f(x) - f(y)| = 2k + 1.$$

由于 G 为 E 图(每点的度均为偶数),故有

$$\sum_{xy \in E} |f(x) - f(y)| \equiv \sum_{xy \in E} [f(x) + f(y)] (\bmod 2)$$
$$\equiv \sum_{v \in V} d(v) f(v) (\bmod 2)$$
$$\equiv 0 (\bmod 2),$$

矛盾,定理证毕。

6.2.2　亲切图

首先,对于树、扇图和极大外平面图,I. Cahit[100]证明了它们都是亲切图。

定理 6.2.2[100]　下面的图类均是亲切图:

(1) 所有的树 T;

(2) 所有的扇图 $F_n = P_n \vee K_1$;

(3) 所有的极大外平面图 G;

(4) 所有的完全二部图 $K_{m,n}$。

定理 6.2.3[100]　(1) 完全图 K_n 为亲切图当且仅当 $n \leqslant 3$;

(2) 轮图 $W_n = C_n \vee K_1$ 为亲切图当且仅当 $n \equiv 0, 1, 2 (\bmod 4)$;

(3) $C_3^{(t)} = (tK_2) \vee K_1$ 为亲切图当且仅当 $n \equiv 0, 1, 3 (\bmod 4)$。

例如,W_6 和 $C_3^{(3)}$ 的亲切标号如图 6.21 所示。

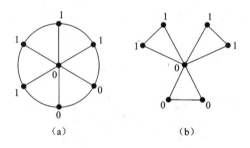

(a)　　　　　　　　(b)

图 6.21　W_6 和 $C_3^{(3)}$ 的亲切标号

如果一个连通图 G 的每个块都是一个圈,则称 G 为一个仙人掌图。如果一个仙人掌图的每个圈长均为 k,则称之为 k-正规仙人掌图。

定理 6.2.4[100]　设 G 为一个具有 t 个圈的 k-正规仙人掌图,则 G 为一个亲切图当且仅当 $kt \equiv 0, 1, 3 (\bmod 4)$。

更一般地,W. W. Kirchherr[101]推广了上述结论,证明了下面的定理:

定理 6.2.5[101]　对任何仙人掌图 G,G 为亲切图当且仅当 $|E(G)| \equiv 0, 1, 3 (\bmod 4)$。

对于乘积图,Y. S. Ho 等人[102]证明了下面的结论:

定理 6.2.6[102]　当 n 为奇数且 m 为正整数时,$P_n \times C_{4m}$ 为亲切图。

M. Seoud 等人[103]将上述定理进行推进,获得了下面的结论:

定理 6.2.7[103]　　设 $m \geqslant 2$，则除了 $C_{4k+2} \times P_2$ 之外，所有 $C_n \times P_m$ 均为亲切图。

例如，$C_7 \times P_2$ 的亲切标号如图 6.22 所示。

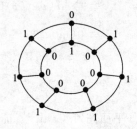

图 6.22　$C_7 \times P_2$ 的亲切标号

定理 6.2.8[103]　　(1) 对所有的正整数 n，P_n^2 是亲切图；

(2) P_n^3 是亲切图当且仅当 $n \neq 4$；

(3) P_n^4 是亲切图当且仅当 $n \neq 4, 5, 6$。

M. Seoud 等人还研究了联图及相关图的亲切性，获得下面的结论（参见文献 [23]）：

定理 6.2.9[23]　　(1) 所有的 n-方体均是亲切图；

(2) $B_n = K_{1,n} \times P_2$ 是亲切图当且仅当 $m \equiv 0, 1, 2 \pmod 4$。

不难证明：具有一条公共边的 m 个 C_4 的成的图 G 是亲切图。例如，具有一条公共边的 4 个 C_4 组成的图 G 的亲切标号如图 6.23 所示。

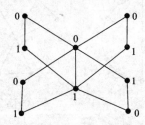

图 6.23　具有一条公共边的 4 个 C_4 组成的图 G 的亲切标号

定理 6.2.10[23]　　(1) 当 $(m, n) \neq (2, 2)$ 时，$P_m \vee P_n$ 为亲切图；

(2) 当 $m \equiv 1, 2, 3 \pmod 4$ 且 $n \equiv 0, 1, 3 \pmod 4$ 时，$C_m \vee C_n$ 为亲切图；

(3) 当 m 为奇数时，$P_n \vee K_{1,m}$ 为亲切图；

(4) 当 m 为奇数，$n \equiv 0, 1, 2 \pmod 4$，且 $(n, m) \neq (3, 1)$ 时，$C_n \vee K_{1,m}$ 为亲切图；

(5) 当 n 为奇数，或者 n 为偶数而 m 为奇数时，$C_n \vee \overline{K_m}$ 为亲切图；

(6) 完全三部图 $K_{1,m,n}$ 和 $K_{2,2,n}$ 均是亲切图。

令 $B(n, r, m)$ 表示 m 个 K_n 具有一个公共 K_r 所成的图。M. Seoud 等人证明了下面的结论（参见文献 [23]）：

定理 6.2.11[23]　　(1) 对任意正整数 m，$B(3, 2, m)$ 为亲切图；

（2）$B(4,3,m)$ 为亲切图当且仅当 m 为偶数；

（3）$B(5,3,m)$ 为亲切图当且仅当 $m\equiv 0,2,3\pmod 4$。

M. Z. Youssef 等人研究了任意两个图的并和联图的亲切性，获得如下结论：

定理 6.2.12[23]　（1）设 G 和 H 均为亲切图，且其中之一的边数为偶数，则 $G\bigcup H$ 为亲切图；

（2）设 G 和 H 均为亲切图，且其边数均为偶数，则 $G\vee H$ 为亲切图；

（3）设 G 和 H 均为亲切图，若其中之一的边数为偶数，且两者之一的阶为偶数，则 $G\vee H$ 为亲切图。

定理 6.2.13[23]　设 $m\geqslant 3$ 和 $n\geqslant 3$ 均为整数，则有

（1）$C_m\bigcup C_n$ 为亲切图当且仅当 $m+n\equiv 0,1,3\pmod 4$；

（2）mC_n 为亲切图当且仅当 $mn\equiv 0,1,3\pmod 4$；

（3）$C_m\vee C_n$ 为亲切图当且仅当 $(m,n)\neq(3,3)$ 且 $\{m(\bmod 4),n(\bmod 4)\}\neq\{0,2\}$，其中模 4 取非负最小剩余。

设 $k(k\geqslant 2)$ 和 $n(n\geqslant k+1)$ 均为整数，如果在 P_n 中将距离为 k 的所有点对邻接起来，所得的图记为 P_n^k。

定理 6.2.14[23]　若 P_n^k 为亲切图，则

$$n\geqslant k+1+\sqrt{k-2}\,。$$

M. Z. Youssef 猜想上述定理的条件是充分必要的，即提出了如下猜想：

猜想 6.2.1　当 $n\geqslant k+1+\sqrt{k-2}$ 时，P_n^k 为亲切图。

这一猜想并未能完全解决，只证明了 $k=5,6,7,8,9$ 时猜想是成立的。

例如，P_9^5 的亲切标号如图 6.24 所示。

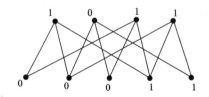

图 6.24　P_9^5 的亲切标号

H. Y. Lee 等人[104]研究了完全多部图和乘积图的亲切性，其主要结论如下：

定理 6.2.15[104]　完全 n 部图 G 为亲切图当且仅当至多有三部点数为奇数。

这一定理完整地解决了完全多部图的亲切性，包含完全图与完全二部图。

定理 6.2.16[104]　（1）任意多条路的乘积图均是亲切图；

（2）$C_m\times C_n$ 为亲切图当且仅当 m 和 n 至少其一为偶数；

（3）在若干个圈中，如果有一个圈长为 4 的倍数，或者有两个偶圈，则这些圈的乘积图为亲切图。

　　设 G 为一个图，$v \in V(G)$，$G^{(t)}$ 表示 t 个图 G 具有一个公共点 v 所成的图，称之为图 G 的 1-点并。S. C. Shee 和 Y. S. Ho[105] 研究了这类图的亲切性，尤其是针对圈、完全图、轮图和扇图等，获得了下面的结论：

　　定理 6.2.17[105]　设整数 $m \geqslant 3$，则有

　　(1) 当 $m \equiv 0 (\mathrm{mod} 4)$ 时，对任意正整数 n，$C_m^{(n)}$ 均为亲切图；

　　(2) 当 $m \equiv 1, 3 (\mathrm{mod} 4)$ 时，$C_m^{(n)}$ 均为亲切图当且仅当 $n \equiv 0, 1, 3 (\mathrm{mod} 4)$；

　　(3) 当 $m \equiv 2 (\mathrm{mod} 4)$ 时，$C_m^{(n)}$ 均为亲切图当且仅当 n 为偶数。

　　例如，$C_5^{(3)}$ 和 $C_6^{(2)}$ 的亲切标号如图 6.25 所示。

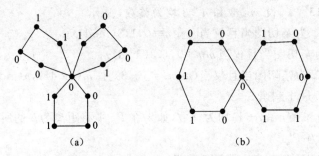

　　　　(a)　　　　　　　　　　　　(b)

图 6.25　$C_5^{(3)}$ 和 $C_6^{(2)}$ 的亲切标号

　　对于圈的一点并，上述定理完整地确定了其亲切性。但对于完全图的一点并问题，S. C. Shee 和 Y. S. Ho[105] 只解决了部分情况（参见文献[23]），具体结果如下：

　　定理 6.2.18[105]　(1) 当 $m \equiv 0 (\mathrm{mod} 8)$，$n \equiv 3 (\mathrm{mod} 4)$ 时，$K_m^{(n)}$ 不是亲切图；

　　(2) 当 $m \equiv 4 (\mathrm{mod} 8)$，$n \equiv 1 (\mathrm{mod} 4)$ 时，$K_m^{(n)}$ 不是亲切图；

　　(3) 当 $m \equiv 5 (\mathrm{mod} 8)$，$n \equiv 1 (\mathrm{mod} 2)$ 时，$K_m^{(n)}$ 不是亲切图。

　　定理 6.2.19[105]　(1) $K_4^{(n)}$ 为亲切图当且仅当 $n \equiv 0, 2, 3 (\mathrm{mod} 4)$；

　　(2) $K_5^{(n)}$ 为亲切图当且仅当 $n \equiv 0 (\mathrm{mod} 2)$；

　　(3) $K_6^{(n)}$ 为亲切图当且仅当 $n \geqslant 3$；

　　(4) $K_7^{(n)}$ 为亲切图当且仅当 $n \equiv 0, 1, 3 (\mathrm{mod} 4)$；

　　(5) $K_n^{(2)}$ 为亲切图当且仅当 $n = p^2$ 或者 $n = p^2 + 1$（存在整数 p）。

　　例如，图 $K_4^{(3)}$ 和图 $K_5^{(2)}$ 的亲切标号如图 6.26 所示。

　　对于轮图 $W_m = C_m \vee K_1$ 和扇图 $F_m = P_m \vee K_1$，S. C. Shee 和 Y. S. Ho[105] 还研究了这两类图的一点并。令 $W_m^{(n)}$ 表示 n 个 W_m 的一点并，其公共点为 W_m 的中心点。同样，$F_m^{(n)}$ 表示 n 个 F_m 的一点并，其公共点为 F_m 的中心点。

　　定理 6.2.20[105]　当 $m \equiv 0, 2 (\mathrm{mod} 4)$ 时，$W_m^{(n)}$ 为亲切图；

　　当 $m \equiv 3 (\mathrm{mod} 4)$，$n \equiv 0, 2, 3 (\mathrm{mod} 4)$ 时，$W_m^{(n)}$ 为亲切图；

　　当 $m \equiv 1 (\mathrm{mod} 4)$，$n \equiv 0, 1, 2 (\mathrm{mod} 4)$ 时，$W_m^{(n)}$ 为亲切图。

　　定理 6.2.21[105]　对所有的整数 $n (n \geqslant 1)$ 和 $m (m \geqslant 2)$，$F_m^{(n)}$ 为亲切图。

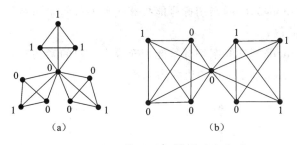

图 6.26　图 $K_4^{(3)}$ 和图 $K_5^{(2)}$ 的亲切标号

此外,S. C. Shee 等人[105]还研究了一类所谓旗图的亲切性,即在 C_m 的恰好一个点处增添一条悬挂边(同时也增添了一个悬挂点),他们证明了任意多个旗图的一点并(其公共点为悬挂点)均是亲切图。例如,4 个旗图的一点并的亲切标号如图 6.27所示。

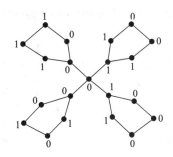

图 6.27　四个旗图的一点并的亲切标号

如果在一个轮图 $W_n = C_n \vee K_1$ 的圈 C_n 上每个点均增加一条悬挂边,所得的图 H_n 称为 Helm-图;如果将一个 Helm-图的悬挂点(依次)连接成一个圈,所得的图称为闭 Helm-图;如果将一个 Helm-图的每个悬挂点均与其中心点邻接,所得的图称为花图;如果在轮图 W_n 中增添 n 个新点,将每个新点(依次)邻接 W_n 外圈 C_n 上两个相邻点,所得的图称为太阳花图。例如,图 6.28 所示为 Helm-图和闭 Helm-图的亲切标号;图 6.29 所示为花图与太阳花图的亲切标号。

定理 6.2.22[23]　所有的 Helm-图、闭 Helm-图、花图和太阳花图均是亲切图。

M. Andar、S. Boxwala 和 N. Limaye 定义了下面两类新图类:

(1) 设 G 为一个非空图,t 为一个正整数,则用 $P_t(G)$ 表示将 G 的每一条边都用长为 t 的路代替所成的图;

(2) $P_t(u,v)$ 表示用 t 条内部不交的路连接 u 和 v 两点所成的图。

他们研究这两类图的亲切标号,获得了下面的结论(参见文献[23]):

定理 6.2.23[23]　设图 G 为亲切图,则有

(1) 若 t 为奇数,则 $P_t(G)$ 为亲切图;

(2) 若 $t\equiv 2\pmod 4$，G 的亲切标号能扩充成 $P_t(G)$ 的亲切标号当且仅当 G 中标号为 0 的边数为偶数；

(3) 若 $t\equiv 0\pmod 4$，G 的亲切标号能扩充成 $P_t(G)$ 的亲切标号当且仅当 G 中标号为 1 的边数为偶数，标号为 0 的边数为偶数。

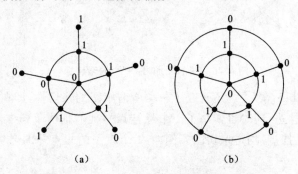

(a)　　　　　　　　　　(b)

图 6.28　Helm-图和闭 Helm-图的亲切标号

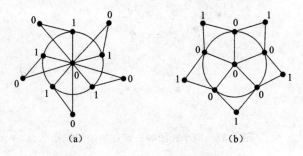

(a)　　　　　　　　　　(b)

图 6.29　花图与太阳花图的亲切标号

定理 6.2.24[23]　(1) 当 $t\geq 2$ 时，$P_t(K_{2n})$ 是亲切图；

(2) $P_t(K_{2n+1})$ 为亲切图当且仅当下列条件至少其一成立：

① $t\equiv 0\pmod 4$；

② $t\equiv 1\pmod 2$ 且 $n\equiv 0,1,3\pmod 4$；

③ $t\equiv 2\pmod 4$ 且 $n\equiv 0\pmod 2$。

定理 6.2.25[23]　除了 $P_t(u,v)$ 为 E 图且其边数模 4 余 2 的情况之外，所有的 $P_t(u,v)$ 均是一个亲切图。

例如，一个 $P_3(u,v)$ 的亲切标号如图 6.30 所示。

给定一个图 G，令 $G_i\cong G$ $(i=1,2,\cdots,n)$，每个 G_i 中取定一点 v_i，将 v_i 与 v_{i+1} 邻接 $(i=1,2,\cdots,n-1)$，所得的图称为 G 的 n-路并图。当然，一个给定图 G 的 n-路并图并非唯一的，因为这还依赖于 G_i 中 v_i 点的选取。S. C. Shee 和 Y. S. Ho[106] 研究了给定图 G 的 n-路并图的亲切性，证明了如下结论：

定理 6.2.26[106]　(1) 圈的 n-路并图是亲切图；

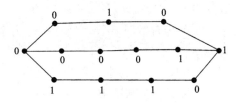

图 6.30　一个 $P_3(u,v)$ 的亲切标号

（2）当 $m=4,6,7$ 时，K_m 的 n-路并图是亲切图；

（3）当 $n\geqslant 3$ 时，K_5 的 n-路并图是亲切图；

（4）K_m 的 2-路并图是亲切图当且仅当 m、$m-2$ 或 $m+2$ 至少其中之一为完全平方数。

例如，C_4 的 4-路并图的亲切标号如图 6.31 所示，K_6 的 2-路并图的亲切标号如图 6.32 所示。

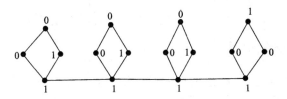

图 6.31　C_4 的 4-路并图的亲切标号

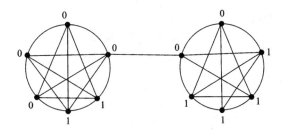

图 6.32　K_6 的 2-路并图的亲切标号

6.2.3　亲切图扩充

S. M. Lee 和 A. Liu[107] 给出了下面将亲切图进行扩充的方法。

设 $H=(V,E)$ 为一个具有偶数条边的亲切图，f 为其一个亲切标号。在 f 下，$V(H)$ 分成 t 个子集 $H_1 H_2,\cdots,H_t$，使得每个 H_i 中标号为 1 的点数与标号为 0 的点数相同。对于任意一个图 $G,G_1,G_2,\cdots,G_t$ 为 $V(G)$ 的任意 t 个子集，记 (G,H) 表示在 $G\cup H$ 中，将 G_i 中每个点与 H_i 中每个点均邻接所得的图，则 G 是亲切图当且仅当 (G,H) 为亲切图。

应用上述方法可以证明下面的结论：

定理 6.2.27[107]　　所有的 $F_{m,n}=\overline{K_m}\vee P_n$ 均是亲切图。

定理 6.2.28[107]　　(1) 当 m 为奇数时，$W_{m,n}=\overline{K_m}\vee C_n$ 为亲切图当且仅当 $n\equiv0$, $1,2(\mathrm{mod}4)$；

(2) 当 m 为偶数时，$W_{m,n}=\overline{K_m}\vee C_n$ 为亲切图当且仅当 $n\equiv0,1,3(\mathrm{mod}4)$。

S. M. Lee 和 A. Liu[107]定义了一类新图 $B_{m,n}$，如图 6.33 所示。

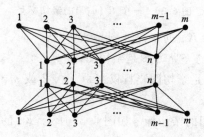

图 6.33　图 $B_{m,n}$

定理 6.2.29[107]　　$B_{m,n}$ 为亲切图当且仅当 m 为偶数或者 $n\equiv0,1,3(\mathrm{mod}4)$。

6.2.4　亲切标号的变化

亲切标号有几种变化形式，I. Cahit[108]首先定义并研究了一种新的标号，称为 H-亲切标号，其定义如下：

定义 6.2.2[108]　　设 $G=(V,E)$ 为一个图，如果存在一个整数 $k(k\geqslant0)$ 和一个映射 $f:E\rightarrow\{1,-1\}$，满足

(1) $\forall v\in V$，与 v 关联的所有边标号之和（称为 v 点标号）等于 k 或 $-k$，

(2) $|v(k)-v(-k)|\leqslant1$，$|e(1)-e(-1)|\leqslant1$，其中 $v(i)$ 和 $e(j)$ 分别表示标号为 i 的点数和标号为 j 的边数，

则称 f 为图 G 的一个 H-亲切标号，具有 H-标号的图称为 H-亲切图。

例如，W_5 的 H-亲切标号如图 6.34 所示。

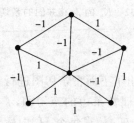

图 6.34　W_5 的 H-亲切标号

定理 6.2.30[108]　　(1) $K_{n,n}$ 为 H-亲切图当且仅当 $n\geqslant4$ 且 n 为偶数；

(2) $K_{m,n}(m\neq n)$ 为 H-亲切图当且仅当 $n\equiv0(\mathrm{mod}4)$，m 为偶数，$n\geqslant4$ 且 $m\geqslant4$。

定理 6.2.31[23]　　K_n 为 H-亲切图当且仅当 $n\equiv0,3(\mathrm{mod}4)$。

定理 6.2.32[23]　　$W_n = C_n \vee K_1$ 为 H-亲切图当且仅当 n 为奇数。

例如，$K_4 = W_3$ 的 H-亲切标号如图 6.35 所示。

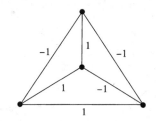

图 6.35　$K_4 = W_3$ 的 H-亲切标号

定义 6.2.3[108]　　设 $G = (V, E)$ 为一个图，如果存在一个映射 $f: E \to \{\pm 1, \pm 2, \cdots, \pm n\}$，满足

(1) $\forall v \in V$，与 v 关联的所有边标号之和（称为 v 点标号）在 $\{\pm 1, \pm 2, \cdots, \pm n\}$ 中，

(2) 对于每个 $i (1 \leqslant i \leqslant n)$，均有 $|v(i) - v(-i)| \leqslant 1$，$|e(i) - e(-i)| \leqslant 1$，其中 $v(i)$ 和 $e(i)$ 分别表示标号为 i 的点数和标号为 i 的边数，

则称 f 为图 G 的一个 H_n-亲切标号，具有 H_n-标号的图称为 H_n-亲切图。

M. Ghebleh 和 R. Khoeilar[109] 研究了图的 H_n-亲切性，证明了如下结论：

定理 6.2.33[109]　　(1) 当 $n \equiv 0, 3 \pmod 4$ 时，K_n 为 H_2-亲切图；

(2) 当 $n \equiv 1 \pmod 4$ 时，K_n 为不是 H_2-亲切图。

定理 6.2.34[109]　　所有的轮图 W_n 均为 H_2-亲切图。

图的亲切标号除了上述两种变化之外，还可进行如下的自然推广。

I. Cahit 和 R. Yilmaz[110] 引入了图的 E_k-亲切标号的概念。

定义 6.2.4[110]　　设 $G = (V, E)$ 为一个图，如果一个映射 $f: E \to \{0, 1, 2, \cdots, k-1\}$，$\forall v \in V$，与 v 关联的所有边标号之和取模 k 的非负最小剩余称为 v 点标号，满足

(1) 对于每个 $i (0 \leqslant i \leqslant k-1)$ 和 $j (0 \leqslant j \leqslant k-1)$，均有 $|v(i) - v(j)| \leqslant 1$，其中 $v(i)$ 和 $v(j)$ 分别为标号为 i 和标号为 j 的点数，

(2) 对于每个 $i (0 \leqslant i \leqslant k-1)$ 和 $j (0 \leqslant j \leqslant k-1)$，均有 $|e(i) - e(j)| \leqslant 1$，其中 $e(i)$ 和 $e(j)$ 分别表示标号为 i 和标号为 j 的边数，

则称 f 为图 G 的一个 E_k-亲切标号，且称 G 为一个 E_k-亲切图。

从上述定义中不难看出，当 $k = 2$ 时，E_2-亲切标号即为亲切标号，E_2-亲切图即为亲切图。

I. Cahit 和 R. Yilmaz[110] 研究了图的 E_3-亲切标号，证明了一些特殊图为 E_3-亲切图。

定理 6.2.35[110]　　设整数 $n \geqslant 3$，则所有的 n 阶路 P_n、n 阶圈 C_n、n 阶完全图 K_n

均为 E_3-亲切图。

例如，K_4 和 C_6 的 E_3-亲切标号如图 6.36 所示。

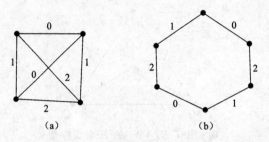

图 6.36　K_4 和 C_6 的 E_3-亲切标号

定理 6.2.36[110]　所有的 $n+1$ 阶扇图 $F_n=P_n \vee K_1$ 和友谊图 $(mK_2) \vee K_1$ 均是 E_3-亲切图。

定理 6.2.37[110]　当 $n \geqslant 2$ 时，$n+1$ 阶星 $K_{1,n}$ 为 E_3-亲切图当且仅当 $n \equiv 0,2$（mod3）。

例如，扇图 F_6 和 $(3K_2) \vee K_1$ 的 E_3-亲切标号如图 6.37 所示。

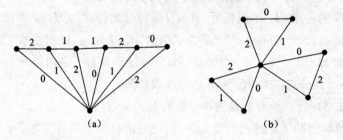

图 6.37　扇图 F_6 和 $(3K_2) \vee K_1$ 的 E_3-亲切标号

较上述定理更一般地，I. Cahit 和 R. Yilmaz[110] 获得了下面的结论：

定理 6.2.38[110]　设整数 $n \geqslant 2$，则有

(1) 当 k 为奇数时，$K_{1,n}$ 为 E_k-亲切图当且仅当 $n \not\equiv 1 \pmod k$；

(2) 当 $k \geqslant 4$ 且 k 为偶数时，$K_{1,n}$ 为 E_k-亲切图当且仅当 $n \not\equiv 1 \pmod{2k}$。

作为图的亲切标号与和谐标号的同时推广，M. Hovey[111] 首先提出并研究了图的另一种标号，即 k-亲切标号。

定义 6.2.5[111]　设 $G=(V,E)$ 为一个图，A 为任意一个交换群（运算为加法），如果存在一个映射（点标号）$f:V \to A$，导出 E 的标号为 $f(ab)=f(a)+f(b)$（对任意 $ab \in E$），满足

(1) $\forall a,b \in A$，标号为 a 的点数与标号为 b 的点数相差至多为 1，

(2) $\forall a,b \in A$，标号为 a 的边数与标号为 b 的边数相差至多为 1，

则称 f 为图 G 的一个 A-标号，其中 A 为一个加法群（交换群）。

特殊地,当 A 还是一个 k 阶循环群时,则称 f 为图 G 的一个 k-亲切标号,称 G 为一个 k-亲切图,或者说,G 是 k-亲切的。

由上述定义不难看出下面的引理:

引理 6.2.1　设 $G=(V,E)$ 为一个图,则有

(1) G 为和谐图当且仅当 G 是 $|E|$-亲切图;

(2) G 为亲切图当且仅当 G 是 2-亲切图。

M. Hovey[111] 研究了几类特殊图的 k-亲切性,获得了如下结论:

定理 6.2.39[111]　(1) 对任意整数 $k(k\geqslant2)$,所有的毛虫树都是 k-亲切图;

(2) 当 $3\leqslant k\leqslant5$ 时,所有的树都是 k-亲切图;

(3) 对任意整数 $k(k\geqslant2)$,具有一条悬挂边的奇圈是 k-亲切图;

(4) 对整数 k,当 $k\geqslant3$ 且 k 为奇数时,所有的圈都是 k-亲切图;

(5) 当 k 为偶数时,若 $0\leqslant j\leqslant\dfrac{k}{2}+2$ 或者 $k<j<2k$,则 C_{2mk+j} 是 k-亲切图;

(6) $C_{(2m+1)k}$ 不是 k-亲切图;

(7) K_m 是 3-亲切图;

(8) 当 k 为偶数时,K_{mk} 为 k-亲切图当且仅当 $m=1$。

例如,一棵毛虫树 T 的 3-亲切标号如图 6.38 所示,具有一条悬挂边的 C_7 的 4-亲切标号如图 6.39 所示。

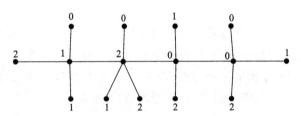

图 6.38　一棵毛虫树 T 的 3-亲切标号

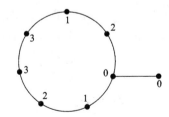

图 6.39　具有一条悬挂边的 C_7 的 4-亲切标号

M. Hovey[111] 进一步提出了下面的猜想(参见文献[23]):

猜想 6.2.2[111]　设 k 和 j 均是偶数,且 $0\leqslant j<2k$,则 C_{2mk+j} 为 k-亲切图当且仅当 $j\neq k$。

这一猜想被 R. Tao[112] 所证明。对于轮图 $W_n = C_n \vee K_1$，还证明了下面的结论：

定理 6.2.40[112]　　除了 $k \equiv 5 \pmod 8$ 且 $n = \dfrac{k+1}{2}$ 之外，所有的轮图 W_n 均是 k-亲切图。

例如，W_6 的 4-亲切标号如图 6.40 所示。

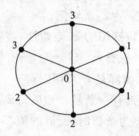

图 6.40　W_6 的 4-亲切标号

猜想 6.2.3[111]　　对任何正整数 k，每棵树都是 k-亲切图。

猜想 6.2.4[111]　　每个连通图都是 3-亲切图。

上述两个猜想至今未能证明或否定。

6.3　k-均衡标号

上一节介绍了图的亲切标号及其几种变化形式，其中的一种标号称为 k-亲切标号，可作为亲切标号的推广，也可作为和谐标号的一种推广。在亲切标号中，对元素（点或边）进行标号所导出的另一元素（边或点）的标号是以和式（或取模）为基础的。本节介绍图的均衡标号，将以差式（或取绝对值）为基础。

6.3.1　k-均衡标号概念

在 1990 年，I. Cahit[113] 首先提出并研究了图的 k-均衡标号。

定义 6.3.1[113]　　设 $G = (V, E)$ 为一个图，k 为一个正整数，如果存在一个映射（点标号）$f: V \rightarrow \{0, 1, 2, \cdots, k-1\}$，导出的边标号为 $f(uv) = |f(u) - f(v)|$（对任意 $uv \in E$），满足

（1）$\forall i, j \in \{0, 1, 2, \cdots, k-1\}$，均有标号为 i 的点数与标号为 j 的点数相差至多为 1，

（2）$\forall i, j \in \{0, 1, 2, \cdots, k-1\}$，均有标号为 i 的边数与标号为 j 的边数相差至多为 1，

则称 f 为图 G 的一个 k-均衡标号，并称 G 为一个 k-均衡图，或者说，G 是 k-均衡的。

由上述定义不难看出：对于一个图 $G = (V, E)$，当 G 是 2-均衡图时，等价于 G 是

亲切图;当 G 是 $|E|+1$-均衡图时,等价于 G 是一个优美图。因此,k-均衡标号是亲切标号和优美标号的一种自然推广,即得到下面的引理:

引理 6.3.1　图 G 是 $|E|+1$-均衡图当且仅当 G 为优美图,图 G 是 2-均衡图当且仅当 G 为亲切图。

引理 6.3.2　设 $G=(V,E)$ 为一个具有 q 条边的 E 图,$q\equiv k(\mathrm{mod}2k)$,则当 $k\equiv2$,$3(\mathrm{mod}4)$ 时,G 不是 k-均衡图。

证明(反证法)　假若 G 为一个 k-均衡图,设 f 为图 G 的一个 k-均衡标号,由于 $q\equiv k(\mathrm{mod}2k)$,故可记 $q=(2n+1)k$,其中 n 为正整数。由定义知,在 f 所导出的边标号下,对每个 $i\in\{0,1,2,\cdots,k-1\}$,标号为 i 的边恰好有 $2n+1$ 条。注意到 G 是 E 图,即 $\forall v\in V$,均有 $d(v)\equiv0(\mathrm{mod}2)$,因此有

$$\sum_{uv\in E}|f(u)-f(v)|\equiv\sum_{uv\in E}[f(u)+f(v)](\mathrm{mod}2)$$
$$=\sum_{v\in V}d(v)f(v)(\mathrm{mod}2)$$
$$\equiv0(\mathrm{mod}2),$$

从而有

$$\sum_{uv\in E}|f(u)-f(v)|=(2n+1)\sum_{i=0}^{k-1}i$$
$$=\frac{(2n+1)k(k-1)}{2}$$
$$\equiv0(\mathrm{mod}2),$$

这与条件 $k\equiv2,3(\mathrm{mod}4)$ 相矛盾。引理证毕。

上述引理可以用来判定一些 E 图的非 k-均衡性。例如,若一个 E 图 G 的边数 $q\equiv3(\mathrm{mod}6)$,则 G 不是 3-均衡图。M. Seoud 等人也给出了下面的引理,来判定图的非 k-均衡性(参见文献[23]):

引理 6.3.3[23]　设 G 是一个具有 m 条边的 n 阶图,若 G 的每点的度均是奇数,且 $n\equiv0(\mathrm{mod}3)$,$m\equiv3(\mathrm{mod}6)$,则 G 不是 3-均衡图。

对于一棵树 T,I. Cahit 证明了:当 T 的 1-度点的数目不超过 4 时,T 为一个 3-均衡图。并进一步提出了下面的猜想:

猜想 6.3.1[23]　对任意 k,所有的树都是 k-均衡图。

当然,由引理 6.3.1 知,上述猜想是优美树猜想的一个推广形式,还远远未能解决。不过,D. Speyer 和 Z. Szaniszlo[114] 证明了当 $k=3$ 时,上述猜想是成立的,即有下面的结论:

定理 6.3.1[114]　所有的树都是 3-均衡图。

例如,一棵毛虫树 T 的 3-均衡标号如图 6.41 所示。

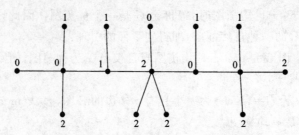

图 6.41　一棵毛虫树 T 的 3-均衡标号

6.3.2　k-均衡图

首先,I. Cahit[100]研究了图的 3-均衡图,证明了一些特殊图在一定条件下是3-均衡的。

定理 6.3.2[100]　(1) 所有的毛虫树都是 3-均衡的;

(2) C_n 是 3-均衡图当且仅当 $n \neq 3 \pmod 6$;

(3) 友谊图 $C_3^{(n)} = (nK_2) \vee K_1$ 为 3-均衡图当且仅当 n 为偶数;

(4) 具有 n 个三角形的三角蛇图 $T_3(n)$ 是 3-均衡图当且仅当 n 为偶数。

例如,一个三角蛇图 $T_3(6)$ 的 3-均衡标号如图 6.42 所示。

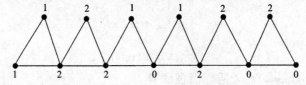

图 6.42　$T_3(6)$ 的 3-均衡标号

对于轮图 $W_n = C_n \vee K_1$,I. Cahit[100]错误地"证明"了:W_n 为 3-均衡图当且仅当 $n \neq 3 \pmod 6$。但这一结论是不正确的。例如,图 6.43 给出了 W_9 的一个 3-均衡标号。事实上,Youssef 证明了下面的结论(参见文献[23]):

定理 6.3.3[23]　当 $n \geqslant 4$ 时,所有的 W_n 为 3-均衡图。

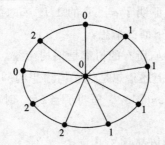

图 6.43　W_9 的一个 3-均衡标号

对于扇图 $F_n = P_n \vee K_1$、双扇图 $P_n \vee \overline{K_2}$ 和 P_n^2 图，M. Seoud 和 A. E. I. Abdel Maqsoud 证明了下面的结论：

定理 6.3.4[23]　（1）当 $n \geqslant 3$ 时，所有的扇图 F_n 均是 3-均衡图；

（2）当 $n \neq 4$ 时，所有的双扇图 $P_n \vee \overline{K_2}$ 均是 3-均衡图；

（3）当 $n \neq 3$ 时，P_n^2 图是 3-均衡图。

例如，F_6 和 P_9^2 图的 3-均衡标号如图 6.44 所示。

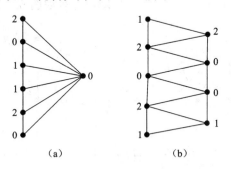

图 6.44　F_6 和 P_9^2 图的 3-均衡标号

M. Seoud 和 A. E. I. Abdel Maqsoud 研究了完全多部图的 3-均衡性，获得了如下结论（参见文献[23]）：

定理 6.3.5[23]　（1）$K_{1,1,n}$ 为 3-均衡图当且仅当 $n \equiv 0, 2 \pmod 3$；

（2）$K_{1,2,n} (n \geqslant 2)$ 为 3-均衡图当且仅当 $n \equiv 2 \pmod 3$；

（3）设 $n \geqslant m \geqslant 3$，则 $K_{m,n}$ 为 3-均衡图当且仅当 $(m, n) = (4, 4)$；

（4）设 $n \geqslant m \geqslant 3$，则 $K_{1,m,n}$ 为 3-均衡图当且仅当 $(m, n) = (3, 4)$。

例如，$K_{4,4}$ 和 $K_{1,3,4}$ 的 3-均衡标号如图 6.45 所示。

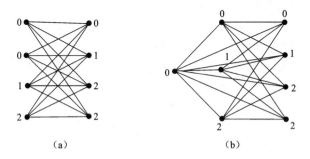

图 6.45　$K_{4,4}$ 和 $K_{1,3,4}$ 的 3-均衡标号

关于图的 k-均衡标号，上述几个定理是针对 $k = 3$ 的情形，而对一般情况，所知道的特殊图不多。Z. Szaniszlo[115] 获得了下面的结论：

定理 6.3.6[115]　（1）对所有正整数 k，路 P_n 和星 $K_{1,n}$ 均是 k-均衡图。

（2）K_n 是 2-均衡图当且仅当 $n \leqslant 3$，当 $3 \leqslant k < n$ 时 K_n 不是 k-均衡图。

(3) $K_{2,n}$ 为 k-均衡图当且仅当下列条件至少之一成立：

① $n \equiv k-1 \pmod{k}$；

② $n \equiv 0, 1, 2, \cdots, \left\lfloor \dfrac{k}{2} \right\rfloor - 1 \pmod{k}$；

③ k 为奇数，且 $n = \dfrac{k-1}{2}$。

例如，$K_{2,7}$ 的 4-均衡标号和 $K_{2,5}$ 的 11-均衡标号如图 6.46 所示。

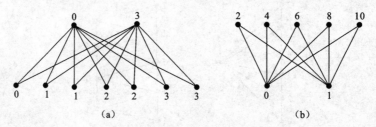

(a)　　　　　　　　　　　　(b)

图 6.46　　$K_{2,7}$ 的 4-均衡标号和 $K_{2,5}$ 的 11-均衡标号

对于圈 C_n 的 k-均衡标号，Z. Szaniszlo[115] 给出了下面的结论：

定理 6.3.7[115]　　设 $n \geqslant 3$，则 C_n 为 k-均衡图当且仅当 k 满足下面三个条件：

(1) $k \neq n$；

(2) 若 $k \equiv 2, 3 \pmod 4$，则 $k \neq n+1$；

(3) 若 $k \equiv 2, 3 \pmod 4$，则 $n \neq k \pmod{2k}$。

对于完全二部图和完全多部图，D. Vickrey[116] 确定了其 k-均衡性。

定理 6.3.8[116]　　设 $n(n \geqslant 3)$ 和 $m(m \geqslant 3)$ 均为整数，则 $K_{m,n}$ 为 k-均衡图当且仅当 $K_{m,n}$ 为下列情形之一：

(1) $K_{4,4}$ 为 3-均衡图；

(2) $K_{3,k-1}$ 为 k-均衡图；

(3) $K_{m,n}$ 为 k-均衡图（其中 $k \geqslant mn+1$）。

例如，$K_{4,4}$ 的 3-均衡标号如图 6.45 所示，$K_{3,6}$ 的 7-均衡标号如图 6.47 所示。

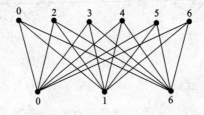

图 6.47　　$K_{3,6}$ 的 7-均衡标号

定理 6.3.9[116]　　设 $G = K(n_1, n_2, \cdots, n_t)$ 为一个完全 t-部图 $(t \geqslant 3)$，$m = |E(G)|$，若 $3 \leqslant k \leqslant m$，则 G 为 k-均衡图当且仅当

$$G=K(1,1,kn+k-1) \quad \text{或} \quad G=K(1,2,kn+k-1)。$$

6.3.3　k-均衡标号的变形

在图的 k-均衡标号定义中,如果适当减弱、增强或改变条件,便可得到 k-均衡标号的多种变形。M. Seoud 和 A. E. I. Abdel Maqsoud[103]首先给出了一种 k-平衡标号的定义:

定义 6.3.2[103]　设 $G=(V,E)$ 为一个图,k 为一个正整数,如果存在一个单射(点标号)$f:V\to\{0,1,2,\cdots,k-1\}$,使其导出的边标号 $f(uv)=|f(u)-f(v)|$(对任意 $uv\in E$)满足

$\forall i,j\in\{0,1,2,\cdots,k-1\}$,标号为 i 的边数与标号为 j 的边数相差至多为 1,

则称 f 为图 G 的一个 k-平衡标号,并称 G 为一个 k-平衡图,或者说,G 是 k-平衡的。

另一种 k-均衡标号的变形是由 B. Bloom 首先提出的,为了区别于 k-均衡标号,这时称其为 k-绝对均衡标号,其定义如下:

定义 6.3.3[23]　设 $G=(V,E)$ 为一个图,k 为一个正整数,如果存在一个单射(点标号)$f:V\to\mathbf{N}^+$(正整数集),使其导出的边标号 $f(uv)=|f(u)-f(v)|$(对任意 $uv\in E$)满足:每条边的标号恰好均出现 k 次,则称 f 为图 G 的一个 k-绝对均衡标号,并称 G 为一个 k-绝对均衡图,或者说,G 是 k-绝对均衡的。

特殊地,当 G 为一个 n 阶图,且 f 为 V 到 $\{1,2,\cdots,n\}$ 上的 k-绝对均衡标号时,则称 f 为一个极小 k-绝对均衡标号,此时也称 G 为一个极小 k-绝对均衡图。

由上述定义不难看出,G 为 k-绝对均衡图的一个必要条件是 k 为 $|E(G)|$ 的一个因数。

更进一步地,C. Barrientos 和 H. Hevia[117]证明了下面的引理:

引理 6.3.4[117]　G 为一个 k-绝对均衡图,且 $|E(G)|=kw$,则有

$$\delta(G)\leqslant w \quad \text{且} \quad \Delta(G)\leqslant 2w。$$

J. Wojciechowski[118]研究了圈的极小 k-绝对均衡性,得出了下面的结论:

定理 6.3.10[118]　C_n 为极小 k-绝对均衡图当且仅当 k 为 n 的真因数。

例如,C_8 的极小 4-绝对均衡标号和 C_9 的极小 3-绝对均衡标号如图 6.48 所示。

C. Barrientos 和 I. Dejter 等人[119]研究了树和森林的 k-绝对均衡性,证明了如下结论:

定理 6.3.11[119]　(1)所有偶数条边的森林均是 2-绝对均衡图;

(2)当 $3\leqslant k\leqslant 4$ 时,边数为 kw 的森林 G 为 k-绝对均衡图当且仅当 $\Delta(G)\leqslant 2w$;

(3)P_n 为 k-绝对均衡图当且仅当 $n-1\equiv 0(\bmod k)$。

C. Barrientos 和 H. Hevia[117]研究图的 k-绝对均衡性,获得下面的结论,并提出一个猜想。

定理 6.3.12[117]　(1)$C_n\times K_2$ 是 2-绝对均衡图当且仅当 n 为偶数;

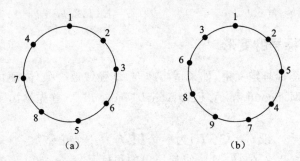

图 6.48 C_8 的极小 4-绝对均衡标号和 C_9 的极小 3-绝对均衡标号

(2) k-绝对均衡图的一点并是 k-绝对均衡图;

(3) 当 $n \neq 3 \pmod 4$ 时,W_n 为 2-绝对均衡图。

猜想 6.3.2[117]　当 $n \equiv 3 \pmod 4$ 且 $n \neq 3$ 时,W_n 为 2-绝对均衡图。

例如,W_7 的 2-绝对均衡标号如图 6.49 所示。

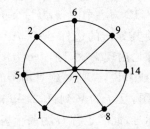

图 6.49　W_7 的 2-绝对均衡标号

V. Bhat-Nayak 和 M. Acharya 研究了圈的冠图 $C_n \oplus K_1$ 的极小 k-绝对均衡性(参见文献[23])。$C_n \oplus K_1$ 是指在圈 C_n 的每个点处增加一条悬挂边所得的图,如图 6.50 所示。

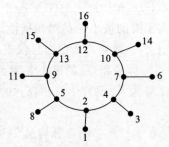

图 6.50　$C_8 \oplus K_1$ 的极小 4-绝对均衡标号

定理 6.3.13[23]　设 n 为正整数,则有

(1) 当 $k \in \{2,4,n,2n\}$ 时,$C_{2n} \oplus K_1$ 是极小 k-绝对均衡图;

(2) 当 $k \in \{3,6,n,3n\}$ 时,$C_{3n} \oplus K_1$ 是极小 k-绝对均衡图;

（3）当 $k \in \{5,10,n,5n\}$ 时，$C_{5n} \oplus K_1$ 是极小 k-绝对均衡图；

（4）$C_{2n+1} \oplus K_1$ 是极小 $2n+1$-绝对均衡图。

例如，$C_8 \oplus K_1$ 的极小 4-绝对均衡标号如图 6.50 所示。

6.4　因子标号与倍数标号

6.4.1　因子标号

G. Santhosh 和 G. Singh 提出并研究了图的因子标号问题，因子标号的定义可表达如下（参见文献[23]）：

定义 6.4.1[23]　设 $G=(V,E)$ 为一个 n 阶图，如果存在一个 n 元整数集 S 和一个 1-1 映射（点标号）$f:V \to S$，使得 $uv \in E$ 当且仅当 $f(u) \mid f(v)$ 或者 $f(v) \mid f(u)$ 成立，则称 f 为图 G 的一个因子标号（或整除标号），并称图 G 为一个因子图（或整除图）。

由上述定义不难看出下面的引理：

引理 6.4.1　任何一个因子图的导出子图也是一个因子图。

G. Santhosh 和 G. Singh 证明了下面的结论：

定理 6.4.1[23]　若 G 为一个因子图，则对任何整数 $n(n \geqslant 1)$，$G \vee K_n$ 也是一个因子图。

证明　为了方便，记 $V(G)=S$ 为一个非负整数集，设 Q 表示 $V(G)=S$ 中有非零元素（点）之积。不妨设 $Q \geqslant 2$，令 $T=V(K_n)=\{Q^i \mid 2 \leqslant i \leqslant n+1\}$，则 $G \vee K_n$ 是一个 $S \cup T$ 上的因子图。定理证毕。

推论 6.4.1　对任何整数 $n(n \geqslant 1)$，K_n 为因子图。

定理 6.4.2[23]　C_n 为因子图当且仅当 n 为偶数且 $n \geqslant 4$。

例如，C_8 的因子标号如图 6.51 所示。

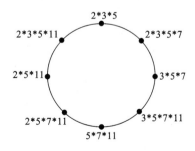

图 6.51　C_8 的因子标号

由定理 6.4.1 及定理 6.4.2 可得下面的推论：

推论 6.4.2　当 n 为偶数且 $n \geqslant 4$ 时,轮图 $W_n = C_n \vee K_1$ 为因子图。

定理 6.4.3[23]　(1) mK_n 为因子图;

(2) 若干完全图的一点并图为因子图;

(3) $P_n \vee \overline{K_p}$ 为因子图。

例如,设 $G = K_3 \circ K_4 \circ K_5$ 表示三个完全图的一点并图,图 G 的一个因子标号如图 6.52 所示。

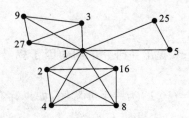

图 6.52　图 G 的一个因子标号

定理 6.4.4[23]　所有的树均为因子图。

推论 6.4.3　所有的扇图 $F_n = P_n \vee K_1$ 为因子图。

6.4.2　倍数标号

L. Beineke 和 S. Hegde[175] 提出并研究了图的(强)倍数标号问题,其定义如下:

定义 6.4.2[175]　设 $G = (V, E)$ 为一个 p 阶图,如果存在一个 1-1 映射(点标号) $f: V \to \{1, 2, \cdots, p\}$,使得由其导出的边标号 $f^*(uv) = f(u)f(v)$ 为 E 上的一个单射(即当 $e_1 \neq e_2$ 时,$f^*(e_1) \neq f^*(e_2)$),则称 f 为图 G 的一个倍数标号(或强倍数标号),并称图 G 为一个倍数图。

由上述定义不难得出下面的结论:

定理 6.4.5[175]　(1) K_n 为倍数图当且仅当 $n \leqslant 5$;

(2) $K_{n,n}$ 为倍数图当且仅当 $n \leqslant 4$。

例如,$K_{4,4}$ 的倍数标号如图 6.53 所示。

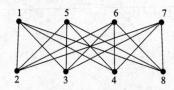

图 6.53　$K_{4,4}$ 的倍数标号

定理 6.4.6[175]　所有的树、圈、轮图均是倍数图。

例如,C_6 和 W_6 的倍数标号如图 6.54 所示。

定理 6.4.7[175]　对任何整数 $m(m \geqslant 2)$ 和 $n(n \geqslant 2)$,$P_m \times P_n$ 为倍数图。

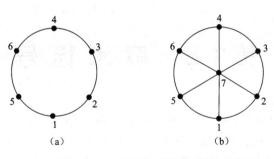

图 6.54　C_6 和 W_6 的倍数标号

例如，$P_3 \times P_8$ 的倍数标号如图 6.55 所示。

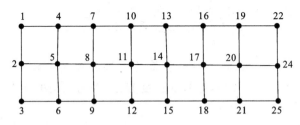

图 6.55　$P_3 \times P_8$ 的倍数标号

L. Beineke 和 S. Hegde[175]还研究了一个 n 阶倍数图的最多边数问题。

令 $\lambda(n)$ 表示 n 阶倍数图的最多边数，L. Beineke 和 S. Hegde[175]获得了如下结论，并提出了一个未解决的问题。

定理 6.4.8[175]　设整数 $r \geqslant 1$，则有

(1) $\lambda(4r) \leqslant 6r^2$；

(2) $\lambda(4r+1) \leqslant 6r^2 + 4r$；

(3) $\lambda(4r+2) \leqslant 6r^2 + 6r + 1$；

(4) $\lambda(4r+3) \leqslant 6r^2 + 10r + 3$。

问题 6.4.1　如何找出 $\lambda(n)$ 的一个非平凡的下界？

这一问题至今未能解决，有待于进一步研究。

第7章 魔术标号

第6章介绍了图的几种特殊标号的概念及相关结论。本章将继续介绍一类特殊标号，即魔术标号。由于有关这类标号的内容较为系统、完整，因而本书中将其单独列为一章进行介绍。本章主要介绍魔术标号、边魔术标号、点魔术标号和反魔术标号等的概念及相关结论。

7.1 魔术标号

早在1963年，J. Sedlacek[130]在研究魔方问题时提出了魔术标号的概念，后来B. M. Stewart[131~132]给出了魔术标号的适度变化，提出了图的半魔术标号和超魔术标号的概念。

7.1.1 魔术标号的相关概念

首先，将 B. M. Stewart[131,132]所给出的魔术标号、半魔术标号和超魔术标号的定义表述如下：

定义 7.1.1[131,132] 设 $G=(V,E)$ 为一个简单图，如果存在一个映射 $f: E \rightarrow \mathbf{N}^+$（正整数集）和一个常数 c，使得对任意给定的 $v \in V$，均有 $\sum_{uv \in E} f(uv) = c$ 成立，则称 f 为图 G 的一个半魔术标号（semi-magic labeling），并称 G 为一个半魔术图，或者说 G 是半魔术的。

在上述定义中，如果 f 是一个单射，则称 f 为图 G 的一个魔术标号（magic labeling），并称 G 为一个魔术图。

如果 f 为图 G 的一个魔术标号，且在 f 下 $E(G)$ 的标号数为连续的 $|E(G)|$ 个正整数，则称 f 为 G 的一个超魔术标号（supermagic labeling），此时也称 G 为一个超魔术图，或者说，G 是超魔术的。

由上述定义可见，由半魔术标号到魔术标号，再到超魔术标号，这是一个条件加强的过程。也就是说，任何超魔术标号都是魔术标号，而任何魔术标号都是半魔术标号。

为了方便，若 f 为 G 的一个（半、超）魔术标号，$e \in E(G)$，称 $f(e)$ 为 e 边的标号。由 f 导出的点标号 $f(v) = \sum_{e=uv \in E} f(e)$ 称为 v 点的标号，即为常数 c。

由定义知，每个正则图均是半魔术图，但反之不然。例如，W_4 的一个半魔术标号如图 7.1 所示。

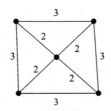

图 7.1 W_4 的一个半魔术标号

由定义不难看出,任何阶数大于 2 的树都不是半魔术图。对于圈,由于其是 2-正则图,故为半魔术图,但其不是魔术图。

引理 7.1.1 当 $n \geqslant 3$ 时,任何 n 阶树都不是半魔术图;n 阶圈 C_n 是半魔术图,但不是魔术图。

7.1.2 魔术标号

B. M. Stewart[131~132]研究了一些特殊图的魔术标号,如完全图、完全二部图、轮图和扇图等。

定理 7.1.1[131] (1) 当 $n=2$ 或者 $n \geqslant 5$ 时,K_n 为魔术图;

(2) 当 $n \geqslant 3$ 时,$K_{n,n}$ 为魔术图。

例如,$K_{3,3}$ 的魔术标号如图 7.2 所示,这也是 $K_{3,3}$ 的超魔术标号。

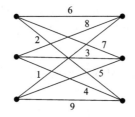

图 7.2 $K_{3,3}$ 的超魔术标号

定理 7.1.2[131] (1) $F_n = P_n \vee K_1$ 为魔术图当且仅当 $n \geqslant 3$ 且 n 为奇数;

(2) 当 $n \geqslant 4$ 时,轮图 $W_n = C_n \vee K_1$ 为魔术图;

(3) $K_{m,n}$ 为半魔术图当且仅当 $m=n$。

B. M. Stewart[132]研究完全图的超魔术标号,证明了如下结论:

定理 7.1.3[132] 设 $n \geqslant 5$,则 K_n 为超魔术图当且仅当 $n \geqslant 6$ 且 $n \neq 0 (\mathrm{mod} 4)$。

例如,K_6 的超魔术标号如图 7.3 所示。

定理 7.1.4[132] (1) 设 $n \geqslant 3$ 且 n 为奇数,则 Mobius 梯子图 M_n 是超魔术图;

(2) 设 $n \geqslant 4$ 且 n 为偶数,则 $C_n \times P_2$ 是魔术图,但不是超魔术图。

定理 7.1.5[23] 设 $n \geqslant 2$,则 $m K_{n,n}$ 为超魔术图当且仅当 n 为偶数或者 m 和 n 均

为奇数。

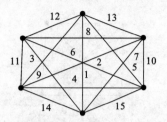

图 7.3　K_6 的超魔术标号

J. Ivanco[133] 研究了几类乘积图的超魔术标号,获得如下结论,并提出一个猜想。

定理 7.1.6[133]　(1) n-方体 Q_n 为超魔术图当且仅当 $n=1$ 或者 $n \geqslant 4$ 且 n 为偶数;

(2) 设 $n \geqslant 3$,则 $C_n \times C_n$ 为超魔术图;

(3) 设 $n \geqslant 2$ 和 $m \geqslant 2$,则 $C_{2m} \times C_{2n}$ 为超魔术图。

猜想 7.1.1[133]　对所有的整数 $m(m \geqslant 3)$ 和 $n(n \geqslant 3)$,$C_m \times C_n$ 为超魔术图。

这一猜想至今未能证明或否定。

M. Trenkler[134] 研究了魔术图的最少边数问题,证明了如下结论:

定理 7.1.7[134]　设 $p \geqslant 3$,则存在连通的 (p,q)-魔术图当且仅当

$$\frac{5p}{4} < q \leqslant \frac{p(p-1)}{2}。$$

由此也可知道,当 $n \geqslant 3$ 时,任何 n 阶树和 n 阶圈均不是魔术图。J. Sedlacek[135] 证明了在一个奇圈 $C_n (n \geqslant 5)$ 上增添一些弦,C_n 的每个点 v 增加两条距离(在圈上)最大的弦,所得的图是魔术图。

例如,K_5 是 C_5 的每个点增添两条距离(在圈上)最大的弦所得的图,其魔术标号如图 7.4 所示。

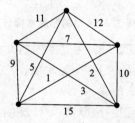

图 7.4　K_5 的魔术标号

定理 7.1.8[23]　对一切正整数 m 和 n,有

(1) $K_{1,m,n}$ 是一个魔术图;

(2) P_n^2 是一个魔术图。

7.2 边魔术(全)标号

上一节介绍了图的魔术标号,包括半魔术标号和超魔术标号。本节将介绍图的另一种魔术标号,即边魔术全标号。

7.2.1 基本概念

A. Kotzig 和 A. Rosa[136] 在 1970 年首次提出图的边魔术全标号的概念,并研究了一些特殊图的边魔术全标号问题。图的边魔术全标号定义如下:

定义 7.2.1[136]　设 $G=(V,E)$ 为一个简单图,如果存在一个常数 c 和一个 1-1 映射 $f:V\cup E\rightarrow\{1,2,\cdots,|V\cup E|\}$,使得对所有的边 $xy\in E$,均有 $f(x)+f(y)+f(xy)=c$ 成立,则称 f 为图 G 的一个边魔术全标号(edge-magic total labeling),并称 G 为一个边魔术全图,或者说 G 是边魔术全的。

由上述定义可得出下面的结论:

定理 7.2.1　设 G 为一个 (p,q)-图,q 为偶数且 $p+q\equiv2(\mathrm{mod}4)$,如果 G 的每个点的度均为奇数,则 G 不是边魔术全图。

证明(反证法)　假若 G 是边魔术全图,f 为图 G 的一个边魔术全标号。由定义知,存在常数 c,使得对任意 $xy\in E$,均有 $f(x)+f(y)+f(xy)=c$ 成立,因此有

$$cq = \sum_{xy\in E}[f(x)+f(y)+f(xy)]$$
$$= \sum_{v\in V}d(v)f(v)+\sum_{xy\in E}f(xy)\ .$$

由于 $d(v)$ 为奇数,故有

$$cq = \sum_{v\in V}d(v)f(v)+\sum_{xy\in E}f(xy)$$
$$\equiv \Big[\sum_{v\in V}f(v)+\sum_{xy\in E}f(xy)\Big](\mathrm{mod}2),$$

即有

$$cq \equiv \sum_{i=1}^{p+q}i(\mathrm{mod}2)$$
$$\equiv \frac{(p+q)(p+q+1)}{2}(\mathrm{mod}2)\ .$$

这与条件"q 为偶数且 $p+q\equiv2(\mathrm{mod}4)$"相矛盾。定理证毕。

由上述定理可得下面的推论:

推论 7.2.1　设一个 (p,q)-图 G 为奇度正则图,且 $p\equiv4(\mathrm{mod}8)$,则 G 不是边魔术全图。

7.2.2 边魔术全图

A. Kotzig 和 A. Rosa[136] 证明了下面的结论,并提出一个猜想。

定理 7.2.2[136]　　（1）对所有的正整数 m 和 n，$K_{m,n}$ 是边魔术全图；

（2）对所有的整数 n，C_n 是边魔术全图；

（3）K_n 为边魔术全图当且仅当 $n \leqslant 6$。

例如，C_5 的边魔术全标号如图 7.5 所示。

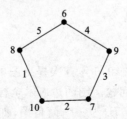

图 7.5　C_5 的边魔术全标号

猜想 7.2.1[136]　　所有的树都是边魔术全图。

W. D. Wallis 和 E. T. Baskoro 证明了下面的结论（参见文献[23]）：

定理 7.2.3[23]　　所有的路 P_n 和星图 $K_{1,n}$ 均是边魔术全图。

定理 7.2.4[23]　　（1）所有的王冠图 $C_n \oplus K_1$ 是边魔术全图；

（2）任何圈上增添一条悬挂边所得的图是边魔术全图。

例如，$C_3 \oplus K_1$ 的边魔术全标号如图 7.6 所示。

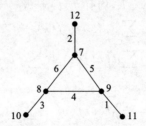

图 7.6　$C_3 \oplus K_1$ 的边魔术全标号

定理 7.2.5[23]　　所有的扇图 $F_n = P_n \vee K_1$ 是边魔术全图。

定理 7.2.6[23]　　（1）当 $n \equiv 3(\mathrm{mod}4)$ 时，轮图 $W_n = C_n \vee K_1$ 不是边魔术全图；

（2）当 $n \equiv 0, 1, 2(\mathrm{mod}4)$ 时，轮图 $W_n = C_n \vee K_1$ 是边魔术全图。

V. Yegnanarayanan[137]研究了下面几类特殊图的边魔术全标号问题，获得了下面的结论：

定理 7.2.7[137]　　（1）当 n 为奇数时，nP_3 为边魔术全图；

（2）所有的扇图 $F_n = P_n \vee K_1$ 为边魔术全图；

（3）当 $n \geqslant 2$ 时，$P_n \times C_3$ 为边魔术全图；

（4）当 $n \geqslant 3$ 时，王冠图 $C_n \oplus K_1$ 为边魔术全图。

定理 7.2.8[137]　　如果在图 $P_n \times C_3$ 的最外部 C_3 的每个点均增添 n 条悬挂边，则

所得的图是边魔术全图。

V. Yegnanarayanan[137] 还提出以下猜想：当 $n \geqslant 3$ 时，$C_n \oplus \overline{K_n}$ 为边魔术图。Figueroa-Centeno 等人证明了这一猜想是正确的。事实上，他们表达了一个更好的结论：

定理 7.2.9[23]　　当 $n \geqslant 3$ 时，存在 $G = C_n \oplus \overline{K_n}$ 的一个边魔术全标号 f，使得在 f 下其点标号为 $\{1, 2, \cdots, |V(G)|\}$。

例如，图 $G = C_3 \oplus \overline{K_3}$ 的一个边魔术全标号如图 7.7 所示。

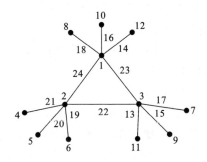

图 7.7　图 $G = C_3 \oplus \overline{K_3}$ 的一个边魔术全标号

定理 7.2.10[23]　　设 G 为一个 r-正则的 (p, q)-图，若 G 为边魔术全图，q 为偶数，且 $r = 2^t s + 1 (t \geqslant 1)$，则有 $p \equiv 0 (\mathrm{mod} 2^{t+2})$。

R. M. Figueroa-Centeno 等人还证明了下面的几类图具有边魔术全标号（参见文献[23]）。

定理 7.2.11[23]　　下面各类图是边魔术全图：

(1) $P_4 \bigcup (nK_2)$，其中 n 为奇数；

(2) $P_3 \bigcup (nK_2)$，$P_5 \bigcup (nK_2)$；

(3) nP_i，其中 n 为奇数且 $i = 3, 4, 5$；

(4) $2P_n$，$P_1 \bigcup P_2 \bigcup \cdots \bigcup P_n$；

(5) $mK_{1,n}$，$K_{1,n} \bigcup K_{1,n+1}$；

(6) $C_m \oplus (nK_1)$；

(7) $K_1 \oplus (nK_2)$，其中 n 为偶数；

(8) W_{2n}，$K_2 \times \overline{K_n}$；

(9) nK_3，其中 n 为奇数；

(10) 二叉树，广义 Petersen 图。

例如，$3K_3$ 的边魔术全标号如图 7.8 所示。

定理 7.2.12[23]　　(1) 当 $m \geqslant 3, n \geqslant 3$ 且 n 为奇数时，$P_m \times C_n$ 和 $P_n \times P_2$ 均为边魔术全图；

(2) $P_2 \times C_n$ 不是边魔术全图。

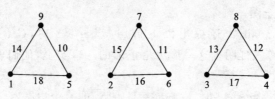

图 7.8　$3K_3$ 的边魔术全标号

　　H. Enomoto 和 A. S. Llado 等人[138]称一个图的边魔术全标号 f 为超(或强)边魔术全标号,如果在 f 下 $V(G)$ 对应标号为 $\{1,2,\cdots,|V(G)|\}$。例如,图 7.7 和图 7.8 所示的标号均为强边魔术全标号。

　　定理 7. 2. 13[138]　(1) C_n 为强边魔术全图当且仅当 n 为奇数;

　　(2) 所有的毛虫树都是强边魔术全图;

　　(3) $K_{m,n}$ 为强边魔术全图当且仅当 $n=1$ 或者 $m=1$;

　　(4) K_n 为强边魔术全图当且仅当 $n\leqslant 3$。

　　例如,C_7 的强边魔术全标号如图 7.9 所示,C_{13} 的强边魔术全标号如图 7.10 所示。

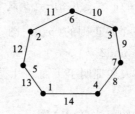

图 7.9　C_7 的强边魔术全标号

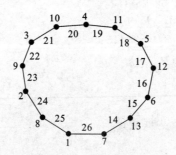

图 7.10　C_{13} 的强边魔术全标号

　　定理 7. 2. 14[138]　设 G 为一个 (p,q)-图,若 G 为强边魔术全图,则

$$q\leqslant 2p-3。$$

由此可得下面的推论:

　　推论 7. 2. 2　当 $n\geqslant 4$ 时,K_n 不是强边魔术全图。

　　H. Enomoto 和 A. S. Llado 等人[138]还提出了如下猜想:

猜想 7.2.2[138]　　所有的树都是强边魔术全图。

R. M. Figueroa-Centeno 等人还进一步探讨了一些特殊图类的强边魔术全图,获得了如下众多的强边魔术全图(参见文献[23]):

定理 7.2.15[23]　　(1) 若 G 为一个二部图或三部图,且 G 为强边魔术全图,n 为奇数,则 nG 为强边魔术全图;

(2) 若 m 为 $n+1$ 的倍数,则 $K_{1,m} \bigcup K_{1,n}$ 为强边魔术全图;

(3) $K_{1,2} \bigcup K_{1,n}$ 为强边魔术全图当且仅当 n 为 3 的倍数;

(4) $K_{1,m} \bigcup K_{1,n}$ 为强边魔术全图当且仅当 nm 为偶数;

(5) 当 $m \geqslant 4$ 时,$P_m \bigcup K_{1,n}$ 为强边魔术全图;

(6) $2P_n$ 为强边魔术全图当且仅当 $n \neq 2, 3$;

(7) 对任何正整数 m 和 n,$2P_{4n}$ 和 $K_{1,m} \bigcup 2nK_2$ 均为强边魔术全图;

(8) $C_3 \bigcup C_n$ 为强边魔术全图当且仅当 $n \geqslant 6$ 且 n 为偶数;

(9) $C_4 \bigcup C_n$ 为强边魔术全图当且仅当 $n \geqslant 5$ 且 n 为奇数;

(10) $C_5 \bigcup C_n$ 为强边魔术全图当且仅当 $n \geqslant 5$ 且 n 为偶数;

(11) 若偶数 $m \geqslant 6$,且奇数 $n \geqslant \dfrac{m}{2} + 2$,则 $C_m \bigcup C_n$ 为强边魔术全图;

(12) $C_4 \bigcup P_n$ 为强边魔术全图当且仅当 $n \neq 3$;

(13) 若 $n \geqslant 4$,则 $C_5 \bigcup P_n$ 为强边魔术全图;

(14) 若偶数 $m \geqslant 6$,且 $n \geqslant \dfrac{m}{2} + 2$,则 $C_m \bigcup P_n$ 为强边魔术全图;

(15) $P_m \bigcup P_n$ 为强边魔术全图当且仅当 $(m, n) \neq (2, 2), (3, 3)$。

定理 7.2.16[23]　　设 G 为一个 (p, q)-强边魔术全图,若 $p \geqslant 4$ 且 $q \geqslant 2p - 4$,则 G 必定包含一个三角形。

R. M. Figueroa-Centeno 等人还提出了如下猜想:

猜想 7.2.3[23]　　(1) 设 $m \geqslant n$,则 $K_{1,m} \bigcup K_{1,n}$ 为强边魔术全图当且仅当 m 为 $n+1$ 的倍数;

(2) $C_m \bigcup C_n$ 为强边魔术全图当且仅当 $m + n \geqslant 9$ 且 $m + n$ 为奇数。

H. Enomoto 和 Masuda 等人证明了每个图均能扩充成一个连通的强边魔术全图。换言之,任何一个图都是一个强边魔术全图的导出子图。

定理 7.2.17[23]　　(1) 友谊图 $K_1 \vee (nK_2)$ 是强边魔术全图当且仅当 $n \in \{3, 4, 5, 7\}$;

(2) 当 $n \geqslant 3$ 且 n 为奇数时,广义 Petersen 图 $P(n, 2)$ 为强边魔术全图;

(3) 当 $n \geqslant 4$ 且 n 为偶数时,nP_3 为强边魔术全图。

例如,$K_1 \vee (3K_2)$ 的强边魔术全标号如图 7.11 所示。

R. M. Figueroa-Centeno 和 R. Ichishima 等人[139]证明了每个强边魔术全图均是亲切图,并且证明了下面的结论:

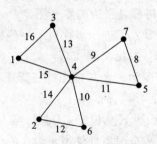

图 7. 11　$K_1 \vee (3K_2)$ 的强边魔术全标号

定理 7. 2. 18[139]　P_n^2 和 $K_2 \times C_{2n+1}$ 均为强边魔术全图。

例如，$K_2 \times C_5$ 的强边魔术全标号如图 7.12 所示。其中边的标号省略，每条边 $e = uv$ 的标号由 $f(uv) = 29 - f(u) - f(v)$ 取得。

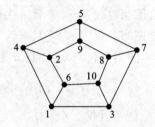

图 7. 12　$K_2 \times C_5$ 的强边魔术全标号

定理 7. 2. 19[139]　（1）$P_3 \bigcup (kP_2)$ 为强边魔术全图；

（2）当 k 为奇数时，kP_n 为强边魔术全图；

（3）当 k 为奇数，$n = 2, 3$ 时，$k(P_2 \bigcup P_n)$ 为强边魔术全图；

（4）扇图 $F_n = P_n \vee K_1$ 为强边魔术全图当且仅当 $n \leqslant 6$。

R. M. Figueroa-Centeno 等人曾提出猜想：当 k 为偶数时，kP_2 不是强边魔术全图。Z. Chen[140]证明了这一猜想，得出了下面的结论：

定理 7. 2. 20[140]　kP_2 是强边魔术全图当且仅当 k 为奇数。

例如，$7P_2$ 的强边魔术全标号如图 7.13 所示，其中边的标号省略，每条边 $e = uv$ 的标号由 $f(uv) = 33 - f(u) - f(v)$ 确定。

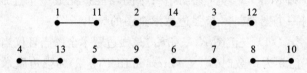

图 7. 13　$7P_2$ 的强边魔术全标号

对于书本图 $B_n = K_{1,n} \times P_2$，R. M. Figueroa-Centeno 等人证明了每棵具有 α 标号的树均是强边魔术全图，并提出如下猜想：

猜想 7. 2. 4[23]　$B_n = K_{1,n} \times P_2$ 是强边魔术全图当且仅当 n 为偶数或者

$n\equiv 5(\bmod 8)$。

定理 7.2.21[139]　（1）$C_{2m+1}\times P_m$ 和 $P_{2m+1}\times P_2$ 为强边魔术全图；

（2）若 G 为一个 2-正则的（强）边魔术全图，则 $G\oplus \overline{K_n}$ 也是（强）边魔术全图；

（3）$C_m\oplus \overline{K_n}$ 为强边魔术全图。

7.2.3　边魔术数与强边魔术数

在 1970 年，A. Kotzig 和 A. Rosa[136]首次提出了图的边魔术数的概念，一个图 G 不是边魔术全图，但有可能通过增加若干个孤立点而成为一个边魔术全图。

定义 7.2.2[136]　设 G 为一个给定图，若存在非负整数 n，使得 $G\bigcup(nK_1)$ 为一个边魔术全图，则称

$$\mu(G)=\min\{n\geqslant 0\,|\,G\bigcup(nK_1)\text{为一个边魔术全图}\}$$

为图 G 的边魔术数（或边魔术度、边魔术散度）；

若不存在任何整数 n，使得 $G\bigcup(nK_1)$ 为一个边魔术全图，则定义 $\mu(G)=\infty$。

由上述定义可见，图 G 为边魔术全图当且仅当 $\mu(G)=0$。

类似于上述定义，在 1999 年，R. M. Figueroa-Centeno 等人定义了强边魔术数，具体如下：

$$\mu_s(G)=\min\{n\geqslant 0\,|\,G\bigcup(nK_1)\text{为一个强边魔术全图}\},$$

同样地，如果不存在任何整数 n 使得 $G\bigcup(nK_1)$ 为一个强边魔术全图，则定义 $\mu_s(G)=\infty$。

对于图的（强）边魔术数，R. M. Figueroa-Centeno 等人得出了下面的结论（参见文献[23]）：

定理 7.2.22[23]　（1）当 $m=2$ 且 n 为奇数，或者 $m=3$ 且 $n\neq 0(\bmod 3)$ 时，$\mu_s(P_m \bigcup K_{1,n})=1$，其他情况下均有 $\mu_s(P_m \bigcup K_{1,n})=0$。

（2）当 n 为奇数时，$\mu_s(2K_{1,n})=1$；当 n 为偶数时，$\mu_s(2K_{1,n})\leqslant 1$。

R. M. Figueroa-Centeno 等人还提出猜测：对所有的 $n(n\geqslant 1)$，均有 $\mu_s(2K_{1,n})=1$。

例如，$\mu_s(2K_{1,3})=1$ 的标号如图 7.14 所示，其中边的标号省略，每条边 $e=uv$ 的标号由 $f(uv)=20-f(u)-f(v)$ 确定。

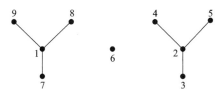

图 7.14　$\mu_s(2K_{1,3})=1$ 的标号

定理 7.2.23[23]　　(1) $\mu_s(nK_2)=\mu(nK_2)\equiv n-1(\bmod 2)$；

(2) 当 $n\geqslant 5$ 时，$\mu_s(2K_{1,3})=1$；

(3) $\mu_s(K_{2,n})=n-1$，$\mu_s(K_{m,n})\leqslant(m-1)(n-1)$；

(4) 对于任何森林 F，$\mu_s(F)\neq\infty$。

定理 7.2.24[23]　　设整数 $n\geqslant 3$，则有

$$\mu_s(C_n)=\begin{cases}0,&\text{当 }n\equiv 1(\bmod 2)\text{时；}\\1,&\text{当 }n\equiv 0(\bmod 4)\text{时；}\\\infty,&\text{当 }n\equiv 2(\bmod 4)\text{时。}\end{cases}$$

例如，$C_4\bigcup K_1$ 和 C_5 的强魔术全标号如图 7.15 所示。

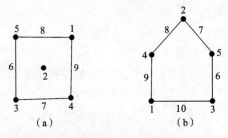

图 7.15　$C_4\bigcup K_1$ 和 C_5 的强魔术全标号

R. M. Figueroa-Centeno 还证明了，若一个图 G 具有 q 条边，$q\equiv 2(\bmod 4)$，且每个点的度均为偶数，则 $\mu_s(G)=\infty$。此外，还研究了几类并图的边魔术数，主要有下面的结论，并提出了一个猜想（参见文献[23]）。

定理 7.2.25[23]　　(1) 对整数 $m(m\geqslant 2)$ 和 $n(n\geqslant 2)$，有

$$\mu_s(P_n\bigcup P_m)=\begin{cases}1,&\text{当 }(m,n)=(2,2),(3,3)\text{时；}\\0,&\text{当 }(m,n)\neq(2,2),(3,3)\text{时。}\end{cases}$$

(2) 对整数 $m(m\geqslant 1)$ 和 $n(n\geqslant 1)$，有

$$\mu_s(K_{1,m}\bigcup K_{1,n})=\begin{cases}1,&\text{当 }mn\equiv 1(\bmod 2)\text{时；}\\0,&\text{当 }mn\equiv 0(\bmod 2)\text{时。}\end{cases}$$

(3) $\mu(P_m\bigcup K_{1,n})=\begin{cases}1,&\text{当 }m=2,n\equiv 1(\bmod 2)\text{时；}\\0,&\text{其他。}\end{cases}$

(4) $\mu(P_n\bigcup P_m)=\begin{cases}1,&\text{当 }(m,n)=(2,2)\text{时；}\\0,&\text{当 }(m,n)\neq(2,2)\text{时。}\end{cases}$

(5) $\mu_s(2C_n)=\begin{cases}1,&\text{当 }n\equiv 0(\bmod 2)\text{时；}\\\infty,&\text{当 }n\equiv 1(\bmod 2)\text{时。}\end{cases}$

(6) $\mu_s(3C_{4n})=1$ 并且 $\mu_s(3C_{4n+2})=\infty$ 时。

(7) $\mu_s(4C_{4n})=1$。

猜想 7.2.5[23]　　对整数 $m(m\geqslant 1)$ 和 $n(n\geqslant 3)$，有

$$\mu_s(mC_n)=\begin{cases} 0, & \text{当 } mn\equiv 1(\bmod 2)\text{时；} \\ 1, & \text{当 } mn\equiv 0(\bmod 4)\text{时；} \\ \infty, & \text{当 } mn\equiv 2(\bmod 4)\text{时。} \end{cases}$$

Z. Chen[140]研究了正则图的(强)边魔术全标号,并探讨了(强)边魔术全图的点数与边数的关系,获得了如下结论:

定理 7.2.26[140]　(1) 若一个 k-正则图 G 为强边魔术全图,则 $k\leqslant 3$;

(2) 若存在连通的 (p,q)-图 G 为强边魔术全图,则

$$p-1\leqslant q\leqslant 2p-3;$$

(3) 若存在连通的 3-正则的 p 阶图 G 为强边魔术全图,则 $p\equiv 2(\bmod 4)$;

(4) 若存在 k-正则的 (p,q)-图为边魔术全图,$d=\gcd(k-1,q)$,则

$$(p+q)(p+q+1)\equiv 0(\bmod 2d)。$$

7.2.4　边魔术标号

1992 年 S. M. Lee 和 E. Seah 等人[141]提出了另一种边上的魔术标号,称之为边魔术标号,对应地也有边魔术图。与前面的边魔术全标号和边魔术全图不同,其具体定义如下:

定义 7.2.3[141]　设 $G=(V,E)$ 为一个图,如果存在一个 1-1 映射 $f:E\to\{1,2,\cdots,|E|\}$,使得由其导出的点标号 $f^+(u)=\sum\limits_{uv\in E}f(uv)(\bmod|V|)$ 为一个常数,其中模取非负最小剩余,则称 f 为图 G 的一个边魔术标号,并称 G 为一个边魔术图,或者说,G 是边魔术的。

值得注意的是,边魔术标号不同于边魔术全标号。边魔术标号仅仅是对图的边上标号(不对点上标号),而使得每个点所关联的所有边的标号之和(取模)为一个常数(不依于点的不同)。因此,边魔术图自然不同于边魔术全图。

由上述定义不难看出下面的引理:

引理 7.2.1　设 G 为一个 (p,q)-图且为边魔术图,则有

$$q(q+1)\equiv 0(\bmod p)。$$

事实上,由定义知,存在一个常数 c 和 G 的一个边魔术标号 f,使得

$$cp\equiv 2\sum_{e\in E(G)}f(e)\equiv q(q+1)(\bmod p),$$

从而有 $q(q+1)\equiv 0(\bmod p)$ 成立。

定理 7.2.27[141]　(1) 当 $n\geqslant 3$ 时,$K_{n,n}$ 为边魔术图;

(2) 当 $n\neq 3$ 且 $n\neq 0(\bmod 4)$ 时,K_n 为边魔术图;

(3) 所有的树 $T(T\neq K_2)$ 均不是边魔术图;

(4) 所有的单圈图均不是边魔术图;

(5) 当 $n\equiv 0(\bmod 4)$ 时,K_n 不是边魔术图。

例如,$K_{3,3}$ 的边魔术标号如图 7.16 所示。

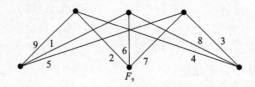

图 7.16　$K_{3,3}$ 的边魔术标号

S. M. Lee 和 E. Seah 等人[141]还提出了如下猜想:

猜想 7.2.6[141]　一个 (p,p)-图的全图为边魔术图当且仅当 p 为奇数。

定理 7.2.28[23]　对整数 $m(m\geqslant3)$ 和 $n(n\geqslant3)$,$C_m\times C_n$ 均为边魔术图。

7.3　点魔术标号

J. A. Macdougall 等人[142]首次提出并研究了图的另一种魔术标号,即图的点魔术全标号,并由此引出了多种魔术标号。

7.3.1　点魔术全标号

定义 7.3.1[142]　设 $G=(V,E)$ 为一个图,如果存在一个常数 k 和一个 1-1 映射 $f:V\bigcup E\to\{1,2,\cdots,|V|+|E|\}$,使得对每个点 $v\in V$,均有 $f(v)+\sum\limits_{u\in N(v)}f(uv)=k$ 成立,则称 f 为图 G 的一个点魔术全标号,并称图 G 为一个点魔术全图,或者说,G 是点魔术全的。

J. A. Macdougall 等人[142]研究了一些特殊图的点魔术全标号,证明了如下结论:

定理 7.3.1[142]　当 $n\geqslant3$ 时,所有的 C_n 和 P_n 均是点魔术全图。

例如,C_7 的点魔术全标号如图 7.17 所示。

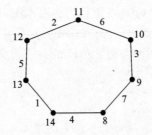

图 7.17　C_7 的点魔术全标号

定理 7.3.2[142]　(1) 当 $m\geqslant2$ 时,$K_{m,m}$ 是点魔术全图;

(2) 当 $m\geqslant3$ 时,$K_{m,m}-e$ 是点魔术全图;

(3) $n\geqslant m+2$ 时,$K_{m,n}$ 不是点魔术全图。

猜想 7.3.1[142] （1）对所有的整数 $m(m \geqslant 1)$，$K_{m,m+1}$ 是点魔术全图；

（2）当 $n \geqslant 3$ 时，K_n 是点魔术全图。

Lin 和 Miller 也独立地证明了 $K_{m,m}$ 是点魔术全图，并证明了当 $n \equiv 2 \pmod 4$ 时 K_n 是点魔术全图。对于完全二部图，Phillips 等人证明并推广了猜想 7.3.1（1），获得下面的结论（参见文献[23]）：

定理 7.3.3[23] $K_{m,n}$ 是点魔术全图当且仅当 $|m-n| \leqslant 1$。

广义 Petersen 图记为 $P(n,k)$，其中 $n \geqslant 5, 1 \leqslant k \leqslant n$，其点集 V 和边集 E 分别为

$$V = \{a_0, a_1, \cdots, a_{n-1}\} \bigcup \{b_0, b_1, \cdots, b_{n-1}\}$$

和 $E = \{a_i a_{i+1} \mid 0 \leqslant i \leqslant n-1\} \bigcup \{a_i b_i \mid 0 \leqslant i \leqslant n-1\} \bigcup \{b_i b_{i+k} \mid 0 \leqslant i \leqslant n-1\}$，其中下标取模 n 的非负最小剩余。

Miller 等人研究广义 Petersen 图及相关图类的点魔术全标号，获得下面的结论，并提出了下面的猜想：

定理 7.3.4[23] 当 n 为偶数且 $k \leqslant \dfrac{n}{2} - 1$ 时，广义 Petersen 图 $P(n,k)$ 是点魔术全图。

猜想 7.3.2[23] （1）当 $k \leqslant \dfrac{n-1}{2}$ 时，所有的 $P(n,k)$ 均是点魔术全图；

（2）当 $n \geqslant 3$ 时，$C_n \times P_2$ 均是点魔术全图。

对于轮图 $W_n = C_n \vee K_1$、扇图 $F_n = P_n \vee K_1$ 和友谊图 $(nK_2) \vee K_1$，J. A. Macdougall 等人[142] 给出了下面的结论：

定理 7.3.5[142] （1）W_n 为点魔术全图当且仅当 $n \leqslant 11$；

（2）F_n 为点魔术全图当且仅当 $n \leqslant 10$；

（3）$(nK_2) \vee K_1$ 为点魔术全图当且仅当 $n \leqslant 3$。

定理 7.3.6[23] 若 G 和 H 为两个同阶图，且 $G \bigcup H$ 为点魔术全图，则 $G \vee H$ 也是点魔术全图。

定理 7.3.7[23] （1）若点魔术全图 G 为若干个星的并图，则星的平均边数不超过 2；

（2）设一棵树 T 有 n 个非叶点，且 T 的叶点（1 度点）数目多于 $2n$，则 T 不是点魔术全图；

（3）若 G 为一个偶度正则的点魔术全图，则 $(2n+1)G$ 也是一个点魔术全图；

（4）若 G 为一个奇度正则的点魔术全图，则 nG 也是一个点魔术全图。

7.3.2 全魔术标号

G. Exoo 和 A. Ling 等人[143] 在 2002 年给出了一个图的特殊标号，即全魔术标号。具体定义如下：

定义 7.3.2[143]　设 $G=(V,E)$ 为一个图,如果存在图 G 的一个标号 λ,使得 λ 同时为 G 的边魔术全标号和点魔术全标号,则称 λ 为图 G 的全魔术标号,并称 G 为全魔术图。

例如,K_3 的全魔术标号如图 7.18 所示。

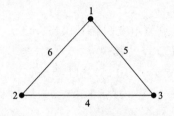

图 7.18　K_3 的全魔术标号

定理 7.3.8[143]　(1) 若 G 为连通的全魔术图,$\delta(G)=1$,则 $G=P_3$;

(2) K_n 为全魔术图当且仅当 $n\in\{1,3\}$;

(3) 设 G 为一个完全二部图,若 G 为全魔术图,则 $G=K_{1,2}$;

(4) nK_3 为全魔术图当且仅当 n 为奇数;

(5) $P_3\bigcup(nK_3)$ 为全魔术图当且仅当 n 为偶数。

例如,$K_{1,2}=P_3$ 的全魔术标号如图 7.19 所示。

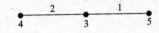

图 7.19　P_3 的全魔术标号

7.3.3　1-点魔术点标号

R. Simanjuntak 和 C. Rodges 将图的点魔术(全)标号进行一种自然变形,提出并研究了图的 1-点魔术点标号问题,其具体定义如下(参见文献[23]):

定义 7.3.3[23]　设 $G=(V,E)$ 为一个图,如果存在一个常数 k 和一个 1-1 映射 $f:V\rightarrow\{1,2,\cdots,|V|\}$,使得对任意 $v\in V$,均有 $\sum\limits_{u\in N(v)}f(u)=k$ 成立,则称 f 为图 G 的一个 1-点魔术点标号,并称 G 为 1-点魔术图。

例如,W_4 的 1-点魔术点标号如图 7.20 所示。

定理 7.3.9[23]　设整数 $n\geqslant2$,整数 $p\geqslant2$,则对称完全 p-部图 $K_{n,n,\cdots,n}$ 为 1-点魔术图当且仅当 n 为偶数,或 n 和 p 均为奇数。

例如,$K_{3,3,3}$ 的 1-点魔术点标号如图 7.21 所示。

定理 7.3.10[23]　(1) P_n 为 1-点魔术图当且仅当 $n=1$ 或 $n=3$;

(2) C_n 为 1-点魔术图当且仅当 $n=4$;

(3) K_n 为 1-点魔术图当且仅当 $n=1$;

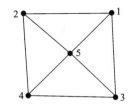

图 7.20　W_4 的 1-点魔术点标号

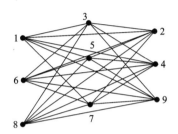

图 7.21　$K_{3,3,3}$ 的 1-点魔术点标号

（4）W_n 为 1-点魔术图当且仅当 $n=4$；

（5）一棵树 T 为 1-点魔术图当且仅当 $T=P_1$ 或 $T=P_3$；

（6）任何奇度正则图均不是 1-点魔术图。

例如，W_4 的 1-点魔术点标号如图 7.20 所示，而 P_3 和 C_4 的 1-点魔术点标号如图 7.22 所示。

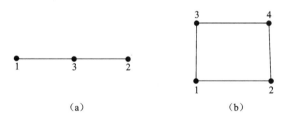

　　　　　　　（a）　　　　　　　　　　　　　（b）

图 7.22　P_3 和 C_4 的 1-点魔术点标号

7.3.4　平面图的几种魔术标号

对于一个平面图 $G=(V,E,F)$，K. W. Lih[144] 在 1983 年首先定义了一种特殊标号，并称之为 $(1,1,0)$-标号。具体定义如下：

定义 7.3.4[144]　设 $G=(V,E,F)$ 为一个平面图，如果存在一个常数 k 和一个 1-1 映射 $\theta:V\cup E\rightarrow\{1,2,\cdots,|V|+|E|\}$，使得对 G 的任意一个内部面 $f\in F$，均有

$$\sum_{u\in V(f)}\theta(u)+\sum_{e\in E(f)}\theta(e)=k$$

成立（其中 $V(f)$ 和 $E(f)$ 分别表示面 f 边界上的全体点集和边集），则称 θ 为图 G 的

一个 $(1,1,0)$-型魔术标号,并称 G 为 $(1,1,0)$-型魔术图。

值得注意的是,当 G 为一个无圈图或单圈图时,θ 可以任意定义一个 $V\cup E\rightarrow\{1, 2,\cdots,|V|+|E|\}$ 上的 1-1 映射,则 θ 为图 G 的一个 $(1,1,0)$-型魔术标号,因此,无圈图和单圈图均是 $(1,1,0)$-型魔术图。研究平面图的 $(1,1,0)$-型魔术标号时主要是针对具有两个或两个以上的平面图。

例如,$P_4\times P_2$ 的 $(1,1,0)$-型魔术标号如图 7.23 所示。

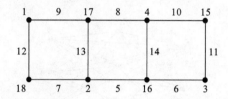

图 7.23　$P_4\times P_2$ 的 $(1,1,0)$-型魔术标号

类似于上述定义,K. W. Lih[144] 也定义了平面图的 $(1,1,1)$-型魔术标号。

定义 7.3.5[144]　设 $G=(V,E,F)$ 为一个平面图,如果存在一个常数 k 和一个 1-1 映射 $\theta:V\cup E\cup F\rightarrow\{1,2,\cdots,|V|+|E|+|F|\}$,使得对 G 的任意一个内部面 $f\in F$,均有

$$\sum_{u\in V(f)}\theta(u)+\sum_{e\in E(f)}\theta(e)+\theta(f)=k$$

成立,则称 θ 为图 G 的一个 $(1,1,1)$-型魔术标号,并称 G 为 $(1,1,1)$-型魔术图。

同样地,所有的无圈图和单圈图均是 $(1,1,1)$-型魔术图。

定理 7.3.11[144]　(1) 所有的轮图 W_n 为 $(1,1,0)$-型魔术图;

(2) 所有的友谊图 $(nK_2)\vee K_1$ 为 $(1,1,0)$-型魔术图;

(3) 当 $m\geq 2,n\geq 3$ 且 $n\neq 4$ 时,$C_n\times P_m$ 为 $(1,1,0)$-型魔术图。

例如,W_5 的 $(1,1,0)$-型魔术标号如图 7.24 所示。

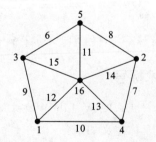

图 7.24　W_5 的 $(1,1,0)$-型魔术标号

定理 7.3.12[23]　(1) 所有的扇图 F_n 均为 $(1,1,1)$-型魔术图;

(2) 所有的梯子图 M_n 均为 $(1,1,1)$-型魔术图;

(3) $P_m\times P_2$ 和 $P_m\times P_3$ 均为 $(1,1,1)$-型魔术图。

　　类似于上述两个定义,还可定义平面图的(0,1,1)-型魔术标号和(1,0,1)-型魔术标号如下。

　　定义 7.3.6　设 $G=(V,E,F)$ 为一个平面图,如果存在一个常数 k 和一个 1-1 映射 $\theta:E\cup F\rightarrow\{1,2,\cdots,|E|+|F|\}$,使得对 G 的任意一个内部面 $f\in F$,均有

$$\sum_{e\in E(f)}\theta(e)+\theta(f)=k$$

成立,则称 θ 为图 G 的一个(0,1,1)-型魔术标号,并称 G 为(0,1,1)-型魔术图。

　　定义 7.3.7　设 $G=(V,E,F)$ 为一个平面图,如果存在一个常数 k 和一个 1-1 映射 $\theta:V\cup F\rightarrow\{1,2,\cdots,|V|+|F|\}$,使得对 G 的任意一个内部面 $f\in F$,均有

$$\sum_{v\in V(f)}\theta(v)+\theta(f)=k$$

成立,则称 θ 为图 G 的一个(1,0,1)-型魔术标号,并称 G 为(1,0,1)-型魔术图。

　　不过,对上述两类魔术标号的研究较少,研究成果也不多,还有待于进一步探讨和研究。

7.4　反魔术标号

　　本章的前三节介绍了图的几种魔术(全)标号,其中一个共同的特点是:标号数(按一定的规则)的和式为一个常数。本节将介绍几类不同的魔术标号,其标号数(按一定的规则)的和式为不同的数,但成等差数列,故称之为反魔术标号。当然,由于标号规则的不同,产生了几种不同类型的反魔术标号。

7.4.1　(a,d)-点反魔术全标号

　　在 2000 年,M. Baca 和 F. Bertault 等人首先提出并研究图的一种新的魔术标号,其定义如下(参见文献[23]):

　　定义 7.4.1[23]　设 $G=(V,E)$ 为一个图,a 和 d 为正整数,如果存在一个 1-1 映射 $f:V\cup E\rightarrow\{1,2,\cdots,|V|+|E|\}$,使得

$$\left\{f(v)+\sum_{u\in N(v)}f(uv)\,|\,v\in V(G)\right\}=\{a,a+d,a+2d,\cdots,a+(|V|-1)d\}$$

成立,则称 f 为图 G 的一个 (a,d)-点反魔术全标号,并称图 G 为一个 (a,d)-点反魔术图,或者说,G 为 (a,d)-点反魔术全的。

　　例如,C_5 为一个(17,1)-点反魔术图,其标号如图 7.25 所示。

　　由上述定义不难看出下面的引理:

　　引理 7.4.1　每个超魔术图均有一个 $(a,1)$-点反魔术全标号。

　　M. Baca 和 F. Bertault 等人还证明了下面的结论:

　　定理 7.4.1[23]　设 a 和 d 为正整数,则有

(1) 每个(a,d)-点反魔术图 $G=(V,E)$ 都是一个$(a+|E|+1,d+1)$-点反魔术图；

(2) 当 $d \geqslant 2$ 时，每个(a,d)-点反魔术图 $G=(V,E)$ 都是一个$(a+|E|+|V|,d-1)$-点反魔术图。

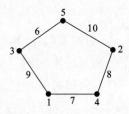

图 7.25　C_5 为一个$(17,1)$-点反魔术全标号

定理 7.4.2[23]　（1）存在正整数 a 和 d，使得 P_n 为(a,d)-点反魔术图；

（2）存在正整数 a 和 d，使得 C_n 为(a,d)-点反魔术图；

（3）当 $n \geqslant 21$ 时，不存在正整数 a 和 d，使得 W_n 为(a,d)-点反魔术图。

7.4.2　(a,d)-边反魔术点标号与(a,d)-边反魔术全标号

R. Simanjuntak 和 F. Bertault 给出了两种反魔术标号的新类型（参见文献[23]）。其定义如下：

定义 7.4.2[23]　设 $G=(V,E)$ 为一个图，a 和 d 为正整数，如果存在一个 1-1 映射 $f:V \rightarrow \{1,2,\cdots,|V|\}$，使得
$$\{f(u)+f(v)\,|\,uv \in E\}=\{a,a+d,a+2d,\cdots,a+(|E|-1)d\}$$
成立，则称 f 为图 G 的一个(a,d)-边反魔术点标号，并称图 G 为一个(a,d)-边反魔术图，或者说，G 为(a,d)-边反魔术点的。

类似地，可定义(a,d)-边反魔术全标号如下：

定义 7.4.3[23]　设 $G=(V,E)$ 为一个图，a 和 d 为正整数，如果存在一个 1-1 映射 $f:V \cup E \rightarrow \{1,2,\cdots,|V|+|E|\}$，使得
$$\{f(u)+f(v)+f(uv)\,|\,uv \in E\}=\{a,a+d,a+2d,\cdots,a+(|E|-1)d\}$$
成立，则称 f 为图 G 的一个(a,d)-边反魔术全标号，并称图 G 为一个(a,d)-边反魔术全图，或者说，G 为(a,d)-边反魔术全的。

R. Simanjuntak 和 F. Bertault 研究了几类特殊图的(a,d)-边反魔术点标号，证明了下面的结论：

定理 7.4.3[23]　（1）C_{2n} 没有(a,d)-边反魔术点标号；

（2）C_{2n+1} 有$(n+2,1)$-边反魔术点标号，也有$(n+3,1)$-边反魔术点标号。

例如，C_5 的$(4,1)$-边反魔术点标号和 C_7 的$(5,1)$-边反魔术点标号如图 7.26 所示。

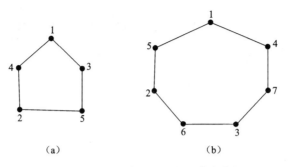

图 7.26 C_5 和 C_7 的 (a,d)-边反魔术点标号

定理 7.4.4 （1）P_{2n} 有 $(n+2,1)$-边反魔术点标号；

（2）P_n 有 $(3,2)$-边反魔术点标号。

事实上，P_n 的 $(3,2)$-边反魔术点标号依次为 $1,2,\cdots,n$ 即可，P_{2n} 的 $(n+2,1)$-边反魔术点标号如图 7.27 所示。

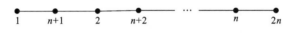

图 7.27 P_{2n} 有 $(n+2,1)$-边反魔术点标号

定理 7.4.5 （1）C_n 有 $(2n+2,1)$-和 $(3n+2,1)$-边反魔术全标号；

（2）C_{2n} 有 $(4n+2,2)$-和 $(4n+3,2)$-边反魔术全标号；

（3）C_{2n+1} 有 $(3n+4,3)$-和 $(3n+5,3)$-边反魔术全标号。

例如，C_5 的 $(12,1)$-和 $(17,1)$-边反魔术全标号如图 7.28 所示。

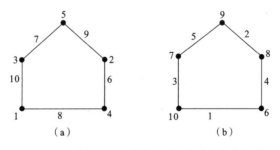

图 7.28 C_5 的 $(12,1)$-和 $(17,1)$-边反魔术全标号

定理 7.4.6[23] 　设 n 为正整数，则有

（1）当 $(a,d)\in\{(3n+4,2),(3n+4,3),(2n+4,4),(5n+4,2),(3n+5,2),(2n+6,4)\}$ 时，P_{2n+1} 有 (a,d)-边反魔术全标号；

（2）当 $(a,d)\in\{(6n,1),(6n+2,2)\}$ 时，P_{2n} 有 (a,d)-边反魔术全标号。

上述定理并非是全部的 (a,d)-边反魔术全标号，还有许多 (a,d)-边反魔术全标号未列出。例如，P_8 的 $(12,3)$-边反魔术全标号如图 7.29 所示。

R. Simanjuntak 和 F. Bertault 等人还提出了下面的猜想：

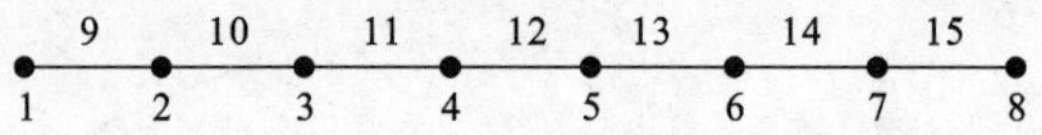

图 7.29 P_8 的 $(12,3)$-边反魔术全标号

猜想 7.4.1[23]　(1) 当 $d \geqslant 3$ 时，P_n 没有 (a,d)-边反魔术点标号；

(2) 当 $d \geqslant 6$ 时，C_n 没有 (a,d)-边反魔术全标号。

这一猜想被证明是正确的。更一般地，M. Baca 和 Y. Lin 等人[145]研究了一个图具有 (a,d)-边反魔术点标号的必要条件，证明了下面的结论：

定理 7.4.7[145]　设 G 为一个 (p,q)-图，a 和 d 为正整数，若 G 具有 (a,d)-边反魔术点标号，则有

$$d(q-1) \leqslant 2p-1-a \leqslant 2p-4 。$$

由此可得出如下结论：

推论 7.4.1　(1) 当 $d \geqslant 3$ 时，P_n 没有 (a,d)-边反魔术点标号；

(2) 当 $d \geqslant 2$ 时，C_n 没有 (a,d)-边反魔术点标号；

(3) 当 $n \geqslant 2$ 时，K_n 没有 (a,d)-边反魔术点标号；

(4) 当 $n \geqslant 4$ 时，$K_{n,n}$ 没有 (a,d)-边反魔术点标号；

(5) 当 $n \geqslant 3$ 时，W_n 没有 (a,d)-边反魔术点标号；

(6) 当 $d \geqslant 2$ 时，广义 Petersen 图没有 (a,d)-边反魔术点标号。

M. Baca 和 Y. Lin 等人[145]还研究了一个图具有 (a,d)-边反魔术全标号的必要条件，证明了下面的结论：

定理 7.4.8[145]　设 G 为一个 (p,q)-图，a 和 d 为正整数，若 G 具有 (a,d)-边反魔术全标号，则有

$$d(q-1) \leqslant 3p+3q-3-a \leqslant 3p+3q-9 。$$

推论 7.4.2[145]　(1) 当 $d \geqslant 7$ 时，P_n 没有 (a,d)-边反魔术全标号；

(2) 当 $d \geqslant 6$ 时，C_n 没有 (a,d)-边反魔术全标号；

(3) 当 $d \geqslant 6$ 时，K_n 没有 (a,d)-边反魔术全标号；

(4) 当 $d \geqslant 6$ 时，$K_{n,n}$ 没有 (a,d)-边反魔术全标号；

(5) 当 $d \geqslant 5$ 时，W_n 没有 (a,d)-边反魔术全标号；

(6) 当 $d \geqslant 5$ 时，广义 Petersen 图没有 (a,d)-边反魔术全标号。

对于树，M. Baca 和 Y. Lin 等人[145]提出了如下猜想：

猜想 7.4.2[23]　每棵树都有 $(a,1)$-边反魔术点(全)标号。

例如，一棵毛虫树 T 的 $(4,1)$-边反魔术点标号如图 7.30 所示。

Ngurah 和 Baskoro 研究广义 Petersen 图 $P(n,k)$ 的 (a,d)-边反魔术全标号，证明了下面的结论：

定理 7.4.9[23]　(1) 当 $n \geqslant 3$ 且为奇数时，$P(n,1)$ 和 $P(n,2)$ 有 $\left(\dfrac{5n+5}{2}, 2\right)$-边反

魔术全标号；

（2）当 $n \geqslant 3, 1 \leqslant k < \dfrac{n}{2}$ 时，$P(n, k)$ 有 $(4n+2, 1)$-边反魔术全标号。

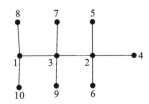

图 7.30　一棵毛虫树 T 的 $(4,1)$-边反魔术点标号

7.4.3　反魔术标号与 (a, d)-反魔术标号

N. Hartsfield 和 G. Ringel[146] 在 1990 年提出反魔术图的概念，其定义如下：

定义 7.4.4[146]　设 $G = (V, E)$ 为一个图，如果存在一个 1 1 映射 $f: E \rightarrow \{1, 2, \cdots, |E|\}$，使得由其导出的点标号 $f^+(v) = \sum\limits_{u \in N(v)} f(uv)$ 满足

$$\forall x, y \in V(G), \text{当} x \neq y \text{时}, f^+(x) \neq f^+(y),$$

则称 f 为图 G 的一个反魔术标号，并称图 G 为一个反魔术图，或者说，G 是反魔术的。

定理 7.4.10[146]　当 $n \geqslant 3$ 时，P_n、C_n、W_n 和 K_n 均是反魔术图。

对于 P_n，其边依次标号为 $1 \sim n-1$ 即可。对于 C_{2n+1}，其边依次标号为 $1 \sim 2n+1$；对于 C_{2n}，其边依次标号为 $2, 1, 3, 4, \cdots, 2n$。

例如，W_6 的反魔术标号如图 7.31 所示。

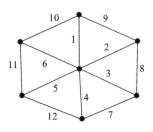

图 7.31　W_6 的反魔术标号

N. Hartsfield 和 G. Ringel[146] 还提出了下面的猜想：

猜想 7.4.3[146]　当 $n \geqslant 3$ 时，所有的 n 阶树均是反魔术图。

更一般地，他们还猜测：当 $n \geqslant 3$ 时，所有的 n 阶连通图均是反魔术图。但这些猜想至今未能证明或否定。

G. Wagner 和 R. Bodendiek 在 1993 年引入了图的 (a, d)-反魔术标号概念（参见文献[23]）。

定义 7.4.5[23]　设 $G=(V,E)$ 为一个连通图,a 和 d 为正整数,如果存在一个 1-1 映射 $f:E\to\{1,2,\cdots,|E|\}$,使得由其导出的点标号 $f^+(v)=\sum_{u\in N(v)}f(uv)$ 满足

$$\{f^+(v)\,|\,v\in V(G)\}=\{a,a+d,a+2d,\cdots,a+(|V|-1)d\},$$

则称 f 为图 G 的一个 (a,d)-反魔术标号(或称为 (a,d)-点反魔术边标号),并称图 G 为一个 (a,d)-反魔术图,或者说,G 是 (a,d)-反魔术的。

定理 7.4.11[23]　若 $C_n\times P_2$ 是 (a,d)-反魔术图,则有

(1) 当 n 为偶数时,有 $(a,d)=\left(\dfrac{7n+4}{2},1\right)$ 或者 $(a,d)=\left(\dfrac{3n+6}{2},3\right)$;

(2) 当 n 为奇数时,有 $(a,d)=\left(\dfrac{5n+5}{2},2\right)$ 或者 $(a,d)=\left(\dfrac{n+7}{2},4\right)$。

G. Wagner 和 R. Bodendiek 证明了上述结论,并提出以下猜想:

猜想 7.4.4[23]　(1) 当 $n(n\geqslant4)$ 为偶数时,$C_n\times P_2$ 是 $\left(\dfrac{7n+4}{2},1\right)$-反魔术图;

(2) 当 $n(n\geqslant3)$ 为奇数时,$C_n\times P_2$ 是 $\left(\dfrac{5n+5}{2},2\right)$-反魔术图。

这一猜想被 M. Baca 和 I. Hollander[147]证明是正确的。更进一步,他们还证明了,当 $n(n\geqslant4)$ 为偶数时,$C_n\times P_2$ 是 $\left(\dfrac{3n+6}{2},3\right)$-反魔术图。此外,他们还证明了,当 $n\equiv0\pmod4$ 且 $n\neq4$ 时,广义 Petersen 图 $P(n,2)$ 为 $\left(\dfrac{3n+6}{2},3\right)$-反魔术图,并提出如下猜想:

猜想 7.4.5[23]　当 $n\geqslant7$ 且 n 为奇数时,$C_n\times P_2$ 是 $\left(\dfrac{n+7}{2},4\right)$-反魔术图。

R. Bodendiek 和 G. Walther[148]研究了图的 (a,d)-反魔术标号,获得了下面的结论:

定理 7.4.12[148]　下面的图不是 (a,d)-反魔术图:

(1) 偶数阶圈、偶数阶路、所有星图;

(2) 阶数至少为 5,且有一个点邻接 3 个或 3 个以上叶点的树;

(3) 当 $d=1$ 时,至少有两层的 n 叉树;

(4) 一点并图 $C_3^{(k)}$(即 k 个 C_3 具有一个公共点的图)和 $C_4^{(k)}$;

(5) $K_{3,3}$、K_4 和 Petersen 图;

(6) 轮图 $W_n(n\geqslant4)$。

定理 7.4.13[148]　(1) P_{2k+1} 是 $(k,1)$-反魔术图;

(2) C_{2k+1} 是 $(k+2,1)$-反魔术图;

(3) 设 T 为一棵 $2k+1$ 阶树,$k\geqslant2$,若 T 为 (a,d)-反魔术图,则 $a=k,d=1$。

例如,P_5 的 $(2,1)$-反魔术标号与 C_7 的 $(5,1)$-反魔术标号如图 7.32 所示。

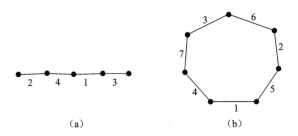

(a)　　　　　　　　　　　　(b)

图 7.32 P_5 的 $(2,1)$-反魔术标号与 C_7 的 $(5,1)$-反魔术标号

对于完全图 K_n，R. Bodendiek 和 G. Walther[148]研究了其 (a,d)-反魔术标号，获得了一些必要条件。

定理 7.4.14[148]　（1）若 $K_{4k}(k\geqslant 2)$ 为 (a,d)-反魔术图，则 d 为奇数，且
$$d\leqslant 2k(4k-3)+1;$$

（2）若 K_{4k+2} 为 (a,d)-反魔术图，则 d 为偶数，且
$$d\leqslant(2k+1)(4k-1)+1;$$

（3）若 $K_{2k+1}(k\geqslant 2)$ 为 (a,d)-反魔术图，则
$$d\leqslant(2k+1)(k-1)+1。$$

另一类重要的图类是完全二部图，T. Nicholas 和 S. Somasundaram 等人研究了完全二部图的 (a,d)-反魔术标号，主要结论如下（参见文献[23]）：

定理 7.4.15[23]　（1）设 $n\geqslant m\geqslant 1$，若 $K_{m,n}$ 为 (a,d)-反魔术图，则
$$(m-n)[2a+d(m+n-1)]+2dmn\equiv 0(\bmod 4d);$$

（2）设 $n>m\geqslant 2$，且 $m+n$ 为质数，则 $K_{m,n}$ 不是 (a,d)-反魔术图；

（3）若 $K_{n,n+2}$ 为 (a,d)-反魔术图，则 d 为偶数，且
$$n+1\leqslant d<\frac{(n+1)^2}{2};$$

（4）若 $K_{n,n+2}$ 为 (a,d)-反魔术图，且 n 为奇数，则 d 为偶数，$d\,|\,a$；

（5）若 $K_{n,n+2}$ 为 (a,d)-反魔术图，且 n 为偶数，则 d 为偶数，$d\,|\,2a$；

（6）若 $K_{n,n}$ 为 (a,d)-反魔术图，则 n 和 d 均为偶数，且
$$1\leqslant d<\frac{n^2}{2}。$$

定理 7.4.16[23]　设 G 为一个 n 阶单圈图，若 G 为 (a,d)-反魔术图，则有

（1）当 n 为偶数时，$(a,d)=(2,2)$；

（2）当 n 为奇数时，$(a,d)=(2,2)$ 或者 $(a,d)=(\frac{n+3}{2},1)$。

例如，一个单圈图 G 的 $(2,2)$-反魔术标号如图 7.33 所示。

如果在一个图 G 的每个点处均增加 m 条悬挂边，所得的图称为 G 的 m-冠图。当 $G=C_n$ 且 $m=1$ 时，称之为王冠图。

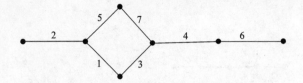

图 7.33　一个单圈图 G 的 $(2,2)$-反魔术标号

定理 7.4.17[23]　 C_n 的 m-冠图为 (a,d)-反魔术图当且仅当 $m=1$。

例如，C_4 的 1-冠图的 $(2,2)$-反魔术标号如图 7.34 所示。

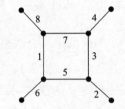

图 7.34　C_4 的 1-冠图的 $(2,2)$-反魔术标号

将 P_m 的一个端点邻接 C_n 的一个点所组成的图称为棒棒糖图 $B_{m,n}$。

定理 7.4.18[23]　 当 $m=n$ 或者 $m=n-1$ 时，$B_{m,n}$ 是一个 $(2,2)$-反魔术图。

例如，棒棒糖图 $B_{3,4}$ 和 $B_{4,4}$ 的 $(2,2)$-反魔术标号如图 7.35 所示。

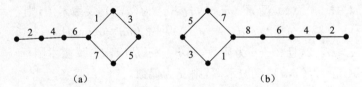

(a)　　　　　　　　　　　　　　(b)

图 7.35　$B_{3,4}$ 和 $B_{4,4}$ 的 $(2,2)$-反魔术标号

7.4.4　平面图的 (a,d)-面反魔术标号

M. Baca[149] 在 1999 年引入了平面图的 (a,d)-面反魔术标号概念，其定义如下：

定义 7.4.6[149]　 设 $G=(V,E,F)$ 为一个连通平面图（F 为全体内部面集），如果存在正整数 a 和 d，以及一个 1-1 映射 $g:E{\rightarrow}\{1,2,\cdots,|E|\}$，使得由其导出的面标号 $g^+(f)=\sum\limits_{e\in E(f)}g(e)$（对 G 的任意一个面 $f\in F$，$E(f)$ 表示 f 边界上全体边集）满足

$$\{g^+(f)\mid f\in F\}=\{a,a+d,a+2d,\cdots,a+(|F|-1)d\},$$

则称 g 为图 G 的一个 (a,d)-面反魔术标号，并称 G 为 (a,d)-面反魔术图。

定理 7.4.19[150]　 当 $n\geqslant 4$ 且 n 为偶数时，$C_n\times P_2$ 是一个 $(4n+4,4)$-面反魔术图。

例如，$C_4\times P_2$ 的 $(16,4)$-和 $(20,4)$-面反魔术标号如图 7.36 所示。

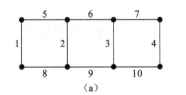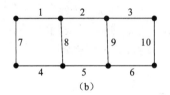

图 7.36 $C_4 \times P_2$ 的 $(16,4)$-和 $(20,4)$-面反魔术标号

M. Baca[150] 证明了上述结论, 并提出了下面的猜想:

猜想 7.4.6[150] $C_n \times P_2$ 是一个 $(2n+5,6)$-面反魔术图。

更为一般地, 对于 $P_{m+1} \times C_n$, M. Baca 和 Y. Lin 等人[151] 研究了其 (a,d)-面反魔术标号, 证明了下面的结论:

定理 7.4.20[151] 若 $P_{m+1} \times C_n$ 具有 (a,d)-面反魔术标号, 则必有下面三者之一成立:

(1) $d=2$ 且 $a=3n(m+1)+3$;

(2) $d=4$ 且 $a=2n(m+1)+4$;

(3) $d=6$ 且 $a=n(m+1)+5$。

定理 7.4.21[151] (1) 若下列两条件之一成立, 则 $P_{m+1} \times C_n$ 具有 $(3n(m+1)+3,2)$-面反魔术标号:

(a) $n \geqslant 4$ 且 n 为偶数, $m \geqslant 5$ 且 $m \equiv 1 \pmod 4$;

(b) $n \geqslant 6$ 且 $n \equiv 2 \pmod 4$, $m \geqslant 4$ 且 m 为偶数。

(2) 若下列两条件之一成立, 则 $P_{m+1} \times C_n$ 具有 $(3n(m+1)+3,2)$-面反魔术标号, 也有 $(2n(m+1)+4,4)$-面反魔术标号:

(a) $n \geqslant 4$ 且 n 为偶数, $m \geqslant 3$ 且 $m \equiv 1 \pmod 2$;

(b) $n \geqslant 6$ 且 $n \equiv 2 \pmod 4$, $m \geqslant 4$ 且 m 为偶数。

猜想 7.4.7[151] (1) 当 $n \geqslant 4$ 且 $m \equiv 0 \pmod 4$ 时, $P_{m+1} \times C_n$ 具有 $(3n(m+1)+3, 2)$-面反魔术标号, 也有 $(2n(m+1)+4,4)$-面反魔术标号;

(2) 当 $n \geqslant 4$ 且 n 为偶数, $P_{m+1} \times C_n$ 具有 $(n(m+1)+5,6)$-面反魔术标号。

7.4.5 平面图的 d-反魔术全标号

M. Baca 和 M. Miller 引入了平面图的 d-反魔术 $(1,1,1)$-型标号, 这里称之为平面图的 d-反魔术全标号, 其定义如下(参见文献[23]):

定义 7.4.7[23] 设 $G=(V,E,F)$ 为一个连通平面图(F 为全体内部面集), 如果存在正整数 a 和 d, 以及一个 1-1 映射 $g: V \cup E \cup F \rightarrow \{1,2,\cdots,|V|+|E|+|F|\}$, 使得由其导出的面标号 $g^+(f) = \sum\limits_{e \in E(f)} g(e) + \sum\limits_{v \in V(f)} g(v) + g(f)$ (对 G 的任意一个面 $f \in F$, $E(f)$ 表示 f 边界上全体边集, $V(f)$ 表示 f 边界上全体点集)满足

$$\{g^+(f_s)\mid f_s\in F_s\}=\{a,a+d,a+2d,\cdots,a+(\mid F_s\mid-1)d\},$$

其中 f_s 表示次为 s 的面，F_s 表示全体次为 s 的面集，则称 g 为图 G 的一个 d-反魔术全标号，并称 G 为 d-反魔术全图。

M. Baca 和 M. Miller 证明了下面的结论，并提出了一个猜想：

定理 7. 4. 22[23]　　设整数 $n\geqslant 3$，则有

(1) $C_n\times P_2$ 有 1-反魔术全标号；

(2) 当 $n\equiv 3(\bmod 4)$，且 $d\in\{2,3,4,6\}$ 时，$C_n\times P_2$ 具有 d-反魔术全标号。

猜想 7. 4. 8[23]　　设 $n\geqslant 3$，若 $d\in\{2,3,4,5,6\}$，则 $C_n\times P_2$ 具有 d-反魔术全标号。

当 $d=3$，且 $n\neq 4$ 时，此猜想被证明是正确的。

第8章　几类标号及其相关参数

前几章介绍了图的一些特殊标号的概念及相关结论,这些概念和结论大多是针对一种定性问题。例如,对于一个给定的图 G,判断其是否为优美图,这就是一个对图的定性问题,其本身并不与相关参数相联系(当然也可定义优美参数)。但有的标号问题本身就与参数相结合。例如,和图或整和图,其标号与参数(和数与整和数)相结合。本章介绍几种特殊的带有参数的标号。图的控制与染色都是带有参数的标号,但对这类问题人们已探讨许多,这里主要是针对几类特殊的标号。

8.1　$L(2,1)$ 标号

8.1.1　$L(2,1)$-标号的概念

在 1988 年,F. S. Roberts 与 J. R. Griggs 在研究频道安置问题时首次提出了一种按距离标号的问题。J. R. Griggs 和 R. K. Yeh[176] 给出了图的 $L(2,1)$-标号的概念,具体定义如下:

定义 8.1.1[176]　设 $G=(V,E)$ 为一个简单图,如果存在一个映射 $f:V \rightarrow N$(非负整数集),满足

(1) $\forall u \in V, \forall v \in V$,若 $uv \in E$,则 $|f(u)-f(v)| \geqslant 2$,

(2) $\forall u \in V, \forall v \in V$,若 $d(u,v)=2$,则 $|f(u)-f(v)| \geqslant 1$,

则称 f 为图 G 为一个 $L(2,1)$-标号,并称 $f_{\max}(G)=\max\{f(v) \mid v \in V(G)\}$ 为 G 在 f 下的跨度。图 G 的 $L(2,1)$-标号数记为 $\lambda(G)$,其定义为

$$\lambda(G)=\min\{f_{\max}(G) \mid f \text{ 为图 } G \text{ 的一个 } L(2,1)\text{-标号}\}。$$

由定义可见,任何图 G 均存在 $L(2,1)$-标号,从而其 $L(2,1)$-标号数 $\lambda(G)$ 都是存在的。例如,C_5 和 C_6 的一个 $L(2,1)$-标号如图 8.1 所示。

由上述定义不难看出下面的引理:

引理 8.1.1　对任何图 G,若 $\Delta=\Delta(G)$ 为 G 的最大度,则

$$\lambda(G) \geqslant \Delta+1。$$

引理 8.1.2　对任何 n 阶图 G,若其直径为 2,则

$$\lambda(G) \geqslant n-1。$$

引理 8.1.3　对图 G 的任何一个子图 H,均有

$$\lambda(G) \geqslant \lambda(H)。$$

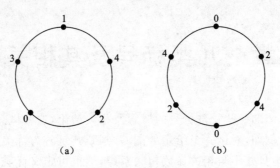

图 8.1 C_5 和 C_6 的一个 $L(2,1)$-标号

定义 8.1.1 还可以推广如下：

定义 8.1.2 设 $G=(V,E)$ 为一个简单图，整数组 $j_1,j_2,\cdots,j_r$ 中，$j_1 \geqslant j_2 \geqslant \cdots \geqslant j_r \geqslant 1$，如果存在一个映射 $f:V \to N$（非负整数集），满足

$$\forall x,y \in V, 若 d(x,y)=i, 则 |f(x)-f(y)| \geqslant j_i (1 \leqslant i \leqslant r),$$

则称 f 为图 G 的一个 $L(j_1,j_2,\cdots,j_r)$-标号；同样称 $f_{\max}(G)=\max\{f(v)|v \in V(G)\}$ 为 G 在 f 下的跨度；图 G 的 $L(j_1,j_2,\cdots,j_r)$-标号数记为 $\lambda_{j_1,j_2,\cdots,j_r}(G)$，其定义为

$$\lambda_{j_1,j_2,\cdots,j_r}(G)=\min\{f_{\max}(G)|f 为图 G 的一个 L(j_1,j_2,\cdots,j_r)\text{-标号}\}。$$

特殊地，当 $r=2$ 且 $(j_1,j_2)=(2,1)$ 时，$\lambda_{2,1}(G)=\lambda(G)$。对于 $r=2$ 的情形，人们研究得较多。但对 $r \geqslant 3$ 的情形，几乎没有多少研究成果。其原因，一方面是当 $r \geqslant 3$ 时标号较为复杂，对一些常见的图类也难以确定其标号参数；另一方面是 J. R. Griggs 和 R. K. Yeh[176] 所提出的如下猜想一直未能解决，这使得人们对 $r=2$ 的情形研究得更多。

猜想 8.1.1[176] 对任何图 G，若 $\Delta=\Delta(G)$ 为 G 的最大度，则

$$\lambda(G) \leqslant \Delta^2。$$

对于这一猜想，J. R. Griggs 和 R. K. Yeh[176] 证明了，当 G 的直径 $d(G)=2$ 时是成立的。而 F. S. Roberts[186] 证明了上述猜想对于任何图 G 或其补图 $\bar{G}$ 是成立的，即证明了，对于任何图 G，均有 $\lambda(G) \leqslant \Delta^2(G)$ 或者 $\lambda(\bar{G}) \leqslant \Delta^2(\bar{G})$ 成立。

8.1.2 $L(2,1)$-标号数的界限

J. R. Griggs 和 R. K. Yeh[176] 首先给出了下面的界限：

定理 8.1.1[176] 对任何图 G，若 $\Delta=\Delta(G)$ 为 G 的最大度，则

$$\lambda(G) \leqslant \Delta^2+2\Delta。$$

G. J. Chang 和 D. Kuo[177] 改进了上述界限，证明了下面的结论：

定理 8.1.2[177] 对任何最大度为 Δ 的图 G，均有

$$\lambda(G) \leqslant \Delta^2+\Delta。$$

关于 $L(2,1)$-标号数的上界，对一般图来说，上述结论是目前已知结论中最优

的。当然,如果增加最大度条件,或者对一些特殊图类,此上界还可继续改进。

D. Kral、R. Skrekovski[178] 和 Concalves 等人证明了如下结论:

定理 8.1.3[177]　　(1) 对任何图 G,若 $\Delta \geqslant 2$,则
$$\lambda(G) \leqslant \Delta^2 + \Delta - 1;$$

(2) 对任何图 G,若 $\Delta \geqslant 3$,则
$$\lambda(G) \leqslant \Delta^2 + \Delta - 2。$$

一般来说,确定一类图的 $L(2,1)$-标号数是较为困难的。下面列出几类特殊图的 $L(2,1)$-标号数的界限。

定理 8.1.4　对任何非平凡的树 T,其最大度为 Δ,则有
$$\Delta + 1 \leqslant \lambda(T) \leqslant \Delta + 2。$$

证明: 由引理 8.1.1 知,$\lambda(T) \geqslant \Delta + 1$。下证 $\lambda(T) \leqslant \Delta + 2$,对 $n = |V(T)|$ 用归纳法。

(1) 当 $n = 2$ 时,$T = K_2$,$\lambda(T) = 2 \leqslant \Delta + 2 = 3$,命题成立。

(2) 假若对一切 $n-1$ 阶树 T',均有 $\lambda(T') \leqslant \Delta(T') + 2$ 成立。现考虑一棵 n 阶树 $T(n \geqslant 3)$,设其最大度为 Δ。若 $T = K_{1,n-1}$ 为一棵星,即 $\Delta = n-1$,此时可用 $\{0,2,3,\cdots,n\}$ 对 $T = K_{1,n-1}$ 的点进行标号,其中中心点标号为 0,因此有 $\lambda(T) \leqslant n = \Delta + 1$,命题成立。

下设 $T \neq K_{1,n-1}$,取 T 的一个叶点 v_1,使得 $\Delta(T - v_1) = \Delta(T) = \Delta$。记 $T' = T - v_1$。由归纳假设知
$$\lambda(T') \leqslant \Delta(T') + 2 = \Delta + 2,$$
即存在 T' 的一个 $L(2,1)$-标号 f',使得
$$f'_{\max}(T') = \lambda(T') \leqslant \Delta + 2。$$

记叶点 v_1 在 T 中所邻接的唯一点为 v_0,$N_{T'}(v_0)$ 表示 v_0 点在 T' 中的邻域,令
$$M = \{0,1,2,\cdots,\Delta + 2\} - \{f'(v) \mid v \in N_{T'}(v_0)\},$$
可见 $f'(v_0) \in M$,且因为 $|M| = \Delta + 3 - [d_T(v_0) - 1] \geqslant 4$,故存在 $m \in M$,使得
$$|f'(v_0) - m| \geqslant 2。$$

定义 T 的一个标号 f 如下:
$$f(v) = \begin{cases} m, & \text{当 } v = v_1 \text{ 时;} \\ f'(v), & \text{当 } v \in V(T') \text{ 时。} \end{cases}$$

不难验证,f 为 T 的一个 $L(2,1)$-标号,且 $f_{\max}(T) \leqslant \Delta + 2$。即命题对于 n 阶树 T 成立,由归纳法原理,定理证毕。

由上述定理可见,所有非平凡的树可分成两类,满足 $\lambda(T) = \Delta(T) + 1$ 的树称为第一类树,满足 $\lambda(T) = \Delta(T) + 2$ 的树称为第二类树。只有平凡树 K_1 不属于这两类。一个自然产生的问题如下:

问题 8.1.1　如何刻画这两类树?

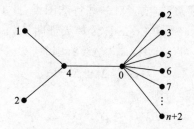

图 8.2　$S(2,n)$ 的 $L(2,1)$-标号

例如,从上述定理证明中可知,所有的星图都是第一类的。图 8.2 所示的一个双星 $S(2,n)$ 也是第一类树。

另一类重要的图是平面图,M. MoUoy、M. R. Salavatipour[180] 和 W. F. Wang、K. W. Lih[181] 分别得出了下面的界限(参见文献[179]):

定理 8.1.5[180]　对任何可平面图 G,若 $\Delta=\Delta(G)$ 为 G 的最大度,则

$$\lambda(G)\leqslant\frac{5}{3}\Delta+90。$$

定理 8.1.6[181]　设 G 为一个可平面图,Δ 为 G 的最大度,若 G 的围长不小于 5,则

$$\lambda(G)\leqslant\Delta+21。$$

定理 8.1.7[183]　设 G 为一个外平面图,若 $\Delta(G)\geqslant15$,则
$$\lambda(G)\leqslant\Delta+2。$$

定理 8.1.8[184]　设 G 为一个平面图,且 G 中没有 K_4 作为子图,则

$$\lambda(G)\leqslant\left\lfloor\frac{3\Delta}{2}\right\rfloor。$$

8.1.3　几类常见图的 $L(2,1)$-标号数

对于特殊图的 $L(2,1)$-标号数,最简单的图类是完全图。

定理 8.1.9　对于任何正整数 n,有
$$\lambda(K_n)=2(n-1)。$$

事实上,对 K_n 的所有点分别标号为 $0,2,4,\cdots,2(n-1)$ 即可。

对于 n 阶路 P_n、n 阶圈 C_n 和 $n+1$ 阶轮图 $W_n=C_n\vee K_1$,J. R. Griggs 和 R. K. Yeh[176] 分别确定了其 $L(2,1)$-标号数,具体结论如下:

定理 8.1.10[176]　(1) $\lambda(P_1)=0,\lambda(P_2)=2,\lambda(P_3)=\lambda(P_4)=3$,且当 $n\geqslant5$ 时 $\lambda(P_n)=4$;

(2) 设整数 $n\geqslant5$,则 $\lambda(C_n)=4$;

(3) 当整数 $n\geqslant5$ 时,$\lambda(W_n)=n+1$。此外,$\lambda(W_3)=\lambda(W_4)=6$。

例如,W_8 的一个 $L(2,1)$-标号如图 8.3 所示。

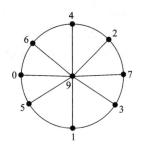

图 8.3　W_8 的一个 $L(2,1)$-标号

定理 8.1.11　对于完全二部图 $K_{m,n}$,有

$$\lambda(K_{m,n})=m+n_\circ$$

事实上,记 $V(K_{m,n})=V_1\bigcup V_2$,其中 $|V_1|=m$,$|V_2|=n$,令 V_1 的点标号为 $\{0,1,2,\cdots,m-1\}$,V_2 的点标号为 $\{m+1,m+2,\cdots,m+n\}$。可见,$\lambda(K_{m,n})=m+n$。

8.1.4　$L(2,1)$-标号数与色数及路覆盖数

J. R. Griggs 和 R. K. Yeh[176] 证明了下面的结论:

定理 8.1.12[176]　对任意 n 阶图 G,有

$$\lambda(G)\leqslant n+\chi(G)-2_\circ$$

证明:记 $\chi(G)=k$,$V(G)=V_1\bigcup V_2\bigcup\cdots\bigcup V_k$ 为图 G 的 k-色划分,其中 $|V_i|=n_i(1\leqslant i\leqslant k)$,显然 $\sum\limits_{i=1}^{k} n_i=n$。令 $N_0=0$,$N_j=n_1+n_2+\cdots+n_j(j=1,2,\cdots,k)$,对每个 V_j,定义 V_j 的点标号分别为 $\{N_{j-1}+j-1,N_{j-1}+j,N_{j-1}+j+1,\cdots,N_j+j-2\}$ 中的一个数。不难验证,上述标号为图 G 的 $L(2,1)$-标号,且所有点的最大标号为 $N_k+k-2=n+k-2$,定理证毕。

为了更好地估算图的 $L(2,1)$-标号数,J. P. Georges 和 D. W. Mauro 等人[182] 给出了图 G 的 $L(2,1)$-标号数与其补图 $\overline{G}$ 的路覆盖数的关系。

定义 8.1.3[182]　设 $G=(V,E)$ 为一个图,如果一个划分 $V(G)=V_1\bigcup V_2\bigcup\cdots\bigcup V_k$ 满足条件:每个 V_i 在 G 中的导出子图 $G[V_i]$ 均有一条生成路,则称此划分为图 G 的一个 k-路划分,图 G 的路覆盖数记为 $c(G)$,其定义为

$$c(G)=\min\{k\,|\,\text{存在 } G \text{ 的 } k\text{-}\text{路划分}\}_\circ$$

由上述定义可见,一个图 G 具有生成路当且仅当 $c(G)=1$。

定理 8.1.13[182]　设 G 为一个 n 阶图,则有

(1) $\lambda(G)\leqslant n-1$ 当且仅当 $c(\overline{G})=1$;

(2) 若整数 $r\geqslant 2$,则 $\lambda(G)=n+r-2$ 当且仅当 $c(\overline{G})=r$。

由上述定理可得下面若干推论:

推论 8.1.1　设 G 为一个 n 阶完全 t-部图$(t \geqslant 2)$，则
$$\lambda(G) = n + t - 2。$$

事实上，当 G 为一个完全 t-部图时，$\bar{G}$ 为 t 个不交的完全图之并，故 $c(\bar{G}) = t$，由定理 8.1.13(2)即得。

推论 8.1.2　设 G 为一个直径为 2 的 n 阶图，若 $\bar{G}$ 具有 H 路，则有
$$\lambda(G) = n - 1。$$

事实上，由引理 8.1.2 知，$\lambda(G) \geqslant n - 1$，由定理 8.1.13(1)知，$\lambda(G) \leqslant n - 1$，因此有 $\lambda(G) = n - 1$。

推论 8.1.3　设 $G = (V, E)$ 为一个 n 阶图，且 $\lambda(G) = n - k - 1 (0 \leqslant k \leqslant n - 1)$，则对于 V 的任意一个 k 元子集 K，$V - K$ 在 $\bar{G}$ 中的导出子图 $\bar{G}[V - K]$ 具有一条 H 路。

事实上，令 $G_1 = G[V - K]$ 为 $V - K$ 在 G 中的导出子图，由引理 8.1.2 知
$$\lambda(G_1) \leqslant \lambda(G) = n - k - 1 = |V(G_1)| - 1，$$
由定理 8.1.13(1)知，$\bar{G_1} = \bar{G}[V - K]$ 具有一条 H 路。

推论 8.1.4　设 G 为一个 n 阶图，且其最大度 $\Delta \leqslant \dfrac{n-1}{2}$，则
$$\lambda(G) \leqslant n - 1。$$

事实上，当 $\Delta(G) \leqslant \dfrac{n-1}{2}$ 时，$\delta(\bar{G}) \geqslant \dfrac{n-1}{2}$，从而 $\bar{G}$ 具有一条 H 路，由定理 8.1.13(1)知，$\lambda(G) \leqslant n - 1$。

Yao Bing 和 Wang Jian-fang[185]研究了图与补图的 $L(2,1)$-标号问题，证明了如下结论：

定理 8.1.14[185]　若 p 阶图 G 的补图 $\bar{G}$ 有 k 条点不交的路 $P_i (1 \leqslant i \leqslant k)$，则有
$$\lambda(G) \leqslant 2p + k - \sum_{i=1}^{k} |V(P_i)|。$$

定理 8.1.15[185]　对任意 p 阶图 G，若 $p \geqslant 5$，则有
$$p + 3 \leqslant \lambda(G) + \lambda(\bar{G}) \leqslant 3p - 4。$$

J. P. Georges 和 D. W. Mauro 等人[182]利用补图的路覆盖数，给出了若干个图的联图的 $L(2,1)$-标号数，还由定理 8.1.13 得出了一类乘积图的 $L(2,1)$-标号数，结论如下：

定理 8.1.16[182]　设 $G_i (1 \leqslant i \leqslant r)$ 为 $r(r \geqslant 2)$ 个不交的图，$|V(G_i)| = n_i (1 \leqslant i \leqslant r)$，则有
$$\lambda(G_1 \vee G_2 \vee \cdots \vee G_r) = -2 + \sum_{i=1}^{r} [n_i + c(\bar{G_i})]$$
$$= 2r - 2 + \sum_{i=1}^{r} \max\{n_i - 1, \lambda(G_i)\}。$$

由于 $c(G_1 \vee G_2 \vee \cdots \vee G_r) \geqslant r \geqslant 2$，由定理 8.1.13(2)知

$$\lambda(G_1 \bigvee G_2 \bigvee \cdots \bigvee G_r) = -2 + \sum_{i=1}^{r} n_i + c(\overline{G_1 \bigvee G_2 \bigvee \cdots \bigvee G_r})$$

$$= -2 + \sum_{i=1}^{r} [n_i + c(\overline{G_i})]$$

$$= 2r - 2 + \sum_{i=1}^{r} [n_i + c(\overline{G_i}) - 2]$$

$$= 2r - 2 + \sum_{i=1}^{r} \max\{n_i - 1, \lambda(G_i)\}。$$

由上述定理也容易得出推论 8.1.1,并不难得出轮图和扇图的 $L(2,1)$-标号数。

对于乘积图 $K_m \times K_n$,由定理 8.1.13 不难得出下面的结论:

定理 8.1.17[182]　　设 $m, n(n \geqslant m \geqslant 2)$ 均为整数,则有

$$\lambda(K_m \times K_n) = \begin{cases} 4, & \text{当}(m,n) = (2,2)\text{时}; \\ mn - 1, & \text{当}(m,n) \neq (2,2)\text{时}。 \end{cases}$$

对其他几类常见的乘积图,如 $P_m \times P_n$、$C_m \times P_n$、$C_m \times C_n$、$K_m \times P_n$ 和 $K_m \times C_n$,这里提出如下问题:

问题 8.1.2　　如何确定乘积图 $P_m \times P_n$、$C_m \times P_n$、$C_m \times C_n$、$K_m \times P_n$ 和 $K_m \times C_n$ 的 $L(2,1)$-标号数?

例如,不难验证,当 $m \equiv 0 \pmod 3$ 时 $\lambda(C_m \times P_2) = 5$。$C_9 \times P_2$ 的 $L(2,1)$-标号如图 8.4 所示。

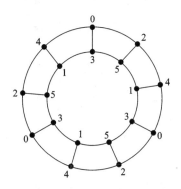

图 8.4　$C_9 \times P_2$ 的 $L(2,1)$-标号

8.2　Fractional-平衡标号

在前面介绍的一些标号中,所标号码均是整数,在本节中所标号码是实数。本节所讨论的 Fractional-平衡标号来源于图的 Fractional-控制[187],是对图的结构进行探讨和研究。

8.2.1　Fractional-平衡标号的概念

设 $G=(V,E)$ 为一个图，$v\in V$，则 $N(v)$ 和 $N[v]$ 分别为 v 点在 G 中的邻域和闭邻域。若 $f:V\to R$ 为一个实值函数（标号），且 $S\subseteq V$，为了方便，记 $f(S)=\sum\limits_{v\in S}f(v)$。用 $[0,1]$ 表示该区间内的所有实数（或有理数）集合。

定义 8.2.1　设 $G=(V,E)$ 为一个图，如果存在一个实值函数（标号）$f:V\to[0,1]$，使得对每个点 $v\in V$，均有 $f(N[v])=1$ 成立，则称 f 为图 G 的一个 Fractional-平衡标号（fractional balance labeling），简称为 FB-标号。具有 FB-标号的图称为 Fractional-平衡图，简称为 FB-图。

由上述定义可见，并非所有的图都是 FB-图。例如，不难验证 $P_3\times P_3$ 和 C_5+e 均不是 FB-图，边数最少的非 FB-图为双星图 $S(1,2)$，如图 8.5 所示。

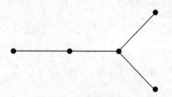

图 8.5　$S(1,2)$ 为边数最少的非 FB-图

所有点数不超过 4 的简单图均是 FB-图，在所有 5 阶图中，有 FB-图，也有非 FB-图。例如，图 $(K_2\cup K_1)\vee\overline{K_2}$ 为 FB-图，其 FB-标号 $\left(m=\dfrac{1}{6}\right)$ 如图 8.6 所示。

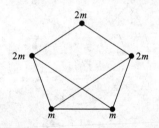

图 8.6　图 $(K_2\cup K_1)\vee\overline{K_2}$ 的 FB-标号 $\left(m=\dfrac{1}{6}\right)$

如果能确定一个图是否为 FB-图，这对于确定其 Fractional-控制数[187] 是非常有用的。但如何来判断一个图是否为 FB-图，换言之，如何找出一个图的 FB-标号，或证明其不存在，都非易事。一个非连通图 G 为 FB-图当且仅当 G 的每个分支均为 FB-图。

对于一些特殊的连通图，由上述定义容易得出下面的结论：

引理 8.2.1　所有的 k-正则图 G 均是 FB-图。特殊地，所有的圈 C_n 和完全图 K_n 均为 FB-图。

对于图 G 的每个点 $v \in V(G)$，定义 $f(v) = \dfrac{1}{k+1}$，可见 f 为图 G 的一个 FB-标号，即 G 是 FB-图。

引理 8.2.2　设 $G = (V, E)$ 为一个简单图，若其最大度 $\Delta(G) = |V| - 1$，则 G 均是 FB-图。特殊地，所有的星 $K_{1,n}$、轮图 $W_n = C_n \vee K_1$ 和扇图 $F_n = P_n \vee K_1$ 均为 FB-图。

对于图 G 的最大度点 v，定义 $f(v) = 1$，对于其他每个点 u，定义 $f(u) = 0$，可见 f 为图 G 的一个 FB-标号，即 G 是 FB-图。

定义 8.2.2　设 $G = (V, E)$ 为一个简单图，s 为一个正整数，如果存在 V 的一个子集 $M = \{v_1, v_2, \cdots, v_k\}$（$M$ 中元素可重复），使得 $sV = N[v_1] \cup N[v_2] \cup \cdots \cup N[v_k]$（集合中元素按出现次数计算），则称 G 为闭邻域好 s-覆盖图。特殊地，当 $s = 1$ 时，称 G 为闭邻域好覆盖图。

例如，所有的 r-正则图均为闭邻域好 $(r+1)$-覆盖图。

引理 8.2.3　G 为 FB-图当且仅当存在正整数 $s \geqslant 1$，使得 G 为一个闭邻域好 s-覆盖图。

若 G 为一个闭邻域好 s-覆盖图，则对于任意 $v \in V(G)$，令 $f(v) = \dfrac{t(v)}{s}$，其中 $t(v)$ 表示 v 点在 M 中出现的次数。可见 f 为图 G 的一个 FB-标号，即 G 为 FB-图。反之，若 G 为一个 FB-图，f 为图 G 的一个 FB-标号，$v_i \in V(G) = \{v_1, v_2, \cdots, v_n\}$，记 $f(v_i) = \dfrac{q_i}{p} (1 \leqslant i \leqslant n)$，其中 q_i 为非负整数。令 M 表示由 q_i 个 $v_i (i = 1, 2, \cdots, n)$ 点所组成的 $k = \displaystyle\sum_{i=1}^{n} q_i$ 个元素（可有重复元素）的集合，$pV = N[v_1] \cup N[v_2] \cup \cdots \cup N[v_k]$，从而 G 为一个闭邻域好 s-覆盖图。

当然，并非每一个 FB-图都是闭邻域好覆盖的（即 $s = 1$）。例如，图 8.6 所示的图 $G = (K_2 \cup K_1) \vee \overline{K_2}$ 为 FB-图，但不是闭邻域好覆盖图，而是一个闭邻域好 6-覆盖图。

8.2.2　Fractional-平衡图

除了上述引理中给出的一些 FB-图外，下面探讨一些特殊图的 FB-标号。

定理 8.2.1　所有的路 P_n 均是 FB-图。

证明：记 $P_n = (v_1 v_2 \cdots v_n)$，定义 P_n 的一个 FB-标号 f 如下：

(1) 当 $n \equiv 0, 2 \pmod{3}$ 时，令 $f(v_{3i+2}) = 1$，$f(v_{3i+1}) = f(v_{3i+3}) = 0$（$i = 0, 1, \cdots$）；

(2) 当 $n \equiv 1 \pmod{3}$ 时，令 $f(v_{3i+1}) = 1$，$f(v_{3i+2}) = f(v_{3i+3}) = 0$（$i = 0, 1, \cdots$）。

不难验证：f 为 P_n 的一个 FB-标号，即 P_n 为一个 FB-图。证毕。

除了路和星之外，有些树不是 FB-图。例如，图 8.7 所示为一个双星 $S(m, n)$，当 $(m, n) \neq (1, 1)$ 时，$S(m, n)$ 均不是 FB-图。

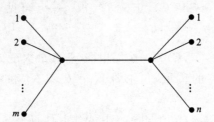

图 8.7 双星 $S(m,n)$ 不是 FB-图(其中 $(m,n)\neq(1,1)$)

问题 8.2.1 如何刻画所有的 FB-树?

当然,如果一棵树 T 的点集能划分成若干个点的不相交的闭邻域,即 T 为闭邻域好覆盖图,则 T 为 FB-图。是否每个 FB-树均为闭邻域好覆盖图呢?

下面考虑冠图的 FB-标号问题。设 $G=(V,E)$,如果在 G 的每一个点处均增加 r 条悬挂边,所得的图称为 G 的 r-冠图,记为 $I_r(G)$。特殊地,当 $r=1$ 时,G 的 1-冠图称为冠图,并记 $I(G)=I_1(G)$。一般地,如果图 G 的每个点至少增加一条悬挂边(各点所增加的悬挂边数未必相同),所得的图称为 G 的任意冠图。

定理 8.2.2 (1) 任何图 G 的冠图 $I(G)$ 均为 FB-图;

(2) 当 $r\geqslant2$ 时,n 阶图 G 的 r-冠图 $I_r(G)$ 为 FB-图当且仅当 $G=\overline{K_n}$。

证明:(1) 由于 $I(G)$ 为闭邻域好覆盖图,故其为 FB-图。

(2) 当 $r\geqslant2$ 时,若 $G=\overline{K_n}$,则 $I_r(G)$ 为若干个星之并,可见其为 FB-图。反之,若 $I_r(G)$ 为一个 FB-图,f 为其一个 FB-标号,假如 G 中存在一条边 $e=uv$,设在 $I_r(G)$ 中 u 点邻接的 r 个悬挂点为 $\{u_1,u_2,\cdots,u_r\}$,由定义知,$f(N[u])=f(N[u_i])=1$ $(i=1,2,\cdots,r)$,由此导出 $f(u_i)=0(i=1,2,\cdots,r)$ 且 $f(u)=1$。同样地,$f(v)=1$,从而 $f(N[v])\geqslant2$,矛盾。因此,G 中没有任何边,即 $G=\overline{K_n}$。

由上述定理及证明过程不难得出下面的推论:

推论 8.2.1 设 G 为一个图,$uv\in E(G)$,若 u 点邻接至少两个悬挂点,而 v 点邻接至少一个悬挂点,则 G 不是 FB-图。

上述推论并非一个非 FB-图的必要条件(即使对于树来说)。例如,图 8.8 所示的树是非 FB-图。

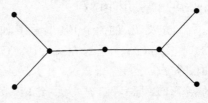

图 8.8 一棵非 FB-树

由上述推论可得出下面两个结论：

推论 8.2.2　双星图 $S(m,n)$ 为 FB-图当且仅当 $(m,n)=(1,1)$。

推论 8.2.3　设 G 为一个 $n(n\geqslant2)$ 阶连通图，则 G 的任意冠图为 FB-图当且仅当 G 为冠图。

下面讨论完全多部图和联图的 FB-标号问题。

定理 8.2.3　所有完全二部图 $K_{m,n}$ 均为 FB-图。

证明　当 $m=1$ 或 $n=1$ 时，由引理 8.2.2 知，$K_{m,n}$ 为 FB-图，下设 $m\geqslant n\geqslant2$。记 $V(K_{m,n})=A\cup B$，其中 $|A|=m$，$|B|=n$。定义 $K_{m,n}$ 的一个 FB-标号 f 如下：

$$f(v)=\begin{cases}\dfrac{n-1}{mn-1}, & \text{当 }v\in A\text{ 时；}\\[2mm]\dfrac{m-1}{mn-1}, & \text{当 }v\in B\text{ 时。}\end{cases}$$

不难验证，f 为 $K_{m,n}$ 的 FB-标号，故 $K_{m,n}$ 为 FB-图。定理证毕。

$K_{m,n}$ 是一个闭邻域好 $(mn-1)$-覆盖图。即 A 中每个点取 $n-1$ 次，B 中每个点取 $m-1$ 次，所得的集合为 M，M 中所有点的闭邻域之并为 $(mn-1)$ 个 $V(K_{m,n})$，其中重复元按重数计算。

类似地，对于完全 t-部图 $G=K(n_1,n_2,\cdots,n_t)(t\geqslant2)$，有如下结论，这也能从后面的定理 8.2.5 推出。

定理 8.2.4　所有完全 t-部图 $K(n_1,n_2,\cdots,n_t)$ 均为 FB-图。

例如，完全 3-部图 $K_{2,3,4}$ 的 FB-标号如图 8.9 所示，其中

$$(a,b,c)=\left(\frac{6}{23},\frac{3}{23},\frac{2}{23}\right)。$$

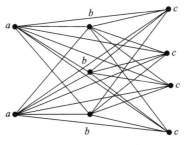

图 8.9　$K_{2,3,4}$ 的 FB-标号

引理 8.2.4　若 G 为一个 FB-图，f 为图 G 的一个 FB-标号，则 $\displaystyle\sum_{v\in V(G)}f(v)=1$ 当且仅当 $\Delta(G)=|V(G)|-1$。

证明　若 $\Delta(G)=|V(G)|-1$，v 为图 G 的一个最大度点，由定义知，$\displaystyle\sum_{v\in V(G)}f(v)=f(N[v])=1$。反之，若 $\displaystyle\sum_{v\in V(G)}f(v)=1$，可见 G 为一个连通图。

取 $u\in V(G)$，使得 $f(u)\neq 0$。假若 $\Delta(G)\leqslant|V(G)|-2$，则存在一点 $v\in V(G)$，使得 $uv\notin E(G)$，即 $u\notin N[v]$。由于 $\sum\limits_{v\in V(G)}f(v)=1$，故有 $f(N[v])<1$，这与定义相矛盾。因此有 $\Delta(G)=|V(G)|-1$。引理证毕。

定理 8.2.5　若 G 和 H 均为 FB-图，则联图 $G\vee H$ 也是 FB-图。

证明　设 f 为图 G 的一个 FB-标号，g 为图 H 的一个 FB-标号。令

$$A=\sum_{v\in V(G)}f(v),\quad B=\sum_{v\in V(H)}g(v).$$

若 $A=1$ 或 $B=1$，则由引理 8.2.4 分别得知，必有 $\Delta(G)=|V(G)|-1$ 或者 $\Delta(H)=|V(H)|-1$ 成立，故 $\Delta(G\vee H)=|V(G\vee H)|-1$，由引理 8.2.2 得知，$G\vee H$ 是 FB-图。

下设 $A>1$ 且 $B>1$。定义图 $G\vee H$ 的一个 FB-标号 F 如下：

$$F(v)=\begin{cases}\dfrac{B-1}{AB-1}f(v),&\text{当 } v\in V(G)\text{时}；\\[2mm]\dfrac{A-1}{AB-1}g(v),&\text{当 } v\in V(H)\text{时}。\end{cases}$$

对于每一个点 $v\in V(G)$，由于 $f(N_G[v])=1$，故

$$F(N_G[v])=\frac{B-1}{AB-1},$$

从而有

$$F(N[v])=F(N_G[v])+B\frac{A-1}{AB-1}$$
$$=\frac{B-1}{AB-1}+B\frac{A-1}{AB-1}=1。$$

同样地，对于每一个点 $v\in V(H)$，由于 $g(N_H[v])=1$，故

$$F(N_H[v])=\frac{A-1}{AB-1},$$

则有

$$F(N[v])=F(N_H[v])+A\frac{B-1}{AB-1}$$
$$=\frac{A-1}{AB-1}+A\frac{B-1}{AB-1}=1。$$

因此，F 为 $G\vee H$ 的一个 FB-标号，即 $G\vee H$ 也是 FB-图，定理证毕。

由于所有的空图 $\overline{K_n}$ 均是 FB-图，由上述定理可知，所有的完全多部图均为 FB-图，即为定理 8.2.4。

下面讨论几类乘积图的 FB-标号问题。

在考虑乘积图的问题时，常将 $P_m\times P_n$、$C_m\times P_n$、$K_m\times P_n$、$C_m\times C_n$、$C_m\times K_n$ 和 $K_m\times K_n$ 这些图作为主要的考察对象。由于 $C_m\times C_n$、$C_m\times K_n$ 和 $K_m\times K_n$ 均为正则图，由引理 8.2.1 得知下面的结论：

推论 8.2.4　所有的 $C_m\times C_n$、$C_m\times K_n$ 和 $K_m\times K_n$ 均为 FB-图。

对于 $C_m \times P_n$，Baogen Xu[188] 获得了其 F-控制数，也证明了下面的结论：

定理 8.2.6[188]　对任意整数 $m(m \geqslant 3)$ 和 $n(n \geqslant 2)$，$C_m \times P_n$ 均为一个 FB-图。

例如，$C_3 \times P_3$ 的 F-标号如图 8.10 所示，其中 $a = c = \dfrac{2}{7}$，$b = \dfrac{1}{7}$。

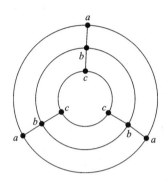

图 8.10　$C_3 \times P_3$ 的 F-标号

对于另一类重要的乘积图 $P_m \times P_n$，一般情况还未能解决，不过通过已知的 F-控制数得知下面的结论：

定理 8.2.7[187]　设整数 $m \geqslant 3$，则 $P_m \times P_2$ 为 FB-图当且仅当 m 为奇数。

当 m 为奇数时，$P_m \times P_2$ 的 FB-标号可以只用 0 和 1，这也表明其为闭邻域好覆盖图。当然，一个 FB-图的 FB-标号也并非是唯一的。例如，图 8.11 所示为 $P_7 \times P_2$ 的两种 FB-标号。

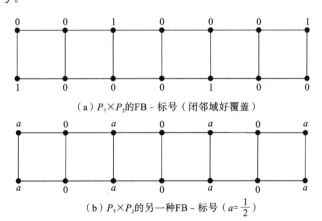

（a）$P_7 \times P_2$ 的 FB - 标号（闭邻域好覆盖）

（b）$P_7 \times P_2$ 的另一种 FB - 标号（$a = \dfrac{1}{2}$）

图 8.11　$P_7 \times P_2$ 的两种 FB-标号

当 $m \geqslant 3$ 且 $n \geqslant 3$ 时，$P_m \times P_n$ 中有的是 FB-图，有的是非 FB-图。例如，$P_3 \times P_3$ 是非 FB-图，但 $P_4 \times P_3$ 为 FB-图，其 FB-标号如图 8.12 所示。

问题 8.2.2　设 $m \geqslant 3$ 且 $n \geqslant 3$，如何确定所有 $P_m \times P_n$ 中的 FB-图？

星图 $K_{1,n}$、轮图 $W_n = C_n \vee K_1$ 和扇图 $F_n = P_n \vee K_1$ 均是 FB-图，作为推广，文献

[189]中证明了广义星图 $P(n,t)$、广义轮图 $W(n,t)$ 和广义扇图 $F(n,t)$ 也均为 FB-图,并确定了其 F-控制数。

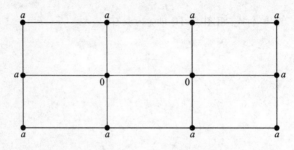

图 8.12 $P_4 \times P_3$ 的 FB-标号$\left(\text{其中 } a = \dfrac{1}{3}\right)$

由 t 条长度均为 $n-1$、具有一个公共端点的路所成的图称为广义星图 $P(n,t)$。例如,图 8.13 所示为广义星图 $P(4,5)$。

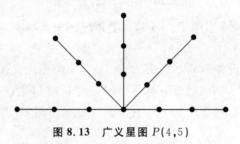

图 8.13 广义星图 $P(4,5)$

值得注意的是,广义星图要求这些具有一个公共端点的各条路的长度是相等的。当这些路的长度不一定相等时(即为只有一个点度大于 2 的树),其不一定为 FB-图。例如,图 8.5 所示的树不是 FB-图。不过,如果每条路的长度均不小于 2,这些具有一个公共端点的路所成的树为 FB-图,其为闭邻域好覆盖图。

例如,由 P_3、P_4、P_5 和 P_6 这 4 条具有一个公共端点的路所成的树记为 $T(3,4,5,6)$,其 FB-标号如图 8.14 所示。

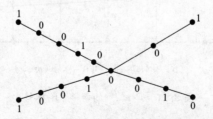

图 8.14 $T(3,4,5,6)$ 的 FB-标号

定理 8.2.8[189]　所有的广义星图 $P(n,t)$ 均是 FB-图。

如果在 $C_n \times P_t$ 中增加一个点 v,并将点 v 与 $C_n \times P_t$ 中内部圈上的各点均邻接,所得的图称为广义轮图 $W(n,t)$。特殊地,当 $t=1$ 时,$W(n,t)=W_n$ 为轮图。例如,广义轮图 $W(6,3)$ 如图 8.15 所示。

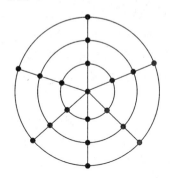

图 8.15　广义轮图 $W(6,3)$

定理 8.2.9[189]　所有的广义轮图 $W(n,t)$ 均是 FB-图。

如果在 $P_n \times P_t$ 中增加一个点 v,并将点 v 与 $P_n \times P_t$ 中一侧 P_n 上的各点均邻接,所得的图称为广义扇图 $F(n,t)$。特殊地,当 $t=1$ 时,$F(n,t)=F_n$ 为扇图。例如,广义扇图 $F(6,3)$ 如图 8.16 所示。

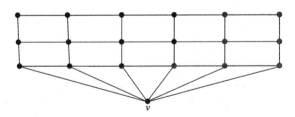

图 8.16　广义扇图 $F(6,3)$

定理 8.2.10[189]　所有的广义扇图 $F(n,t)$ 均是 FB-图。

8.3　Fractional-控制数

上一节介绍了图的 Fractional-标号问题及其相关的 FB-图。本节介绍 Fractional-平衡标号的一种自然推广,即 Fractional-控制标号及其相关参数。

8.3.1　Fractional-**控制及其相关概念**

图的 Fractional-控制是由 G. S. Domke、S. T. Hedetniemi 和 R. C. Laskar[190] 首先提出并进行研究的。

定义 8.3.1[190]　设 $G=(V,E)$ 为一个图,如果存在一个实值函数(标号)$f:V \to [0,1]$,使得对每个点 $v \in V$,均有 $f(N[v]) \geqslant 1$ 成立,则称 f 为图 G 的一个

Fractional-控制函数,简称为 FD-标号。图 G 的 Fractional-控制数(简称为 F-控制数)定义为

$$\gamma_f(G) = \min\{f(V) \mid f \text{ 为图 } G \text{ 的一个 FD-标号}\},$$

并称满足 $\gamma_f(G) = f(V)$ 的 FD-标号 f 为图 G 的一个最小 FD-标号,或称 γ_f-标号。

由上述定义不难看出,对任何图 G,如果将其所有点均标号为 1,显然为一个平凡的 FD-标号。因此,任何图 G 的 F-控制数都是存在的,关键问题是如何寻找其最小的 FD-标号。

定义 8.3.2[190] 对于图 G 的一个 F-控制函数 f,如果不存在 G 的另一个 F-控制函数 $g(g \neq f)$,使得 $g(v) \leqslant f(v)$ 对一切 $v \in V(G)$ 成立,则称 f 为图 G 的一个极小 F-控制函数。图 G 的 F-控制数和 F-上控制数如下:

$$\gamma_f(G) = \min\{f(V) \mid f \text{ 为图 } G \text{ 的一个极小 F-控制函数}\};$$

$$\Gamma_f(G) = \max\{f(V) \mid f \text{ 为图 } G \text{ 的一个极小 F-控制函数}\}.$$

值得注意的是,对于一个给定的图 G,一般来说,其极小 F-控制函数与最小 F-控制函数不同。虽然最小 F-控制函数不是唯一的,但 $f(V(G))$ 是唯一确定的,即为其 F-控制数 $\gamma_f(G)$。但极小 F-控制函数就大不相同了,不同的极小 F-控制函数 f,所对应 $f(V(G))$ 的值是不同的。取遍图 G 的所有极小 F-控制函数 f,称 $f(V(G))$ 的最大者为 F-上控制数,称 $f(V(G))$ 的最小者为 F-控制数。例如,图 8.17 所示为两个图的极小 F-控制函数。

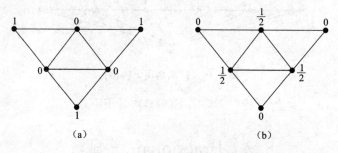

(a) (b)

图 8.17 两个极小 F-控制函数

定义 8.3.3[190] 设 $G = (V, E)$ 为一个图,如果一个实值函数 $f: V \to [0, 1]$ 满足:对任意 $u \in V$,均有 $f(N[u]) \leqslant 1$,则称 f 为图 G 的一个包装函数。

如果图 G 的包装函数 f 满足:对任意满足 $f(u) < 1$ 的顶点 $u \in V$,均存在 $v \in N[u]$ 使得 $f(N[v]) = 1$ 成立,则称 f 为图 G 的一个极大包装函数。图 G 的 F-包装数 $p_f(G)$ 和上 F-包装数 $P_f(G)$ 分别定义如下:

$$p_f(G) = \min\{f(V) \mid f \text{ 为图 } G \text{ 的一个极大包装函数}\};$$

$$P_f(G) = \max\{f(V) \mid f \text{ 为图 } G \text{ 的一个极大包装函数}\}.$$

G. S. Domke、S. T. Hedetniemi 和 R. C. Laskar[190]证明了如下结论:

定理 8.3.1$^{[190]}$　对任意图 G,均有

(1) $P_f(G) = \gamma_f(G)$;

(2) $\gamma_f(G) \leqslant \gamma(G) \leqslant \Gamma(G) \leqslant \Gamma_f(G)$。

对于一个图 $G = (V, E)$,如果一个实值函数 $f: V \to [0, 1]$ 满足:对任意 $u \in V$,均有 $f(N[u]) = 1$,则 f 为图 G 的一个极大包装函数,也是 G 的一个极小 F-控制函数。从而可由上述定理得出下面的结论:

推论 8.3.1　设 $G = (V, E)$ 为一个图,如果函数 $f: V \to [0, 1]$ 满足:对任意 $u \in V$,均有 $f(N[u]) = 1$,则

$$P_f(G) = \gamma_f(G) = f(V)。$$

推论 8.3.2　若 $G = (V, E)$ 为一个 FB-图,f 为图 G 的一个 FB-标号,则

$$P_f(G) = \gamma_f(G) = f(V)。$$

推论 8.3.3　设 $G = (V, E)$ 为一个图,则有 $\gamma_f(G) \geqslant 1$,且 $\gamma_f(G) = 1$ 当且仅当 $\Delta(G) = |V(G)| - 1$。特殊地,对于轮图 W_n 和扇图 F_n,有 $\gamma_f(W_n) = \gamma_f(F_n) = 1$。

8.3.2　Fractional-控制数的相关结论

下面考虑一些特殊图的 F-控制数。

定理 8.3.2　对任意 n 阶图 G,δ 和 Δ 分别为图 G 的最小度和最大度,则有

$$\frac{n}{\Delta + 1} \leqslant \gamma_f(G) \leqslant \frac{n}{\delta + 1}。$$

证明　设 f 为 $G = (V, E)$ 的一个最小 F-控制函数,即 $\gamma_f(G) = f(V)$。由定义知,$\forall u \in V, f(N[u]) \geqslant 1$,从而有 $\sum\limits_{u \in V} f(N[u]) \geqslant n$,即

$$\sum_{v \in V} (\Delta + 1) f(v) \geqslant \sum_{u \in V} [d(v) + 1] f(v) \geqslant n,$$

故

$$\gamma_f(G) = f(V) = \sum_{v \in V} f(v) \geqslant \frac{n}{\Delta + 1}。$$

另一方面,只需证明 $P_f(G) \leqslant \dfrac{n}{\delta + 1}$ 即可。

设 f 为图 G 的一个极大包装函数,且使得 $P_f(G) = f(V)$,由包装函数的定义知,对任意 $u \in V$,均有 $f(N[u]) \leqslant 1$,故 $\sum\limits_{u \in V} f(N[u]) \leqslant n$,即

$$\sum_{v \in V} (\delta + 1) f(v) \leqslant \sum_{u \in V} [d(v) + 1] f(v) \leqslant n,$$

故

$$P_f(G) = f(V) = \sum_{v \in V} f(v) \leqslant \frac{n}{\delta + 1},$$

定理证毕。

由上述定理可得出下面的结论:

推论 8.3.4　对任意 n 阶 r-正则图 G,有

$$\gamma_f(G) = \frac{n}{r+1}。$$

推论 8.3.5 对 n 阶完全图 K_n 和 n 阶圈 C_n,有

$$\gamma_f(K_n) = P_f(K_n) = 1, \quad \gamma_f(C_n) = P_f(C_n) = \frac{n}{3}。$$

定理 8.3.3 设 r、$s(r \geqslant 2, s \geqslant 2)$ 为正整数,则有

$$\gamma_f(K_{r,t}) = \frac{r(s-1) + s(r-1)}{rs-1}。$$

证明 记 $G = K_{r,s}$,$V(G) = A \cup B$ 为 G 的两部顶点集划分。其中 $|A| = r$,$|B| = s$,定义一个函数 $f: A \cup B \to [0,1]$ 如下:

$$f(v) = \begin{cases} \dfrac{s-1}{rs-1}, & \text{当 } v \in A \text{ 时;} \\[3mm] \dfrac{r-1}{rs-1}, & \text{当 } v \in B \text{ 时。} \end{cases}$$

对于每个 $v \in A$,由于点 v 邻接 B 中的所有点,故有

$$f(N[v]) = f(v) + \sum_{u \in B} f(u) = \frac{s-1}{rs-1} + s \frac{r-1}{rs-1} = 1,$$

类似地,对于每个 $v \in B$,由于点 v 邻接 A 中的所有点,同样有

$$f(N[v]) = f(v) + \sum_{u \in A} f(u) = \frac{r-1}{rs-1} + r \frac{s-1}{rs-1} = 1,$$

可见,对于每个 $v \in A \cup B$,均有 $f(N[v]) = 1$,故 f 为图 G 的一个极小 F-控制函数,同时又是图 G 的一个极大包装函数。因此有

$$\gamma_f(G) = P_f(G) = f(V) = \frac{r(s-1) + s(r-1)}{rs-1}。$$

定理证毕。

与上述定理类似地,文献[192]中给出了完全多部图的 F-控制数,并讨论了联图的 F-控制数,获得了如下结论:

定理 8.3.4[192] 设整数 $n_1 \geqslant n_2 \geqslant \cdots \geqslant n_t \geqslant 2(t \geqslant 2)$,$T = \sum\limits_{i=1}^{t} \dfrac{1}{n_i - 1}$,则完全 t 部图 $K(n_1, n_2, \cdots, n_t)$ 的 F-控制数为

$$\gamma_f(K(n_1, n_2, \cdots, n_t)) = \frac{T+t}{T+t-1}。$$

特殊地,当 $\min\{n_1, n_2, \cdots, n_t\} = 1$,由推论 8.3.3 知,$\gamma_f(K(n_1, n_2, \cdots, n_t)) = 1$。

定理 8.3.5[192] 对于任意两个不交的图 G 和 H,有

$$[\gamma_f(G) \gamma_f(H) - 1] \cdot \gamma_f(G \vee H) \leqslant [\gamma_f(H) - 1] \cdot \gamma_f(G) + [\gamma_f(G) - 1] \cdot \gamma_f(H)。$$

对于树的 F-控制数,G. S. Domke、S. T. Hedetniemi 和 R. C. Laskar[190] 证明了下面的结论:

定理 8.3.6[190]　　对任何树 T,均有 $\gamma_f(T)=\gamma(T)$。

当然,对于一些特殊树,如广义星图 $P(n,t)$,如图 8.18 所示,可得出其 F-控制数。

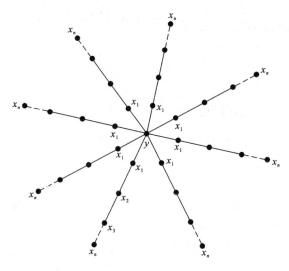

图 8.18　广义星图 $P(n,t)$

定理 8.3.7[189]　　设整数 $n\geqslant1,t\geqslant3$,则有

(1) 当 $n\equiv0(\mathrm{mod}3)$ 时, $\gamma_f(P_{n,t})=1+\dfrac{nt}{3}$;

(2) 当 $n\equiv1(\mathrm{mod}3)$ 时, $\gamma_f(P_{n,t})=1+\left\lfloor\dfrac{n}{3}\right\rfloor t$;

(3) 当 $n\equiv2(\mathrm{mod}3)$ 时, $\gamma_f(P_{n,t})=\dfrac{(n+1)t}{3}$。

下面考虑几类乘积图的 F-控制数,同一般点控制一样,确定乘积图的 F-控制数是较为困难的。当然,如果乘积图为一个正则图,则其 F-控制数可由推论8.3.4来确定,如 $C_m\times C_n$、$K_m\times C_n$ 和 $K_m\times K_n$ 等乘积图。对于 $P_m\times P_n$ 图,则有如下结论:

定理 8.3.8[187]　　对于任意正整数 n,均有

$$\gamma_f(P_2\times P_n)=\begin{cases}\dfrac{n+1}{2}, & \text{当 }n\text{ 为奇数时;}\\[3mm]\dfrac{n^2+2n}{2(n+1)}, & \text{当 }n\text{ 为偶数时。}\end{cases}$$

问题 8.3.1　　对于任意正整数 m 和 n,如何确定 $\gamma_f(P_m\times P_n)$ 的值?

另一类重要的乘积图是 $C_m\times P_n$,文献[188]中给出了其 F-控制数的计算式。

定理 8.3.9[188]　　对任意整数 $m(m\geqslant3)$ 和 $n(n\geqslant2)$,有

(1)　　$\gamma_f(C_m \times P_2) = \dfrac{m}{2}$,　　$\gamma_f(C_m \times P_3) = \dfrac{5m}{7}$,　　$\gamma_f(C_m \times P_4) = \dfrac{10m}{11}$,

$$\gamma_f(C_m \times P_5) = \frac{10m}{9}, \quad \gamma_f(C_m \times P_6) = \frac{38m}{29};$$

(2)　当 $n \geq 7$ 时,$\gamma_f(C_m \times P_n) = \dfrac{(25n+2)A_n + 2A_{n-1} + 2 \cdot (-1)^{n-1}}{25A_n} m$,

其中　　　　　　　　$A_n = \dfrac{(3+\sqrt{5})^{n+1} - (3-\sqrt{5})^{n+1}}{2^{n+1} \cdot \sqrt{5}}$。

8.3.3　Fractional-全控制数

对应于图的 F-控制,类似地有下面的 F-全控制概念。

定义 8.3.4　设 $G = (V, E)$ 为一个无孤立点的图,如果一个实值函数 $f: V \to [0, 1]$ 满足:对任意 $u \in V$,均有 $f(N(u)) \geq 1$ 成立,则称 f 为图 G 的一个 Fractional-全控制函数(简称为 F-全控制函数)。图 G 的 F-全控制数定义为

$$\gamma_f^0(G) = \min\{f(V) \mid f \text{为图 } G \text{ 的一个 F-全控制函数}\},$$

并称满足 $\gamma_f^0(G) = f(V)$ 的 F-全控制函数 f 为图 G 的一个最小 F-全控制函数。

由上述定义可见,对 F-全控制函数 f 要求满足 $f(N(u)) \geq 1$,而对 F-控制函数 f 要求满足 $f(N[u]) \geq 1$,因此,一个图的 F-全控制函数 f 必定是图的 F-控制函数。从而有下面的结论:

推论 8.3.6　对于任意图 G,均有 $\gamma_f(G) \leq \gamma_f^0(G)$。　　　　　　　　·

定义 8.3.5　对于图 G 的一个 F-全控制函数 f,如果不存在 G 的另一个 F-全控制函数 $g(g \neq f)$,使得 $g(v) \leq f(v)$ 对一切 $v \in V$ 成立,则称 f 为图 G 的极小 F-全控制函数。同样有 F-全控制数 $\gamma_f^0(G)$ 和 F-上全控制数 $\Gamma_f^0(G)$ 定义如下:

$$\gamma_f^0(G) = \min\{f(V) \mid f \text{为图 } G \text{ 的一个极小 F-全控制函数}\};$$

$$\Gamma_f^0(G) = \max\{f(V) \mid f \text{为图 } G \text{ 的一个极小 F-全控制函数}\}。$$

推论 8.3.7　对于任意图 G,均有 $\gamma_f^0(G) \leq \Gamma_f^0(G)$。

类似于定理 8.3.2 的证明,不难得出下面的结论:

定理 8.3.10　对任意 n 阶无孤立点的图 G,δ 和 Δ 分别为图 G 的最小度和最大度,则有

$$\frac{n}{\Delta} \leq \gamma_f^0(G) \leq \frac{n}{\delta}。$$

推论 8.3.8　对任意 n 阶 r-正则图 $G(r \geq 1)$,有

$$\gamma_f^0(G) = \frac{n}{r}。$$

对于完全 t 部图 $K(n_1, n_2, \cdots, n_t)$ 和广义轮图 $W(n, t)$,有下面的结论:

定理 8.3.11[193]　设整数 $n_1 \geq n_2 \geq \cdots \geq n_t \geq 2(t \geq 2)$,则完全 t 部图 $G = K(n_1,$

$n_2, \cdots, n_t)$的 F-全控制数为 $\gamma_f^0(G) = \dfrac{t}{t-1}$。

对于广义轮图 $W(n, t)$，其定义如图 8.19 所示，其 F-全控制数由下面的定理给出。

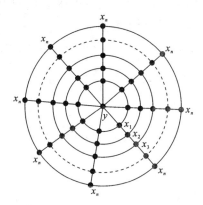

图 8.19 广义轮图 $W(n, t)$

定理 8.3.12[189] 对于广义轮图 $W(n, t)$，设 $n \geqslant 2$ 和 $t \geqslant 3$，则有

(1) 当 n 为奇数时，$\gamma_f^0(W_{n,t}) = \dfrac{2\left(1 + 2 + \cdots + \left\lfloor \dfrac{n}{2} \right\rfloor\right) t^2 + (n+1)t - (n+1)}{nt}$；

(2) 当 n 为偶数时，$\gamma_f^0(W_{n,t}) = \dfrac{\dfrac{n^2 t^2}{4} + nt - (n+1)}{nt}$。

下面给出两种乘积的定义。

定义 8.3.6 设 $G_1 = (V_1, E_1)$ 和 $G_2 = (G_2, E_2)$ 为两个不交的图，则 G_1 与 G_2 的 Categorical 积图（或称为叉积图）$G_1 \otimes G_2$ 定义为

$$V(G_1 \otimes G_2) = V_1 \times V_2,$$

$$E(G_1 \otimes G_2) = \{(u_1, v_1)(u_2, v_2) \mid v_1 \sim v_2 \text{ 且 } u_1 \sim u_2\}.$$

定义 8.3.7 设 $G = (V_1, E_1)$ 和 $H = (V_2, E_2)$ 为两个点不交的图，则其强积图 $G \circ H$ 定义为

$$V(G \circ H) = V_1 \times V_2,$$

$$E(G \circ H) = E(G \times H) \bigcup E(G \otimes H)$$

对于乘积图的控制数，V. G. Vizing 在 1963 年提出了一个著名猜想：对任何两个图 G 和 H，均有 $\gamma(G \times H) \geqslant \gamma(G)\gamma(H)$。此猜想一直未能解决。然而，对于 F-控制数，有一个类似的不等式成立。

定理 8.3.13[187] 对于任意两个点不交的图 G 和 H，均有

(1) $\gamma_f(G \times H) \geqslant \gamma_f(G)\gamma_f(H)$；

(2) $\Gamma_f(G \vee H) = \max\{\Gamma_f(G), \Gamma_f(H)\}$;

(3) $\gamma_f(G \circ H) = \gamma_f(G)\gamma_f(H)$;

(4) $\gamma_f^0(G \otimes H) = \gamma_f^0(G)\gamma_f^0(H)$。

对于乘积图 $P_m \times P_n$，确定其 F-全控制数仍然是十分困难的。不过，对于乘积图 $C_m \times P_n$，文献[188]中确定了其 F-全控制数。

定理 8.3.14[188]　　设 $m(m \geqslant 3)$ 和 $n(n \geqslant 2)$ 均为整数，则

$$\gamma_f^0(C_m \times P_n) = \frac{m}{4(n+1)}\left(n^2 + n + 2\left\lceil \frac{n}{2} \right\rceil\right).$$

8.4　F-Bondage 数

在图的控制理论中，有控制临界图及 Bondage 数的概念。对于图的 F-控制，自然也有图的 F-Bondage 数的概念。

8.4.1　F-Bondage 数与 F-Reinforcement 数的概念

对于图 G 的任何一个生成子图 H，均有 $\gamma(G) \leqslant \gamma(H)$。从而可以定义图 G 的 Bondage 数 $b(G)$ 为满足 $1 + \gamma(G) \leqslant \gamma(G-S)$ 的 $S \subseteq E(G)$ 的最小容量。也可以定义图 G 的 Reinforcement 数 $r(G)$ 为满足 $1 + \gamma(G+S) \leqslant \gamma(G)$ 的 $S \subseteq E(\overline{G})$ 的最小容量。关于图的 Bondage 数 $b(G)$ 和 Reinforcement 数 $r(G)$ 的相关结论，读者可参考文献[187, 194]。

G. S. Domke、S. T. Hedetniemi 和 R. C. Laskar 提出图的 F-Bondage 数和 F-Reinforcement 数的概念（参见文献[190, 195]）。

定义 8.4.1[195]　　设 $G = (V, E)$ 为一个图，若存在 $S \subseteq E(G)$，使得 $\gamma_f(G-S) > \gamma_f(G)$，则称 S 为图 G 的一个 F-Bondage 集，图 G 的最小 F-Bondage 集的容量称为 G 的 F-Bondage 数，记为 $b_f(G)$。

如果图 G 不存在 F-Bondage 集，则定义 $b_f(G) = 0$。

定义 8.4.2[195]　　设 $G = (V, E)$ 为一个图，若存在 $S \subseteq E(\overline{G})$，使得 $\gamma_f(G) > \gamma_f(G+S)$，则称 S 为图 G 的一个 F-Reinforcement 集，图 G 的最小 F-Reinforcement 集的容量称为 G 的 F-Reinforcement 数，记为 $r_f(G)$。

特殊地，如果 $\gamma_f(G) = 1$，图 G 不存在 F-Reinforcement 集，则定义 $r_f(G) = 0$。

例如，由于 $\gamma_f(K_{3,4}) = \frac{17}{11}$，$\gamma_f(K_{3,4} - e) = 2$，$\gamma_f(K_{3,4} + e) = \frac{10}{7}$，其标号如图 8.20 所示$\left(\text{其中 } m = \frac{1}{14}\right)$，故 $b_f(K_{3,4}) = 1$ 且 $r_f(K_{3,4}) = 1$。

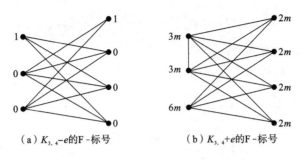

（a）$K_{3,4}-e$的F-标号　　　（b）$K_{3,4}+e$的F-标号

图 8.20 $b_f(K_{3,4})=1$ 且 $r_f(K_{3,4})=1$

8.4.2 特殊图的 F-Bondage 数与 F-Reinforcement 数

G. S. Domke、S. T. Hedetniemi 和 R. C. Laskar 研究图的 F-Bondage 数与 F-Reinforcement数,获得了如下结论(参见文献[195]):

定理 8.4.1[195]　设整数 $n \geqslant 3$,则有

(1) $b_f(C_n) = \begin{cases} 1, & \text{当 } n \equiv 1,2 \pmod 3 \text{ 时;} \\ 2, & \text{当 } n \equiv 0 \pmod 3 \text{ 时。} \end{cases}$

(2) $b_f(P_n) = \begin{cases} 1, & \text{当 } n \equiv 0,2 \pmod 3 \text{ 时;} \\ 2, & \text{当 } n \equiv 1 \pmod 3 \text{ 时。} \end{cases}$

事实上,由于 $\gamma_f(C_n) = \dfrac{n}{3}$,而 $\gamma_f(P_n) = \left\lceil \dfrac{n}{3} \right\rceil$,由此可得上述结论。

定理 8.4.2[195]　设整数 $n \geqslant 2$,则有 $b_f(K_n) = \left\lceil \dfrac{n}{2} \right\rceil$。

事实上,由推论 8.3.3 得知,若 $S \subseteq E(K_n)$ 使得 $\gamma_f(K_n - S) > \gamma_f(K_n) = 1$,则有 $\Delta(K_n - S) \leqslant n-2$,故 $|S| \geqslant \left\lceil \dfrac{n}{2} \right\rceil$。另一方面,可取 K_n 中的 $\left\lceil \dfrac{n}{2} \right\rceil$ 条边组成集 S,使得 $\Delta(K_n - S) \leqslant n-2$,由推论 8.3.3 知,$\gamma_f(K_n - S) > 1 = \gamma_f(K_n)$。因此有 $b_f(K_n) = \left\lceil \dfrac{n}{2} \right\rceil$。

对于轮图 $W_n = C_n \vee K_1 (n \geqslant 4)$ 和扇图 $F_n = P_n \vee K_1 (n \geqslant 3)$,由于其只有一个最大度点,且 $\Delta(W_n) = |V(W_n)| - 1$,$\Delta(F_n) = |V(F_n)| - 1$,从而由推论 8.3.3 可得出下面的结论:

定理 8.4.3　(1) 当 $n \geqslant 4$ 时,$b_f(W_n) = 1$;

(2) 当 $n \geqslant 3$ 时,$b_f(F_n) = 1$。

定理 8.4.4[195]　对任何完全二部图 $K_{r,s}$,均有 $b_f(K_{r,s}) = 1$。

事实上,当 $\min\{r,s\} = 1$ 时,$K_{r,s}$ 为星图,结论显然成立。下设 $r \geqslant 2$ 且 $s \geqslant 2$,由于

$$\gamma_f(K_{r,s}) = \frac{r(s-1)+s(r-1)}{rs-1} < 2,$$

但 $\gamma_f(K_{r,s}-e)=2$，故有 $b_f(K_{r,s})=1$。

$K_{r,s}-e$ 为一个闭邻域好覆盖图，如图 8.21 所示。

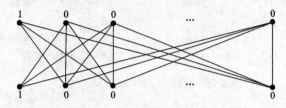

图 8.21 $K_{r,s}-e$ 为一个闭邻域好覆盖图

对于上述几类图的 F-Reinforcement 数，有如下结论：

定理 8.4.5[195]　设整数 $n \geqslant 4$，则有

(1) $r_f(C_n) = \begin{cases} 1, & \text{当 } n \equiv 1,2 (\bmod 3) \text{ 时；} \\ 2, & \text{当 } n \equiv 0 (\bmod 3) \text{ 时。} \end{cases}$

(2) $r_f(P_n) = \begin{cases} 1, & \text{当 } n \equiv 0,2 (\bmod 3) \text{ 时；} \\ 2, & \text{当 } n \equiv 1 (\bmod 3) \text{ 时。} \end{cases}$

定理 8.4.6[195]　(1) 对任何完全图 K_n，有 $r_f(K_n)=0$；

(2) 当 $s \geqslant r \geqslant 2$ 时，$r_f(K_{r,s})=1$；

(3) 对于轮图 $W_n(n \geqslant 3)$ 和扇图 F_n，有 $r_f(W_n)=r_f(F_n)=0$。

8.5　控制集划分数

在图的控制问题中，人们探讨和研究了各式各样的控制数，本节探讨将一个图的顶点集划分成不交的控制集的问题。

8.5.1　图的集控制

E. J. Cockayne 和 S. T. Hedetniemi[196] 给出集控制数的定义，具体如下：

定义 8.5.1[196]　设 $G=(V,E)$ 为一个图，如果每个 $D_i(i=1,2,\cdots,t)$ 均为图 G 的一个控制集，则称 V 的一个划分 $V = \bigcup\limits_{i=1}^{t} D_i$ 为 G 的一个 t-集控制划分。图 G 的集控制数(domatic number)记为 $d(G)$，其定义为

$$d(G) = \max\{t \mid \text{存在图 } G \text{ 的 } t\text{-集控制划分}\}。$$

由于任何图 G 都存在一个 1-集控制划分，因此，任何图 G 的集控制数都是存在的，且集控制数与控制数的关系类似于图的色数与独立数的关系。

由定义不难看出下面的结论：

引理 8.5.1　对任何一个 n 阶图 G,均有 $\gamma(G)d(G) \leqslant n$ 成立。

定理 8.5.1[187]　若图 G 和 $\overline{G}$ 均为无孤立点的 n 阶图,则有

$$\gamma(G) + d(G) \leqslant \left\lfloor \frac{n}{2} \right\rfloor + 2,$$

并且等式成立当且仅当 $\{\gamma(G), d(G)\} = \left\{ \left\lfloor \frac{n}{2} \right\rfloor, 2 \right\}$ 或者 $n = 9$ 时 $\gamma(G) = d(G) = 3$。

例如,$\gamma(C_9) = d(C_9) = 3$ 如图 8.22 所示,标号为 1,2,3 的点集分别为三个不交的控制集。

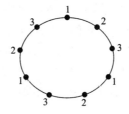

图 8.22　$\gamma(C_9) = d(C_9) = 3$

定理 8.5.2[187]　对任何一个 n 阶图 G,$\delta = \delta(G)$ 为图 G 的最小度,则有

$$\delta + 1 \geqslant d(G) \geqslant \left\lfloor \frac{n}{n-\delta} \right\rfloor。$$

事实上,若 $\delta = d(v)$,由于每个控制集至少包含 $N[v]$ 中一个点,故

$$d(G) \leqslant |N[v]| = \delta + 1。$$

由于 $V(G)$ 中任何 $n-\delta$ 个点均为 G 的控制集,可将 $V(G)$ 划分成 $\left\lfloor \frac{n}{n-\delta} \right\rfloor$ 个集合,使得每个集合中至少有 $n-\delta$ 个点,从而为 G 的控制集,即有

$$d(G) \geqslant \left\lfloor \frac{n}{n-\delta} \right\rfloor。$$

定理 8.5.3[187]　对任何一个 n 阶图 G,$|E(G)| = m$,$\Delta = \Delta(G)$ 为图 G 的最大度,则有

$$d(G) \leqslant \frac{n + \sqrt{n^2 + 8m(\Delta+1)n}}{2n},$$

并且此上界是可达的。

下面列出几类常见特殊图的集控制数。

定理 8.5.4　(1) 当 $n \geqslant 2$ 时,$d(P_n) = 2$。

(2) 当 $n \geqslant 3$ 时,$d(C_n) = \begin{cases} 3, & \text{当 } n \equiv 0 (\text{mod} 3) \text{时}; \\ 2, & \text{当 } n \equiv 1, 2 (\text{mod} 3) \text{时}。 \end{cases}$

(3) 当 $n \geqslant 2$ 时,$d(F_n) = 3$。

(4) 当 $n \geqslant 3$ 时，$d(W_n) = \begin{cases} 4, & \text{当 } n \equiv 0 (\bmod 3) \text{ 时；} \\ 3, & \text{当 } n \equiv 1, 2 (\bmod 3) \text{ 时。} \end{cases}$

(5) 当 $n \geqslant 1$ 时，$d(K_n) = n$。

(6) 当 $n \geqslant m \geqslant 2$ 时，$d(K_{m,n}) = m$。

由定义 8.5.1 不难看出下面的结论：

推论 8.5.1   对于任意图 G，均有

$$d(G \vee K_n) = d(G) + n。$$

如果一个连通图 G 的每一条边至多包含在 G 的一个圈中，则称 G 为一个仙人掌图；如果一个连通图 G 的每一条边恰好包含在 G 的一个圈中，则称 G 为一个环形仙人掌图。显然，每一棵树为一个仙人掌图，任何仙人掌图的一个块为一条边或一个圈。若一个仙人掌图 G 至少有两个块，则称 G 为一个非平凡仙人掌图。

定理 8.5.5[187]   对任何非平凡仙人掌图 G，均有 $2 \leqslant d(G) \leqslant 3$。

由于每一棵非平凡的树均是仙人掌图，由定理 8.5.2 及定理 8.5.5 可得出下面的结论：

推论 8.5.2   对任何非平凡的树 T，均有 $d(T) = 2$。

对于乘积图 $P_m \times P_n$，文献[187]中给出了如下结论：

定理 8.5.6[187]   设 m 和 n 均为整数，且 $m \geqslant n \geqslant 2$，则有

(1) 当 $(m,n) = (2,2)$ 或 $(m,n) = (4,2)$ 时，$d(P_m \times P_n) = 2$；

(2) 当 $(m,n) \neq (2,2)$ 且 $(m,n) \neq (4,2)$ 时，$d(P_m \times P_n) = 3$。

例如，$P_4 \times P_3$ 的点可划分成三个控制集，分别由图 8.23 中标有 1，2，3 的点所组成。

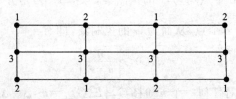

图 8.23 $P_4 \times P_3$ 的点可划分成三个控制集

另一类重要的乘积图是 n 方体 Q_n，文献[187]中指出，当 $n = 2^k - 1$ 或者 $n = 2^k$ 时，$d(Q_n) = 2^k$。但对于 n 的其他值，尚未能确定其集控制数。例如，$d(Q_3) = 4$，其控制集划分如图 8.24 所示。

8.5.2   图的全集控制

对于一个无孤立点的图 G，可定义其全控制集和全控制数如下：

定义 8.5.2   设 $G = (V, E)$ 为一个无孤立点的图，$D \subseteq V$，如果对于每个点 $v \in V$，存在 $u \in D$ 使得 $uv \in E$，则称 D 为图 G 的一个全控制集。图 G 的全控制数记为

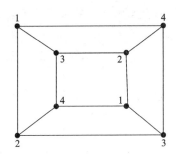

图 8.24　$d(Q_3)=4$

$\gamma_t(G)$,其定义为

$$\gamma_t(G)=\min\{|D|:D \text{ 为图 } G \text{ 的一个全控制集}\}。$$

从上述定义可看出,一个图的全控制集必定为控制集,但反之不然。从而有下面的引理:

引理 8.5.2　设 $G=(V,E)$ 为一个无孤立点的图,则

$$\gamma_t(G)\geqslant\gamma(G)。$$

基于定义 8.5.2,一个无孤立点的图 G 的点集可划分成若干个不交的全控制集。自然可引出图的全集控制的概念。

定义 8.5.3　设 $G=(V,E)$ 为一个无孤立点的图,如果每个 $D_i(i=1,2,\cdots,t)$ 均为图 G 的一个全控制集,则称 V 的一个划分 $V=\bigcup\limits_{i=1}^{t}D_i$ 为 G 的一个 t-全集控制划分。图 G 的全集控制数记为 $d_t(G)$,其定义为

$$d_t(G)=\max\{t|\text{存在图 } G \text{ 的 } t\text{-全集控制划分}\}$$

由于任何无孤立点的图 G 都存在一个 1-全集控制划分,因此,任何无孤立点的图 G 的全集控制数都是存在的。

由定义知,图 G 的每个全集控制划分也是图 G 的一个集控制划分,因此有下面的结论:

引理 8.5.3　对于无孤立点的图 G,均有

$$\left\lfloor\frac{d(G)}{2}\right\rfloor\leqslant d_t(G)\leqslant d(G),$$

并且此界是最好可能的。

引理 8.5.4　对于无孤立点的 n 阶图 G,均有

$$\gamma_t(G)\cdot d_t(G)\leqslant n。$$

类似于定理 8.5.2 和定理 8.5.2 的证明,可得下面的两个结论:

定理 8.5.7[187]　对于任意无孤立点的 n 阶图 G,均有

$$\delta\geqslant d_t(G)\geqslant\left\lfloor\frac{n}{n-\delta+1}\right\rfloor$$

定理 8.5.8[187]　对任何一个无孤立点的 n 阶图 G，$|E(G)|=m$，$\Delta=\Delta(G)$ 为图 G 的最大度，则有

$$d_t(G) \leqslant \frac{n+\sqrt{n^2+4\Delta(2m-n)n}}{2n}。$$

定理 8.5.9[198]　对于任意无孤立点的 n 阶图 G，若 $d_t(G) \geqslant 2$，则有

$$d_t(G)+\gamma_t(G) \leqslant 2+\left\lfloor \frac{n}{2} \right\rfloor,$$

并且等式成立（$n \neq 9$）当且仅当 $\{\gamma_t(G),d_t(G)\}=\left\{2,\left\lfloor \frac{n}{2} \right\rfloor\right\}$。

对于一些特殊图类，则有下面的结论：

定理 8.5.10　(1) 对于整数 $n(n \geqslant 2)$，有

$$d_t(K_n)=\left\lfloor \frac{n}{2} \right\rfloor。$$

(2) 对于 $n(n \geqslant 2)$ 阶树 T，有

$$d_t(T)=1。$$

(3) 对于整数 $n(n \geqslant 3)$，有

$$d_t(C_n)=\begin{cases} 2, & \text{当 } n \equiv 0 (\mathrm{mod}4) \text{时;} \\ 1, & \text{当 } n \equiv 1,2,3 (\mathrm{mod}4) \text{时。} \end{cases}$$

(4) 对于整数 $n(n \geqslant 3)$，有

$$d_t(W_n)=2。$$

对于乘积图，有以下结论：

定理 8.5.11　对于整数 m、$n(m \geqslant n \geqslant 2)$，有

$$d_t(P_n \times P_m)=2。$$

8.5.3　图的反(全)集控制

设 $G=(V,E)$ 为一个图，D 为图 G 的一个控制集（或全控制集），如果 D 不能分拆成两个不交的控制集（或全控制集）的并，则称 D 为不可分控制集。

E. J. Cockayne 和 S. T. Hedetniemi[196] 引入的图的反集控制概念如下：

定义 8.5.4　设 $G=(V,E)$ 为一个图，如果每个 $D_i(i=1,2,\cdots,t)$ 均为图 G 的一个不可分（全）控制集，则称 V 的一个划分 $V=\bigcup\limits_{i=1}^{t} D_i$ 为 G 的一个 t-不可分（全）集控制划分。

图 G 的反(全)集控制数记为 $ad(G)(ad_t(G))$，其定义分别为

$$ad(G)=\min\{t\,|\,\text{存在图 } G \text{ 的 } t\text{-不可分集控制划分}\},$$

$$ad_t(G)=\min\{t\,|\,\text{存在图 } G \text{ 的 } t\text{-不可分全集控制划分}\}。$$

显然也有下面的表达式成立：

$$d(G) = \max\{t \mid \text{存在图 } G \text{ 的 } t\text{-不可分集控制划分}\},$$

$$d_t(G) = \max\{t \mid \text{存在图 } G \text{ 的 } t\text{-不可分全集控制划分}\}。$$

值得注意的是,若图 G 包含孤立点,则 $V(G)$ 为 G 的不可分控制集,从而 $ad(G)$ $= d(G) = 1$,且不存在不可分全控制集,$ad_t(G)$ 和 $d_t(G)$ 均不存在。

定理 8.5.12[187]　设 G 为一个不连通图,且没有孤立点,则 $ad(G) = 2$。

B. Zelinka[199] 研究了一些特殊图的反(全)集控制数,得出的主要结论如下:

定理 8.5.13[199]　(1) 对于任何 $n(n \geqslant 4)$ 阶连通图 G,有 $ad(G) \neq n - 1$;

(2) 若 $\text{diam}(G) \geqslant 3$,则 $ad(G) = 2$。

定理 8.5.14　设 a 和 n 为整数,且 $2 \leqslant a \leqslant n - 2$ 或者 $2 \leqslant a = n$,则存在一个 n 阶连通图 G,使得 $ad(G) = a$。

对于 n 阶完全图 $K_n(n \geqslant 2)$,根据定义,显然有下面的结论:

定理 8.5.15　$ad(K_n) = n$,并且 $ad_t(K_n) = \left\lceil \dfrac{n}{3} \right\rceil$。

对于 n 阶圈 C_n 的补图 $\overline{C_n}$,则有下面的结论:

定理 8.5.16　(1) 当 $n \geqslant 3$ 时,有 $ad(\overline{C_n}) = \left\lceil \dfrac{n}{3} \right\rceil$;

(2) $ad_t(\overline{C_4}) = ad_t(\overline{C_5}) = 1$;

(3) 当 $n \geqslant 6$ 时,有 $ad_t(\overline{C_n}) = \left\lceil \dfrac{n}{4} \right\rceil$。

8.5.4　图的补集控制

定义 8.5.5[187]　设 $G = (V, E)$ 为一个图,$V = \bigcup\limits_{i=1}^{t} D_i$ 为 V 的一个划分,如果能使得每一个 $D_i (i = 1, 2, \cdots, t)$ 均不是图 G 的控制集,则称此划分为 G 的一个 t-补集控制划分。图 G 的补集控制数记为 $\overline{d}(G)$,其定义为

$$\overline{d}(G) = \min\{t \mid \text{存在图 } G \text{ 的 } t\text{-补集控制划分}\}。$$

值得注意的是,当 $\Delta(G) = |V(G)| - 1$ 时,不存在图 G 的补集控制划分,从而 $\overline{d}(G)$ 不存在。对任何 n 阶图 G,若 $\Delta \leqslant n - 2$,由于 $V(G)$ 总是 G 的控制集,故有 $\overline{d}(G)$ $\geqslant 2$。

定理 8.5.17[187]　对任何不连通图 G,均有 $\overline{d}(G) = 2$。

定理 8.5.18　对任何直径不小于 3 的图 G,均有 $\overline{d}(G) = 2$。

定理 8.5.19　对任何 n 阶图 G,若 $\Delta \leqslant n - 2$,$\delta = \delta(G)$ 为图 G 的最小度,则有

$$\overline{d}(G) \leqslant \delta + 2。$$

定理 8.5.20　对任何两个图 G 和 H,若 $\Delta(G) \leqslant |V(G)| - 2$,$\Delta(H) \leqslant |V(H)| - 2$,则有

$$\overline{d}(G \vee H) = \overline{d}(G) + \overline{d}(H)。$$

定理 8.5.21[195]　　对任何 n 阶连通图 G,若 $\Delta \leqslant n-2$,则 $\overline{d}(G) = n$ 当且仅当 n 为偶数且 $G = K_n - F$,其中 F 为 K_n 的一个 1-因子。

定理 8.5.22[195]　　对任何两个整数 n 和 k,若 $2 \leqslant k \leqslant n-2$,则存在一个 n 阶图 G,使得 $\overline{d}(G) = k$。

定理 8.5.23[195]　　设整数 $n \geqslant 4$,则有

$$\overline{d}(C_n) = \begin{cases} 4, & \text{当 } n=4 \text{ 时;} \\ 3, & \text{当 } n=5 \text{ 时;} \\ 2, & \text{当 } n \geqslant 6 \text{ 时。} \end{cases}$$

定理 8.5.24　　对任何完全 t-部图 G,若 $\Delta \leqslant |V(G)| - 2$,则 $\overline{d}(G) = 2t$。

对于圈的补图,则有下面的结论:

定理 8.5.25[195]　　(1) 当 $n \geqslant 3$ 为奇数时,$\overline{d}(\overline{C}_n) = \dfrac{n+1}{2}$;

(2) 当 $n \equiv 0 (\bmod 4)$ 且 $n \geqslant 4$ 时,$\overline{d}(\overline{C}_n) = \dfrac{n}{2}$;

(3) 当 $n \equiv 2 (\bmod 4)$ 且 $n \geqslant 6$ 时,$\overline{d}(\overline{C}_n) = \dfrac{n}{2} + 1$。

参 考 文 献

[1] J A 帮迪,U S R 默蒂著. 图论及其应用[M].吴望名译.北京:科学出版社,1984.

[2] 张先迪,李正良.图论及其应用[M]. 成都:电子科技大学出版社,2011.

[3] 马克杰.优美图[M]. 北京:北京大学出版社,1989.

[4] G Ringel. Problem 25 in theory of graphs and its application[C]. Smolenice: Proc. Symposium Smolenice,1963.

[5] A Rosa. On certain valuations of the vertices of a graph[J]. Theory of Graphs, 1967,1:349-355.

[6] J C Bermond. Graph theory and combinatorics[J]. Research Notes in Math, 1979,34: 18-37.

[7] T Beth,A P Sprague. Trees of british number systems are graceful[J]. Arch. Math. 1979/1980,33: 383-391.

[8] P Hrnciar,A Haviar. All trees of diameter five are graceful[J]. Discrete Math. ,2001,233:133-150.

[9] M Burzio,G Ferrarese. The subdivision graph of a graceful tree is a graceful tree[J]. Discrete Math. ,1998,181:275-281.

[10] R Bodendiek, H Schumacher, H Wegner. Ubergraziose numerierungen von graphen[J]. Elem. Math. ,1977,32: 49-58.

[11] 马克杰.关于 $P(n_1,n_2,\cdots,n_m)$ 和 $D_{m,4}$ 的优美性[J]. 应用数学,1989,4:95-97.

[12] 马克杰,冯成进.关于齿轮图的优美性[J]. 数学的实践与认识,1984,4: 72-73.

[13] C Hoede. Problems in colloq. math. societatis [C]. Janos Bolyai 18, combinatorics, Keszthely Hungary,1976;North-Holland, Amsterdam,1978: 1205-1206.

[14] 胡红亮.图 C_n 及其 r-冠的新的优美标号[J]. 纯粹数学与应用数学,2010,3: 454-457.

[15] K M Kathiresan. Two classes of graceful graphs[J]. Ars. Combinatoria, 2000,55:129-132.

[16] 杨元生,容青,徐喜荣.一类优美图[J]. 数学研究与评论,2004,3:520-524.

[17] T Gracl. On seguential labelings of graphs[J]. Journal of Graph Theory,

1983，7：195-210.

[18] K M Koh，L Y Phoon，K W Soh. The gracefulness of the join of graphs[J]. Electronic Notes in Discrete Math. ，2015，48：57-64.

[19] 李武装，严谦泰. 关于 k-优美图的一个猜想的证明[J]. 河南科技大学学报，2011，5：81-84.

[20] 蒋金豪. 关于优美图结构的研究[D]. 哈尔滨：哈尔滨工程大学，2009.

[21] B D Acharya，S M Hegde. Arithmetic graph[J]. J. Graph Theory，1990，14：275-299.

[22] C Bu, J Zhang. The properties of (k,d)-graceful graphs [J]. Elsevier Preprint.

[23] Joseph A Gallian. The electronic journal of combinatorics[J]. The Electronic Journal of Combinatorics，2002，5：1-106.

[24] A Rosa. On certain valuations of the vertices of a graph[C]. In Theory of Graphs(Internat. Symposium，Rome，July 1966)，Gordon and Breach and Dunod Paris，1967：347-355.

[25] S M Lee，S C Shee. On Skolem-graceful graphs[J]. Discrete Math. ，1991，93：195-200.

[26] S P Kishore. Graceful labellings of certain disconnected graphs[D]. Madras：Indian Institute of Technology，1996.

[27] S M Lee，E Schmeichel，S C Shee. On felicitous graphs[J]. Discrete Math. ，1991，93：201-209.

[28] M Seoud，M Youssef. New families of graceful disconnected graphs[J]. Ars. Combin. ，2000，57：233-245.

[29] R Frucht. Nearly graceful labelings of graphs[J]. Scientia，1992-1993，5：47-59.

[30] 徐保根. 优美图的扩充[J]. 华东交通大学学报，1994，3：66-69.

[31] V N Bhat-Naya，A Selvam. Gracefulness of n-cone $C_m \vee \overline{K_n}$ [J]. Ars. Combin. ，2003，66：283-298.

[32] R Balakrishnan，R Sampathkumar. Decompositions of regular graphs into $\overline{K_n} \vee 2K_2$[J]. Discrete Math. ，1996，156：19-28.

[33] M Z Youssef. New families of graceful graphs[J]. Ars. Combin. ，2003，67：303-311.

[34] D Beutner，H Harborth. Graceful labelings of nearly complete graphs[J]. Result. Math. ，2002，41：34-39.

[35] S P Subbiah，J Pandimadevi，R Chithra. Super total graceful graphs[J].

Electronic Notes in Discrete Math. , 2015, 48: 301-304.

[36] J Hopscroft, M S Krishnamoorthy. On harmonious coloring of graphs[J]. SIAM J. Alg. Discrete Math. , 1983, 4:306-311.

[37] S Lo. On edge graceful labelings of graphs[J]. Congr. Numer. , 1985, 50: 231-241.

[38] R B Gnanajothi. Topics in Graph Theory[D]. Madurai: Madurai Kamaraj University, 1991.

[39] B D Acharya. Set valuations of graphs and their applications[C]. MRI Lecture Notes in Applied Mathematics, 2, MRI, Allahabad, 1983.

[40] M Mollard, C Payan. On two conjectures about set-graceful graphs[J]. Europ. J. Combinatorics, 1989, 10:185-187.

[41] Jirimutu S. On the proof of a conjecture that the digraph $n \cdot \overrightarrow{C_3}$ is a graceful graph[J]. Math. Pract. Theory, 2000, 30: 232-234. (in Chinese)

[42] Du Z, Sun H. $n \cdot \overrightarrow{C_{2p}}$ are graceful[J]. J. Beijing Univ. Posts Telecommun, 1994, 17: 85-88.

[43] S M Hegde, Shivarajkumar. Further results on graceful digraphs[J]. Int. J. Appl. Comput. Math. , Published online, 2015, 5:22.

[44] R L Graham, N J A Sloane. On additive bases and harmonious graphs[J]. SIAM J. Alg. Discrete Math. , 1980, 1: 382-404.

[45] B Liu, X Zhang. On harmonious labelings of graphs[J]. Ars. Combin. , 1993, 36: 315-326.

[46] K M Koh, D G Rogers, H K Teo, et al. Graceful graphs: Some further results and problems[J]. Cong. Numer. , 1980, 29: 559-571.

[47] M A Seoud, M Z Youssef. Harmonious labellings of helms and related graphs [J]. Preprint.

[48] S D Xu. Cycles with a chord are harmonious[J]. Mathematica Applicata, 1995, 8: 31-37.

[49] P Deb, N B Limaye. On harmonius labelings of some cycle related graphs[J]. Preprint.

[50] R M Figueroa-Centeno, R Ichishima, F A Muntaner-Batle. Labeling the vertex amalgamation of graphs[J]. Discuss. Math. Graph Theory, to appear.

[51] S D Xu. Harmonicity of triangular snakes[J]. J. Math. Res. Exposition, 1995, 15: 475-476.

[52] B Liu, X Zhang. On a conjecture of harmonious graphs[J]. Systems Science and Math. Sciences, 1989, 4: 325-328.

[53] D Jungreis,M Reid. Labeling grids[J]. Ars. Combin. , 1992, 34:167-182.

[54] J A Gallian,J Prout,S Winters. Graceful and harmonious lalelings of prisms and related graphs[J]. Ars. Combin. , 1992, 34: 213-222.

[55] J A Gallian. Labeling prisms and prism related graphs[J]. Cong. Numer. , 1989,59:89-100.

[56] T Grace. Graceful,Harmonious,and Sequential graphs[D]. Chicago:Illinois University, 1982.

[57] D F Hsu. Harmonious labelings of windmill graphs and related graphs[J]. J. Graph Theory, 1982, 6: 85-87.

[58] B Liu. Sums of squares and labels of graphs[J]. Math. Practics Theory, 1994, 25-29.

[59] M A Seoud,M Z Youssef. On labeling complete tripartite graphs[J]. Int. J. Math. ed. Sci. Tech. , 1997,28: 367-371.

[60] I Cahit. On harmonious tree labellings[J]. Ars. Combin. , 1995,41: 311-317.

[61] M A Seoud, A E I Abdel Maqsoud,J Sheehan. Harmonious graphs[J]. Utilitas Math. , 1995, 47: 225-233.

[62] G Sethuraman,P Selvaraju. New classes of graphs on graph labeling[J]. Preprint.

[63] M A Seoud,M Z Youssef. Families of harmonious and non-harmonious graphs [J]. J. Egyptian Math. Soc. , 1999, 7: 117-125.

[64] S M Lee, F Saba,G C Sun. Magic strength of the kth power of paths [J]. Cong. Numer. , 1993, 92: 177-184.

[65] R Balakrishnan, A Selvam, V Yegnanarayanan. On felicitous labelings of graphs[C]. National Workshop on Graph Theory and its Appl. Manonmaniam Sundaranar Univ. , Tiruneli,1996:47-61.

[66] B D Acharya,S M Hegde. Arthmetic Graphs[J]. J. Graph Theory, 1990, 14 (3): 275-299.

[67] 徐保根. 关于(K,d)-算术图的两个猜想[J]. 铁道师院学报, 1996, 4: 6-9.

[68] D W Bange, A E Barkauskas,P J Slater. Sequentially additive graphs[J]. Discrete Math. ,1983, 44: 235-241.

[69] T Grace. On sequential labelings of graphs[J]. J. Graph Theory, 1983,7: 195-201.

[70] F Harary. Sum graphs and difference graphs[J]. Cong. Numer. , 1990,72: 101-108.

[71] F Harary, I Hentzel, D Jacbs. Digitizing sum graphs over the reals[J].

Caribb. J. Math. Comput. Sci. , 1991,1: 1-4.

[72] D Bergstrand, K Hodges, G Jennings,et al. Product graphs are sum graphs [J]. Math. Magazine, 1992, 65: 262-264.

[73] M N Ellingham. Sum graphs from trees[J]. Ars. Combin. , 1993, 35: 335-349.

[74] W Smyth. Sum graphs of small sum number[J]. Colloquia Mathematica Societatis Janos Bolyai, 1991, 60: 669-678.

[75] T Hao. On sum graph[J]. JCMCC, 1989, 6: 207-212.

[76] D Bergstrand, F Harary. The sum numbering of a complete graph[J]. Bull. Malaysian Math. Soc. , 1989, 12: 25-28.

[77] Y He, L Shen, Y Wang, et al. The integral sum number of complete bipartite graphs $K_{r,s}$[J]. Disc. Math. , 2001, 239: 137-146.

[78] M Miller, J Ryan, S Slamin,et al. Labelling wheels for the minimum sum number[J]. JCMCC. 1998, 28: 289-297.

[79] F Harary. Sum graphs over all the integers[J]. Discrete Math. , 1994, 124: 99-105.

[80] B Xu. On integral sum graphs[J]. Discrete Math. , 1999, 194: 285-294.

[81] Z Chen. Harary's conjectures on integral sum graphs[J]. Discrete Math. , 1996, 160: 241-244.

[82] A Sharary. Integral sum graphs from complete graphs[J]. Cycles and Wheels, Arab. Gulf Sci. Res. , 1996,14:1-14.

[83] Z Chen. Integral sum graphs from identification[J]. Discrete Math. , 1998, 181: 77-90.

[84] S C Liaw, D Kuo,G Chang. Integral sum numbers of graphs[J]. Ars. Combin. , 2000, 54: 259-268.

[85] W He, X Yu, H Mi, et al. The integral sum number of the graph K_n-$E(K_r)$ for $K_r \subset K_n$[J]. Discrete Math. , 2002, 243: 241-252.

[86] L S Melnikov, A V Pyatkin. Regular integral sum graphs[J]. Discrete Math. , 2002, 252: 237-245.

[87] Z Chen. On integral sum graphs[J]. Discrete Math. , to appear.

[88] M SoTnntag,H M Teichert. Sum numbers of hypertrees[J]. Discrete Math. , 2000, 214: 285-290.

[89] M SoTnntag,H M Teichert. On the sum numbers and integral numbers of hypertrees and complete hypergraphs [J]. Discrete Math. , 2001, 236: 339-349.

[90] J Boland,R Laskar,C Turner,et al. On mod sum graphs[J]. Cong. Numer. , 1990, 70: 131-135.

[91] M Sutton, M Miller, J Ryan,et al. Connected graphs which are not mod sum graphs[J]. Discrete Math. , 1999, 195: 287-293.

[92] J Ghoshal, R Laskar, D Pillone,et al. Further results on mod sum graphs[J]. Cong. Numer. , 1994,101: 201-207.

[93] M Sutton, A Draganova, M Miller. Mod sum numbers of wheels[J]. Ars. Combin. , 2002, 63: 273-287.

[94] C D Wallance. Mod sum numbers of complete bipartite graphs[D]. Johnson City:East Tennessee State University, 1999.

[95] M Sutton. Summable graphs labellings and their applications[D]. Newcastle: The University of Newcastle, 2001.

[96] S M Lee, I Wui,J Yeh. On the amalgamation of prime graphs[J]. Bull. Malaysian Math. Soc. , 1988, 11: 59-67.

[97] T Deretsky, S M Lee,J Mitchem. On vertex prime labelings of graphs[J]. Graph Theory, Combin. and Appl. , 1991, 1: 359-369.

[98] M A Seoud,M Z Youssef. On prime labelings of graphs[J]. Cong. Numer. , 1999, 141: 203-215.

[99] I Cahit. Cordial graphs: a weaker version of graceful and harmonious graphs [J]. Ars. Combin. , 1987, 23: 201-207.

[100] I Cahit. On cordial and 3-equitable labellings of graphs[J]. Utilitas Math. , 1990, 37: 189-198.

[101] W W Kirchherr. On the cordiality of some specific graphs [J]. Ars. Combin. , 1991, 31: 127-138.

[102] Y S Ho, S M Lee. Some initial results on the supermagicness of regular complete k-partite graphs[J]. JCMCC, 2001, 39: 3-17.

[103] M Seoud,A E I Abdel Maqsoud. On cordial and balanced labelings of graphs [J]. J.Egyptian Math. Soc. , 1999, 7: 127-135.

[104] H Y Lee, H M Lee, G Murthy. Cordial labelings of graphs[J]. Chinese J. Math. , 1992, 20: 263-273.

[105] S C Shee,Y S Ho. The cordiality of one-point union of n-copies of a graph [J]. Discrete Math. , 1993, 117: 225-243.

[106] S C Shee,Y S Ho. The cordiality of the path-union of n-copies of a graph[J]. Discrete Math. , 1996, 151: 221-229.

[107] S M Lee,A Liu. A construction of cordial graphs from smaller cordial graphs

[J]. Ars. Combin. , 1991, 32: 209-214.

[108] I Cahit. *H*-cordial graphs [J]. Bull. Inst. Combin. Appl. , 1996, 18: 87-101.

[109] M Ghebleh, R Khoeilar. A note on: "H-cordial graphs" [J]. Bull. Inull. Inst. Combin. Appl. , 2001, 31: 60-68.

[110] I Cahit, R Yilmaz. E_3-cordial graphs[J]. Ars. Combin. , 2000, 54: 119-127.

[111] M Hovey. *A*-cordial graphs[J]. Discrete Math. , 1991, 93: 183-194.

[112] R Tao. On *k*-cordiality of cycles, crowns and wheels [J]. Systems Sci. Math. Sci. , 1998, 11: 227-229.

[113] I Cahit. Status of graceful tree conjecture in 1989 [C]. in Topics in Combinatorics and Graph Theory, R. Bodendiek and R. Henn, Physica-Verlag, Heidelberg 1990.

[114] D Speyer, Z Szaniszlo. Every tree is 3-equitable[J]. Discrete Math. , 2000, 220: 283-289.

[115] Z Szaniszlo. *k*-equitable labellings of cycles and some other graphs[J]. Ars. Combin. , 1994, 37: 49-63.

[116] D Vickrey. *k*-equitable labellings of complete bipartite and multipartite graphs[J]. Ars. Combin. , 2000, 54: 65-85.

[117] C Barrientos, H Hevia. On 2-equitable labelings of graphs[J]. Notas dela Sociedad de Matematica de Chile XV , 1996, 97-110.

[118] J Wojciechowski. Equitable labelings of cycles[J]. J. Graph Theory, 1993, 17: 531-341.

[119] C Barrientos, I Dejter, H Hevia. Equitable labelings of forests[J]. Combin. and Graph Theory, 1995, 1: 1-26.

[120] P J Slater. On *k*-graceful graphs [C]. Proc. of the 13th S. E. Conj. on Combinatorics, Graph Theory and Computing, 1982, 53-57.

[121] M Maheo, H Thuillier. On *d*-graceful graphs[J]. Ars. Combin. , 1982, 13: 181-192.

[122] Z H Liang, D Q Sun, R J Xu. *k*-graceful labelings of the wheel graph W_{2k} [J]. J. Hebei Normal College, 1993, 1: 33-34.

[123] Q D Kang. The *k*-Gracefulness of the product graphs $P_m \times C_{4n}$[J]. J. Math. Res. Exposition, 1989, 7: 623-627.

[124] C Bu, Z Gao, D Zhang. On *k*-Gracefulness of $P_n \times P_2$ [J]. J. Harbin Shipbuilding Eng. Ins. , 1994, 15: 85-89.

[125] B D Acharya. Are all polyminoes arbitrarily graceful? [C]. First South-east

Asian Graph Theory Colloquium, Ed. K. M. Koh and H. P. Yap, Springer-Verlag, 1984, 205-211.

[126] C Bu, D Zhang, B He. On k-Gracefulness of C_n^m[J]. J. Harbin Shipbuilding Eng. Ins. , 1994, 15: 95-99.

[127] 马克杰, 冯成进. 关于齿轮图的优美性[J]. 数学的实践与认识, 1984, 4: 72-73.

[128] Q D Kang, Z H Liang, Y Z Gao, et al. On the labeling of some graphs[J]. J. Combin. Math. Combin. Comput. , 1996, 22: 193-210.

[129] Baogen Xu, Yan Zou, Lixin Zhao. Fractional domination for two classes of graphs[J]. Pure and Applied Mathematics Journal, 2014, 3(6): 137-139.

[130] J Sedlacek. Problem 27, in theory of graphs and its applications[J]. Symposium Smolenice, 1963, 6: 163-167.

[131] B M Stewart. Magic graph[J]. Canadian J. Math. , 1966, 18: 1031-1059.

[132] B M Stewart. Supermagic graph complete graphs[J]. Canadian J. Math. 1967, 19: 427-438.

[133] J Ivanco. On supermagic regular graphs[J]. Math. Bohemica, 2000, 125: 99-114.

[134] M Trenkler. Numbers of vertices and edges of magic graphs[J]. Ars. Combin. , 2000, 55: 93-96.

[135] J Sedlacek. On magic graphs[J]. Math. Slov. , 1976, 26: 329-335.

[136] A Kotzig, A Rosa. Magic valuations of finite graphs[J]. Canad. Math. Bull. , 1970, 13: 451-461.

[137] V Yegnanarayanan. On magic graphs[J]. Util. Math. , 2001, 59: 181-204.

[138] H Enomoto, A S Llado, T Nakamigawa, et al. Super edge-magic graphs[J]. SUT J. Math. , 1998, 34: 105-109.

[139] R M Figueroa-Centeno, R Ichishima, F A Muntaner-Batle. The place of super edge magic labelings among other classes of labelings[J]. Discrete Math. , 2001, 231: 153-168.

[140] Z Chen. On super edge magic graph[J]. J. Combin. Math. Combin. Comput. , 2001, 38: 55-64.

[141] S M Lee, E Seah, S K Tan. On edge-magic graphs[J]. Cong. Numer. , 1992, 132: 179-191.

[142] J A Macdougall, M Miller, Slamin, et al. Vertex-magic total labelings[J]. Util Math. , 2002, 61: 3-21.

[143] G Exoo, A Ling, J Mcsorley, et al. Totally magic graphs[J]. Discrete

Math. , 2002, 254: 109-129.

[144] K W Lih. On magic and consecutive labelings of plane graphs[J]. Util. Math. , 1983, 24: 165-197.

[145] M Baca, Y Lin, M Miller, et al. New constructions of magic and antimagic graph labelings[J]. Util. Math. , 2001, 60: 229-239.

[146] N Hartsfield, G Ringel. Pearls in graph theory[M]. San Diego: Academic Press, 1990.

[147] M Baca, I Hollander. On (a,d)-antimagic prims[J]. Ars. Combin. , 1998, 48: 297-306.

[148] R Bodendiek, G Walther. On arithmetic antimagic edge labelings of graphs [J]. Mitt. Math. Ges. Hambury, 1998, 17: 85-99.

[149] M Baca. Face antimagic labelings of convex polytopes[J]. Util. Math. , 1999, 55: 221-226.

[150] M Baca. Special face numbering of plane quartic graphs[J]. Ars. Combin. , 2000, 57: 285-292.

[151] M Baca, Y Lin, M Miller. Valuations of plane quartic graphs[J]. JCMCC, 2002, 41: 203-208.

[152] Baogen Xu, Lixin Zhao, Yan Zou. On fractional star domination numbers in graphs[J]. Mathematics and Statistics, 2015, 1(1).

[153] K M Koh, K Y Yap. Graceful numberings of cycles with a P_3-chord[J]. Bull. Inst. Math. Acad. Sinica, 1985, 12: 14-48.

[154] N Punnim, N Pabhapote. On graceful graphs: cycles with a P_k- chord$(k \geqslant 4)$ [J]. Ars. Combin. , 1987, 23A: 225-228.

[155] X Ma. A graceful numbering of a class of graphs[J]. J. Math. Res. and Exposition, 1988, 1: 215-216.

[156] A Rosa. Cyclic steiner triple systems and labelings of triangular cacti[J]. Scientia, 1988, 1: 87-95.

[157] D Moulton. Graceful labelings of triangular snakes[J]. Ars. Combin. , 1989, 28: 3-13.

[158] R Frucht. Graceful numbering of wheels and related graphs[J]. Ann. N. Y. Acad. of Sci. , 1979, 319: 219-229.

[159] D Jungreis, M Reid. Labeling grids[J]. Ars. Combin. , 1992, 34: 167-182.

[160] Y C Yang, X G Wang. On the gracefulness of product graph $C_{4n+2} \times P_{4m+3}$, Combinatorics, Graph Theory[C]. Algorithms and Applications (Beijing, 1993), 425-431, World Sci. Publishing, River Edge, NJ, 1994.

[161] J Huang, S Skiena. Gracefully labeling prisms[J]. Ars. Combin. , 1994, 38: 225-242.

[162] M Maheo. Strongly graceful graphs[J]. Discrete Math. , 1980, 29: 39-46.

[163] J A Gallian, D S Jungreis. Labeling books[J]. Scientia, 1988, 1: 53-57.

[164] A Kotzig. Decomposition of complete graphs into isomorphic cubes[J]. J. Combin. Theory, 1981, 31B: 292-296.

[165] S M Lee, Y S Wong, M K Kiang. On graceful permutations graphs conjecture, Proceedings of the Twenty-fifth Southeastern International Conference on Combinatorics[J]. Graph Theory and Computing, Cong. Numer. , 1988, 103: 59-67.

[166] A Kotzig. β-valuations of quadratic graphs with isomorphic components[J]. Util. Math. , 1975, 7: 263-279.

[167] R Frucht, L C Salinas. Graceful numbering of snakes with constraints on the first label[J]. Ars. Combin. , 1985, 20B: 143-157.

[168] M Seoud, A E I Abdel Maqsoud, J Sheehan. Gracefulness of the union of cycles and paths[J]. Ars. Combin. , 2000, 54: 283-292.

[169] Z Liang. On the gracefulness of the graph $C_m \cup P_n$[J]. Ars. Combin. , 2002, 162: 273-280.

[170] J Abrham, A Kotzig. Graceful valuations of 2-regular graphs with two components[J]. Discrete Math. , 1996, 150: 3-15.

[171] Y C Yang, X G Wang. On the gracefulness of the union of two stars and three stars[J]. Combin. Graph Theory, Algorithms and Applications, 1994, 2: 417-424.

[172] S C Zhou. Gracefulness of the graph $K_m \cup K_n$[J]. J. Lanzhou Railway Inst. , 1993, 12: 70-72.

[173] Baogen Xu, Zhongfu Zhong. On mixed Ramsey numbers [J]. Discrete Math. , 1999, 199: 285-298.

[174] 徐保根. 一类混合 Ramsey 数[J]. 高校应用数学学报, 2000, 4: 383-388.

[175] L Beineke, S Hegde. Strongly multiplicative graphs[J]. Discuss. Math. Graph Theory, 2001, 21: 63-75.

[176] J R Griggs, R K Yeh. Labeling graphs with a condition at distance two[J]. SIAM J. Discrete Math. 1992, 5: 586-595.

[177] G J Chang, D Kuo. The $L(2,1)$-labeling on graphs[J]. SIAM J. Discrete Math. , 1996, 9: 309-316.

[178] D Kral, R Skrekovski. A theorem about the channel assignment problem[J].

SIAM J. Discrete Math. , 2003, 16: 426-437.

[179] 叶林. 图的 L(2,1)-标号及其算法[D]. 杭州:浙江师范大学, 2009.

[180] M MoUoy, M R Salavatipour. A bound on the chromatic number of the square of a planar graph[J]. J. Combin. Theory,2005,94B:189-213.

[181] W F Wang, K W Lih. Labelling planar graphs with conditions on girth and distance two[J]. SIAM J. Discrete Math. ,2004,17(2):264-275.

[182] J P Georges, D W Mauro, M A Whittlesey. Relating path covering to vertex labellings with a condition at distance two[J]. Disc. Math. , 1994, 135: 103-111.

[183] Klazar M, Kratochvil J,Matousek J. Topics in discrete maths[M]. Berlin: Springer, 2006, 497-550.

[184] Wang Wei-fan, Li Ko-wei. Labeling planar graphs with conditions on girth and distance two[J]. SIAM J. Discrete Math. , 2004, 17(2): 264-275.

[185] Yao Bing, Wang Jian-fang. On the L(2,1)-labeling core graph of graphs[J]. 经济数学, 2002, 19(4): 14-19.

[186] F S Roberts. T-colorings of graph: recent results and open problems[J]. Discrete Math. , 1991, 93(2): 229-245.

[187] 徐保根. 图的控制与染色理论[M].武汉:华中科技大学出版社,2013.

[188] Baogen Xu. Fractional domination of the Cartesian products in graphs[J]. J. of Mathematical Research with Applications, 2015, 35(3): 279-284.

[189] Baogen Xu, Yan Zou, Lixin Zhao. Fractional domination for two classes of graphs[J]. Pure and Applied Mathematics Journal, 2014,3(6):137-139.

[190] G S Domke,S T Hedetniemi,R C Laskar. Fractional packings, coverings and irredundance in graphs[J]. Congr. Numer. , 1988, 66: 227-238.

[191] O Ore. Theory of graphs[C]. American Mathematical Society Colloquium, Publication Vol. 38, RI,1962.

[192] 徐保根,赵丽鑫,邹妍. 关于图的 Fractional 控制数[J]. 江西师范大学学报, 2014, 5: 531-533.

[193] 徐保根,赵丽鑫,邹妍.关于几类图的 Fractional 全控制数[J]. 宜春学院学报, 2014, 12: 1-3.

[194] 徐保根,图的控制理论[M]. 北京:科学出版社,2008.

[195] T W Haynes,S T Hedetniemi,P J Slater. Domination in Graph[M]. New York:Marcel Dekker, Inc. ,1998.

[196] E J Cockayne,S T Hedetniemi. Towards a theory of domination in graphs [J]. Networks, 1977, 7: 247-261.

[197] E J Cockayne, R M Dawes, S T Hedetniemi. Total domination in graphs[J]. Networks, 1980, 10: 211-219.

[198] Baogen Xu, E J Cockayne, T W Haynes. Extremal graphs for inequalities involving domination parameters[J]. Discrete Math., 2000, 216: 1-10.

[199] B Zelinka. Adomatic and idiomatic numbers of graphs[J]. Math. Slovaca, 1983, 33: 99-103.

[200] 徐保根, 赵丽鑫, 邹妍. 几类图的 Fractional 星控制数[J]. 数学的实践与认识, 2015, 17: 173-177.

[201] 柳柏廉. 关于优美图的最近结果[J]. 应用数学, 1990, 3(4): 108-110.

[202] 徐保根, 于崇智, 周尚超, 等. 关于优美图的若干结果[J]. 华东交通大学学报, 1997, 1: 70-75.

[203] 周尚超. 图 $K_{p0} \bigcup K_{p1} \bigcup \cdots \bigcup K_{pm}$ 的优美性[J]. 华东交通大学学报, 1994, 1: 70-79.